COURS COMPLET

D'INSTRUCTION ÉLÉMENTAIRE

PHYSIQUE ELÉMENTAIRE

COURS COMPLET

D'INSTRUCTION ÉLÉMENTAIRE

A L'USAGE DE LA JEUNESSE

DANS LES COLLÉGES ET DANS LES INSTITUTIONS

DE JEUNES PERSONNES

PAR MM.

A. RIQUIER
Ancien Professeur agrégé d'histoire,
Proviseur du lycée de Saint-Quentin.

L'ABBÉ COMBES
Du Clergé de Bordeaux,
Chanoine honoraire de la Guadeloupe

PHYSIQUE ÉLÉMENTAIRE

PAR J.-H. FABRE

DOCTEUR ÈS SCIENCES, LAURÉAT DE L'INSTITUT,
CORRESPONDANT DU MINISTÈRE DE L'INSTRUCTION PUBLIQUE
CHEVALIER DE LA LÉGION D'HONNEUR.

Troisième édition

PARIS

LIBRAIRIE CH. DELAGRAVE

58, RUE DES ÉCOLES, 58

1877

CORBEIL. — Typ. de CRÉTÉ FILS.

profondeurs de cet espace peuplé de soleils et de
mondes, ou qu'armés de la loupe ils étudient les organes de ces êtres infiniment petits qui échappent à
nos regards, toujours leur pensée reste confondue, et
la création leur paraît plus merveilleuse encore
dans l'infini de la petitesse que dans l'infini de
la grandeur : *Magnus in magnis*, a-t-on dit de
Dieu, *Maximus in minimis*. Képler, après de longs
travaux, trouve enfin le secret de l'équilibre et de la
marche des corps célestes, et c'est par une sorte
d'hymne qu'il nous apprend comment la vérité s'est
révélée par degrés à son génie : « Il y a huit mois,
« dit-il, j'entrevoyais un rayon de la lumière ; il y a
« trois mois, le jour s'est fait ; aujourd'hui, c'est comme
« un soleil resplendissant que je vois cette loi divine.
« Grand est le Seigneur ! grande est sa puissance !
« Cieux, chantez ses louanges ! Astres et soleil, glo-
« rifiez-le dans votre langue ineffable ! » Le plus grand
des naturalistes, Linné, pousse le même cri d'a-
doration en exposant le système du monde :
« J'ai vu Dieu, j'ai vu son passage et ses traces, et je
« suis demeuré saisi et muet d'admiration. Gloire,
« honneur, louange infinie à Celui dont l'invisible bras
« balance l'univers et en perpétue tous les êtres ! à
« ce Dieu éternel, immense, infini, sachant tout, pou-
« vant tout, gouvernant tout, que tu ne peux ni définir
« ni comprendre, mais que le sens intime te révèle et
« que l'univers et ses lois te prouvent ! Que tu l'ap-
« pelles Destin, tu n'erres point : il est Celui de qui
« tout dépend. Que tu l'appelles Nature, tu ne te
« trompes point : il est Celui de qui tout est né. Que

« tu l'appelles Providence, tu dis vrai : c'est la sagesse
« de ce Dieu qui régit le monde. » Les hommes dont
le cœur s'élançait ainsi vers le Ciel en transports de
reconnaissance, ne pouvaient que se sentir bien
pauvres et bien petits, tout grands qu'ils étaient, en
présence de Dieu et de ses œuvres. Ils ne préten-
daient point, comme d'autres ont fait parfois, tout pénétrer et comprendre tout, et c'est avec une touchante
humilité que ces illustres génies parlent de leurs glo-
rieuses découvertes : « Je suis, disait Newton, comme
« un enfant qui s'amuse sur le rivage, et qui se réjouit
« de trouver de temps en temps un caillou plus uni ou
« une coquille plus jolie que d'ordinaire, tandis que le
« grand océan de la vérité reste voilé devant mes yeux. »

C'est dans cet esprit, avec le sentiment de la su-
prême perfection de l'œuvre de Dieu, et celui des
bornes étroites de l'intelligence humaine, reine du
monde et faible roseau tout ensemble, que seront
rédigés nos petits livres de science. M. Fabre, qui a
bien voulu se charger de ce modeste travail, a largement et depuis longtemps fait ses preuves de savant
du premier ordre et d'incomparable vulgarisateur.
Nous sommes heureux que, pour mettre avec nous
son vaste savoir à la portée des plus humbles, il ait
consenti à se détourner quelque peu d'une œuvre de
plus haute portée, où quinze années de patientes
recherches sur l'instinct des animaux lui fourniront
une nouvelle démonstration de la Providence divine.

A. RIQUIER.

COURS ÉLÉMENTAIRE

DE PHYSIQUE

GÉNÉRALITÉS.

1. Définitions. — La *physique* est une science qui s'occupe de la pesanteur, du son, de la chaleur, de l'électricité, de la lumière, agissant sur les corps. On nomme *corps* tout ce qui frappe nos sens, tout ce qui peut se palper, se voir, s'entendre, se goûter, se flairer. Les corps sont composés de *matière*.

2. Divers états de la matière. — Sans aucun changement dans la nature de sa matière, un même corps peut affecter trois états différents, savoir : *l'état solide*, *l'état liquide* et *l'état gazeux*. La glace est un corps solide. Fondue, elle devient de l'eau ordinaire, c'est-à-dire un corps liquide; chauffée à l'ébullition, l'eau se résout en vapeur, c'est-à-dire en un corps gazeux. Sous ces trois états, la substance ou la matière est toujours de même nature, c'est toujours de l'eau avec des aspects différents. Le passage d'un état à l'autre se fait par l'intervention de la chaleur. Il faut de la chaleur pour fondre la glace et en faire un corps liquide ou de l'eau; il faut encore plus de chaleur pour résoudre l'eau en vapeur et en faire un corps gazeux. Inversement la diminution de chaleur ou le refroidissement ramène les vapeurs à l'état d'eau, et l'eau à l'état de glace. Plus de chaleur, d'un corps solide fait d'abord un corps liquide, puis un corps gazeux; moins de chaleur fait, d'un corps gazeux, d'abord un corps liquide, puis un corps solide. Toutes les autres substances, soufre, phosphore, métaux, etc., se comportent comme l'eau, c'est-à-dire prennent avec plus ou moins de facilité l'un ou l'autre de ces **trois** états, suivant le degré de chaleur qui leur est appliqué.

Un corps est solide lorsqu'il présente au toucher une résistance qui permet de le saisir, de le manier. Tels sont : le bois, la pierre, le cuivre, le fer, le charbon, etc. *Les corps solides ont une forme et un volume* que par eux-mêmes ils ne peuvent modifier. Un morceau de métal façonné en boule d'un décimètre cube, reste indéfiniment avec sa forme ronde et son volume d'un décimètre cube.

Les corps liquides ne peuvent être ni saisis, ni pressés entre les doigts. *Ils n'ont pas de forme déterminée;* ils prennent celle des vases qui les contiennent, ils se moulent dans les cavités qui les reçoivent. Mais, s'ils n'ont pas de forme arrêtée, *ils ont un volume qui ne varie pas.* Un litre d'eau dans tel ou tel vase, change de forme avec le vase lui-même, mais c'est toujours un litre d'eau, ni plus ni moins. L'eau, le vin, l'huile, etc., sont des corps liquides.

Les corps gazeux sont comparables à l'air pour la subtilité et fréquemment pour l'invisibilité. On ne peut les palper, les saisir. *Ils n'ont pas de forme arrêtée;* ils se moulent, comme les liquides, dans les vases qui les contiennent; *ils n'ont pas de volume déterminé,* ils tendent à s'épancher en tous sens et à occuper un volume de plus en plus grand, si rien ne met obstacle à leur expansion. Un litre de vapeur introduit dans un vase de dix litres, de cent litres, remplit ce nouvel espace en se répandant dans la capacité entière. L'air, la vapeur, sont des corps gazeux.

En résumé : *les corps solides ont une forme et un volume; les corps liquides ont un volume, mais ils n'ont pas de forme; les corps gazeux n'ont ni forme ni volume.*

3. Propriétés générales. Étendue. Impénétrabilité. — Quel que soit celui de ces trois états qu'elle affecte, la matière possède certaines propriétés communes à tous les corps indistinctement et qu'on nomme pour ce motif *propriétés générales.* Ce sont : *l'étendue, l'impénétrabilité, la divisibilité, la porosité, la compressibilité, l'élasticité, la mobilité, l'inertie.*

L'*étendue* est la propriété d'occuper une certaine portion de l'espace. Le *volume* d'un corps est la portion de l'espace qu'il occupe. — On entend par *impénétrabilité* d'un corps, sa propriété d'exclure tout autre corps de l'espace qu'il occupe. Deux particules matérielles, si petites qu'elles soient, ne peuvent occuper à la fois le même lieu. Il faut que la première se déplace pour que la seconde vienne occuper le même point.

4. Divisibilité. Feuilles d'or et fils métalliques. ---La divisibilité est la propriété de tout corps de pouvoir être divisé en un nombre plus ou moins grand de parties. Avec les moyens dont nous disposons, la division des corps peut être amenée à un degré extrême, comme l'établissent les exemples suivants. — Par le battage, l'or se réduit en ces feuilles qui servent à dorer, feuilles si minces, qu'il en faudrait superposer plusieurs milliers pour faire l'épaisseur d'un millimètre.

Pour certaines opérations délicates de l'astronomie, un savant anglais, Wollaston, est parvenu à réduire le métal appelé platine en un fil d'une ténuité excessive. Une baguette cylindrique d'argent était forée d'un canal suivant son axe, et dans ce canal on engageait un menu fil de platine. Le tout était alors passé à la filière. Une filière est une plaque d'acier percée d'une série de trous de plus en plus étroits. On engage l'extrémité du fil métallique dans l'un de ces trous, trop étroit pour lui, et l'on tire avec force le fil du côté opposé. En passant forcément dans ces trous, chaque fois plus étroits, le fil s'allonge et se rapetisse de manière à devenir finalement aussi fin qu'un cheveu. On continuait l'opération jusqu'à ce que la baguette cylindrique primitive fut réduite en un fil le plus fin possible. Le filament de platine, occupant l'axe, s'allongeait évidemment dans la même proportion, et l'on obtenait un fil complexe, argent au dehors, platine au centre. On le plongeait alors dans de l'acide azotique ou eau-forte, qui dissout le premier métal et n'attaque pas le second. Il restait un fil de platine d'une telle finesse, qu'on ne pouvait le voir qu'en le chauffant au rouge. Le platine est le plus lourd des corps connus. On conçoit alors combien doit être petite une parcelle de ce métal pesant un centigramme. Cependant ce poids d'un centigramme faisait un fil de 200 mètres de long. A ce compte, le calcul établit qu'une pelote de fil de Wollaston, de la grosseur d'une cerise mesurerait la longueur d'un bout à l'autre de la France, et qu'une pelotte de la grosseur d'une moyenne pomme ferait le tour de la Terre entière, suivant l'équateur, c'est-à-dire mesurerait 40 millions de mètres. Si l'on suppose ce fil divisé en parcelles de un dixième de millimètre de longueur, chose parfaitement possible, on voit qu'un morceau de platine de la grosseur d'une pomme, peut être divisé en 400000 millions de parties.

5. Fils des araignées. — Pour tisser les filets destinés à saisir leur proie, mouches et moucherons, pour feutrer les élégants sachets où elles enferment leurs œufs, les araignées produisent une espèce de soie. Dans le corps de l'animal, la matière à soie est fluide; dès qu'elle apparaît à l'air, elle se solidifie et devient un fil sur lequel l'eau désormais n'a plus de prise. Quand l'araignée veut filer, la matière à soie suinte à l'état liquide par quatre ou six mamelons appelés *filières* et placés au bout du ventre. Ces mamelons sont percés à leur extrémité d'une foule de trous, en manière de pomme d'arrosoir. On évalue à un millier le nombre total de trous pour l'ensemble des mamelons. Chacun laisse écouler son mince jet liquide, et des mille fils agglutinés en un tout commun, résulte le fil définitif employé par l'araignée, fil si délicat qu'un cheveu à côté est un câble grossier. Les grandes araignées des bois et des jardins, les épeires, tissent des toiles d'une ampleur remarquable. Il y a bien là pour le moins dix mètres de fil en œuvre, et par conséquent 10000 mètres de fils élémentaires, qui, subdivisés en dixième de millimètre, limite ou à peu près de ce que l'œil peut voir, donnent cent millions de parties. Et pour produire le tout, l'araignée a dépensé une insignifiante gouttelette de son liquide à soie.

6. Globules du sang. — Examiné au microscope, le sang se montre composé d'un liquide jaunâtre, dans lequel nagent, en nombre immense, des corpuscules rouges en forme de disque. On les nomme *globules* *du sang* (fig. 1). Des mesures microscopiques ont

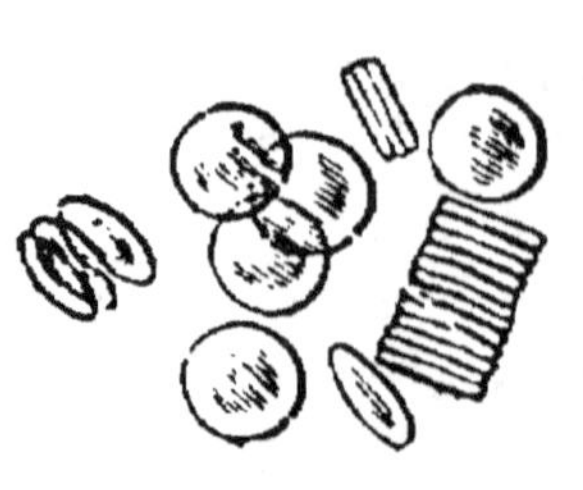

Fig. 1. — Globules du sang, très-grossis.

appris que les globules du sang de l'homme devraient être alignés bout à bout au nombre de 125 pour faire la longueur d'un millimètre. Alors dans un millimètre cube, volume à peu près représenté par une tête d'épingle, il pourrait se loger environ deux millions de ces globules.

7. Animalcules microscopiques. — Dans l'eau où séjournent des matières végétales ou animales, se développent, à la faveur des germes apportés par l'air, des myriades de petits êtres pour lesquels une goutte de liquide est en quelque sorte un océan. Leurs espèces sont extrêmement nombreuses. On les nomme *animaux infusoires* parce qu'ils naissent dans les infusions des matières d'origine organique, ou bien animalcules microscopiques parce qu'on ne peut les apercevoir qu'avec le microscope. Il y en a de si petits qu'un seul globule du sang de l'homme les dépasse en grosseur. Et cependant ces points à grand peine visibles, vivent; ils vont et viennent, ils ont des organes, ils chassent une proie, ils la digèrent. Quelle est la petitesse de la bouchée dont l'animalcule se nourrit? La raison s'y perd. Mais en somme, il n'y a dans la nature ni grand, ni petit d'une manière absolue; tout est relatif à l'individu qui observe. Une fourmi est un atome pour nous; c'est un monstre gigantesque par rapport à l'infusoire.

8. Atomes et molécules. — Au point de vue de la raison, la matière se subdivise toujours, c'est-à-dire que l'esprit ne conçoit pas de bornes à sa subdivision; mais dans le domaine des faits, parvenue à un certain degré de ténuité, elle résiste à tous les moyens de divisions connus. On nomme *atomes*, d'un mot grec signifiant indivisible, les particules dernières en lesquelles une substance de nature simple se résout par la division poussée jusqu'à ses extrêmes limites. On dit *molécule*, si la substance est de nature composée. Ainsi, le soufre, le cuivre et les autres corps que la chimie qualifie de *corps simples*, se résolvent en atomes. L'atome est indivisible, non seulement par les moyens mécaniques, mais aussi par les moyens chimiques. Les *corps composés* se résolvent en molécules. Ainsi, le cuivre et le soufre associés chimiquement donnent une matière noire, qui, arrivée au point extrême de la division par des moyens mécaniques, contient cependant du soufre et du cuivre dans ses dernières parcelles ou molécules. Ces molécules, indivisibles mécaniquement, le sont par des moyens chimiques et se partagent en soufre et en cuivre. Cela fait, on arrive à l'atome, et la division cesse par tous les moyens dont nous pouvons disposer. Les deux expressions d'atome et de molécule ne sont pas synonymes; sans inconvénient aucun nous pouvons cependant les confondre désormais.

Atome et molécule sont choses invisibles. Si perçant que soit notre regard, si puissants que soient les moyens de vision appelés à notre aide, ces derniers termes de la division de la matière nous échappent. La raison les devine, mais le regard ne les verra jamais. Dans l'eau, où le sucre s'est divisé en molécules en se fondant, il est absolument impossible de rien voir, même avec les meilleurs microscopes.

9. Compressibilité. — Tous les corps de la nature sont formés de molécules, qui se groupent en nombre plus ou moins grand sans se toucher, et en laissant entre elles des espaces vides considérables par rapport à l'étendue qu'elles occupent réellement. Il résulte de cette constitution que les corps, s'ils sont soumis à un effort suffisant, se compriment, c'est-à-dire diminuent de volume, parce que leurs molécules se rapprochent davantage entre elles. La propriété de pouvoir être comprimé se nomme *compressibilité*. Tous les corps, même les plus compactes en apparence, comme les métaux, sont compressibles; tous diminuent de volume à des degrés divers, quand on leur fait subir une pression convenable. Les corps gazeux sont les plus compressibles, viennent après les corps solides, et en dernier lieu les corps liquides dont la compressibilité est très-faible.

10. **Élasticité.** — Quand la pression cesse, le corps comprimé revient à son volume primitif, à moins qu'il n'ait été déformé d'une manière permanente, écrasé, brisé par un effort trop violent. La propriété de reprendre la forme et le volume primitifs, quand cessent les causes qui dérangeaient les molécules de leur position naturelle, se nomme élasticité. Les corps les plus élastiques sont les corps gazeux, qui peuvent supporter de très-grandes diminutions de volume sans perdre la faculté de revenir à leur volume initial. Dans un épais cylindre en verre fermé à un bout (fig. 2) s'engage un piston en cuir graissé que manœuvre une tige armée d'une poignée. Si l'on enfonce le piston avec force, l'air qui remplit le tube au début peut être amené à occuper un volume très-petit par rapport à son volume initial; mais dès que la pression cesse, l'air comprimé reprend son volume et chasse le piston. Un ballon en gomme élastique plein d'air ou d'une substance gazeuse quelconque, se déforme sous les doigts, comme l'on veut, et reprend

immédiatement la forme ronde, par l'élasticité de son contenu, aussitôt que les doigts cessent de presser.

11. Porosité. — La constitution des corps en molécules ne se touchant pas, entraine l'existence générale de vides intermoléculaires et invisibles. Ces espaces vides sont appelés *pores*, et la propriété générale de la matière de posséder des pores se nomme *porosité*. — Quand on mélange deux liquides de nature différente, il arrive fréquemment que le volume de l'ensemble est moindre que la somme des deux liquides mélangés, parce que chaque liquide pénètre en partie dans les pores intermoléculaires de l'autre. On remplit, par exemple, à moitié d'eau un tube en verre un peu long et fermé par un bout. On achève alors de le remplir avec de l'alcool concentré. Celui-ci, plus léger, surnage d'abord; et le tube exactement plein se trouve ainsi occupé par de l'eau dans sa moitié inférieure, par de l'alcool dans sa moitié supérieure. On agite pour opérer

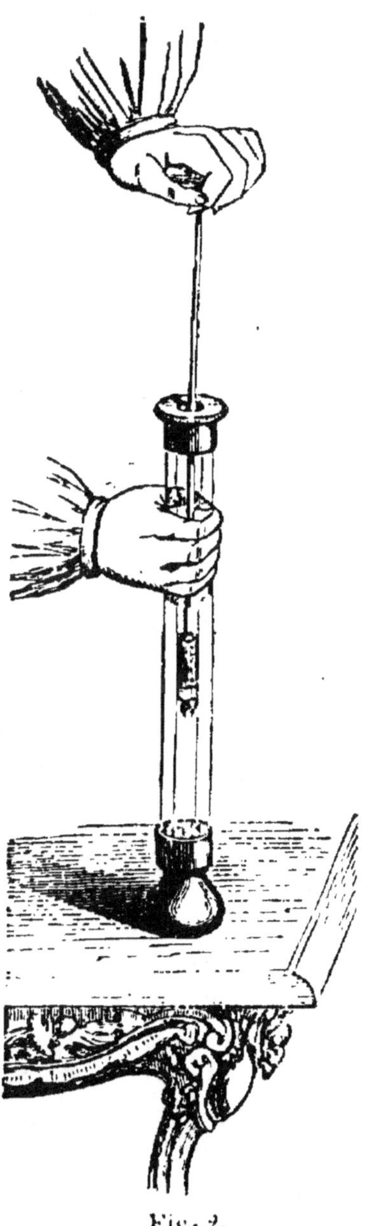

Fig. 2.

un intime mélange. Après le mélange, le tube n'est plus plein, il y a un vide notable, bien que pas une goutte ne se soit échappée. — On rapporte une expérience remarquable faite en 1661 par des savants de Florence. Une sphère d'or creuse fut en entier remplie d'eau, puis hermétiquement fermée et soumise à une forte pression. L'eau suinta en fine rosée à travers son enveloppe de métal. L'or est donc poreux. Tous les métaux le sont aussi, qui plus, qui moins; ils laissent suinter l'eau à travers leur épaisseur, quand elle est assez violemment repoussée.

12. Porosité organique. — Si l'on examine avec un peu d'attention la coquille d'un œuf, on y aperçoit, surtout vers le gros bout, de petits points enfoncés comme en ferait la piqûre d'une fine aiguille. Chacun de ces points est un trou ou pore, qui perce la coque de l'œuf de part en part pour faire communiquer l'intérieur de l'œuf avec l'air atmosphérique, nécessaire à la respiration de l'oiseau qui doit naître de cet œuf. Si on les bouchait avec de la graisse, de la cire, de l'huile, l'oiseau périrait dans sa coquille; il périrait asphyxié comme tout autre animal qu'on priverait de l'air indispensable à la vie.

Au bout des doigts, pendant la transpiration de l'été, il est facile de voir sourdre de fines gouttelettes de sueur par des orifices peut-être encore plus délicats que ceux de la coque d'un œuf. Ces orifices sont des pores, établis en vue d'un travail spécial de l'organisation. Ils servent à la sueur pour s'exhaler au dehors. Toute la peau en est criblée.

Au miscrocope on voit à la face inférieure des feuilles une infinité de petites boutonnières, dont les bords sont gonflés en manière de lèvres. Les botanistes leur donnent le nom de *stomates*, mot qui signifie bouche (fig. 3). Les stomates servent à puiser dans l'air une substance gazeuse dont les végétaux

se nourrissent, le gaz carbonique. Ils sont si petits et si nombreux que, dans un centimètre carré de feuille de lilas, on en compte 23000.

Un rameau de vigne nettement coupé présente, surtout lorsqu'il est sec, une foule d'étroits orifices, dans lesquels on aurait de la peine à engager un crin. Ces pores correspondent à au-

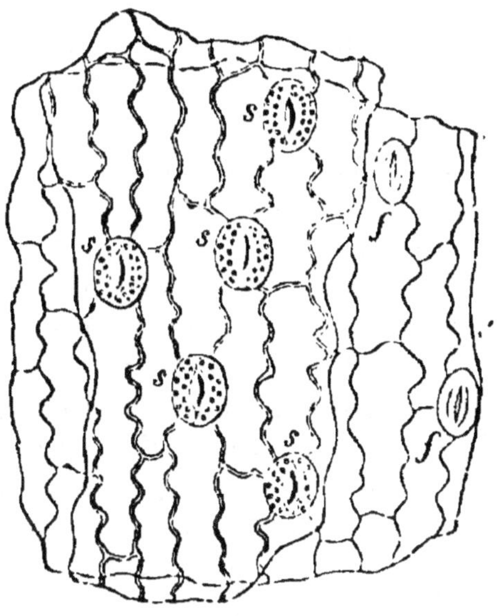

Fig. 3. — Stomates des végétaux.

tant de longs canaux ou *vaisseaux*, dans lesquels la sève circule comme le sang dans les veines de l'animal.

Toute chose appartenant à la plante ou à l'animal présente ainsi une porosité particulière nécessitée par le jeu des fonctions vitales. C'est ce que l'on nomme *porosité organique*. Les pores de la coque de l'œuf, les stomates des plantes, les orifices de la sueur, les vaisseaux de la sève en sont autant d'exemples.

13. Mobilité, Inertie. — La *mobilité* de la matière est la propriété de pouvoir être mise en mouvement. Mais jamais d'elle-même elle ne quitte le repos pour se mouvoir; il faut qu'une cause quelconque, cause extérieure à la matière, la fasse passer du repos au mouvement. C'est ce que nous enseigne l'expérience de chaque jour. D'autre part, une fois sorti du repos par l'action d'un agent quelconque, un corps persiste dans son mouvement sans pouvoir de lui-même le modifier ni dans sa vitesse ni dans sa direction. Cette propriété de la matière de ne pouvoir agir sur elle-même pour modifier son état de repos ou de mouvement se nomme *inertie*.

Au premier examen, les faits semblent en désaccord avec la persistance de la matière dans le mouvement une fois acquis ; nous voyons un corps qui se meut se ralentir d'abord et puis s'arrêter. Cela tient à des causes étrangères au mobile, à des résistances extérieures qui affaiblissent peu à peu l'impulsion et finissent par l'anéantir. Une boule lancée sur la surface gelée d'un étang va très-loin, mais cependant finit par s'arrêter à cause de son frottement contre la glace, des aspérités à surmonter, de la résistance que l'air lui oppose.

Abstraction faite de tout obstacle, un corps, lorsqu'il a reçu une impulsion, serait en mouvement pour toujours. De plus il conserverait constamment la même vitesse, et il se mouvrait suivant une ligne droite sans fin ; car de lui-même il ne peut rien pour changer sa vitesse et sa direction.

14. Effets de l'inertie. — C'est par l'effet de l'inertie que les corps célestes conservent indéfiniment, à travers les âges, l'impulsion dont le Créateur les a animés à l'origine des choses. Ils se meuvent dans des espaces, sinon absolument vides, du moins occupés par un milieu d'une extrême subtilité, dont la très-faible résistance ne peut ralentir leur vitesse d'une manière appréciable. La translation de la Terre et des autres planètes à travers l'espace ne se fait pas, il est vrai, en ligne droite comme le veulent les lois de l'inertie; cela tient à ce que ces corps sont, en outre, soumis à l'attraction du Soleil, qui les dévie, à chaque instant, de leur direction rectiligne, et les fait tourner autour de lui.

Lorsqu'un cheval s'arrête brusquement dans sa course un peu rapide, le cavalier est lancé par dessus la tête de sa monture, s'il n'a pas soin d'annuler la vitesse qui l'anime, en prenant un solide appui sur les étriers et en renversant le haut du corps en arrière. Un voyageur qui s'élance hors d'une voiture rapidement entraînée, outre son élan propre, possède la vitesse qu'il partageait avec la voiture. Cette vitesse le pousse sur la route dans le sens du mouvement avec une force, d'où trop souvent peuvent résulter des blessures mortelles. Si par le fait d'un obstacle, un convoi de chemin de fer éprouve un arrêt subit, les wagons sont précipités l'un sur l'autre dans le sens du mouvement et les voyageurs contre les parois des wagons, avec la même vitesse que possédait le convoi en marche. Si la vitesse est celle de 60 kilomètres à l'heure ou celle des trains express, le choc équivaut à celui qui résulterait de la chute des trains de la hauteur d'un quatrième étage. Ainsi s'expliquent, par les effets de l'inertie, par la conservation de l'impulsion acquise, les épouvantables désastres de l'arrêt brusque d'un train. On voit alors combien serait absurde l'emploi de freins capables d'un arrêt subit. Pour s'arrêter, un corps doit graduellement annuler l'impulsion qui l'anime, au moyen de résistances quelconques, sinon cette impulsion le projette en avant.

QUESTIONNAIRE.

1. Qu'est-ce que la physique? — 2. Quels sont les trois états de la matière? — Définir l'état solide, l'état liquide, l'état gazeux. — Donnez des exemples de ces trois états. — Comment un même corps passe-t-il d'un état à un autre? — 3. Qu'entend-on par propriétés générales des corps? — Qu'est-ce que l'étendue, l'impénétrabilité. — 4. Qu'est-ce que la divisibilité? Quelle est l'épaisseur des feuilles d'or battu? — Comment s'obtiennent les fils métalliques de Wollaston? — Donnez des exemples de leur excessive finesse. — 5. Comment sont produits les fils des araignées? — 6. Qu'est-ce que les globules du sang? — Combien en faut-il bout à bout pour faire un millimètre? — Combien un millimètre cube pourrait-il en contenir? — 7. Que savez-vous sur la petitesse de certains infusoires? — D'où provient ce mot d'infusoires? — D'une manière absolue peut-on dire d'un objet qu'il est grand, qu'il est petit? — 8. Qu'appelle-t-on atomes et molécules? — 9. En quoi consiste la compressibilité? — Quels sont les corps les plus compressibles? — D'où provient la compressibilité? — 10. Qu'est-ce que l'élasticité? — Donnez des exemples de l'extrême élasticité des gaz? — 11. Qu'appelle-t-on pores? — Donnez des exemples de la porosité des corps solides, des corps liquides. — 12. En quoi consiste la porosité organique? — Citez les exemples des pores de l'œuf, des stomates des feuilles, des pores de la sueur, des vaisseaux du bois? — 13. Que faut-il entendre par mobilité et par inertie? — 14. Citez divers effets de l'inertie. — Quel danger présente l'arrêt brusque d'un train de chemin de fer? — Pourquoi la Terre et les autres planètes tournent-elles autour du Soleil, au lieu de se mouvoir en ligne droite? — Comment leur mouvement se conserve-t-il?

PREMIÈRE PARTIE.

PESANTEUR.

—◦●◦—

CHAPITRE PREMIER

CHUTE DES CORPS. — PENDULE. — POIDS.

1. — Tous les corps sont pesants. — Soulevée à une certaine hauteur, puis abandonnée à elle-même, une pierre tombe; elle revient à terre. Autant en fait le premier objet venu: un morceau de bois, une boule de fer, une goutte d'eau, une balle de plomb, etc. Cependant certains corps, au lieu de se précipiter vers le sol, s'élèvent et restent suspendus à des hauteurs plus ou moins grandes, comme la fumée, les nuages, les aérostats. Ces corps s'élèvent, parce que, dans leur ensemble, ils sont plus légers que l'air; ils montent dans l'atmosphère comme monterait du fond de l'eau un morceau de bois abandonné à lui-même. Mais si l'atmosphère ou la couche d'air qui nous enveloppe n'existait pas, tout, absolument tout, tomberait comme tombe le plomb. C'est ce qu'on énonce en disant que tous les corps sont *pesants*. Par le mot pesants, on ne veut pas entendre que les corps sont plus ou moins lourds; la quantité de poids n'est pas ici prise en considération. On veut simplement dire que tous les corps tendent à revenir à terre. Peser vers la terre et tendre à revenir à terre, sont des expressions synonymes.

2. Cause de la chute des corps. — La matière

attire la matière; deux particules matérielles placées à une distance quelconque l'une de l'autre, s'attirent mutuellement, tendent à se rejoindre. Cette propriété porte le nom d'*attraction*. Elle est des plus générales ; on la retrouve jusque dans les corps célestes, qu'elle gouverne dans leurs mouvements. C'est ainsi que l'attraction du Soleil dévie à chaque instant les diverses planètes, la Terre en particulier, de la ligne droite qu'elles parcouraient en vertu de l'inertie, et les fait tourner autour de lui. L'attraction de la Terre s'exerce sur les corps terrestres, et tel est le motif qui fait revenir à la surface du sol les objets momentanément écartés, puis abandonnés à eux-mêmes. L'attraction de la Terre sur les corps terrestres prend le nom de *pesanteur*. *Tomber*, *peser*, c'est être entraîné, c'est être sollicité par l'attraction de la Terre ou par la pesanteur.

3. Direction que suivent les corps en tombant. — A l'extrémité d'un fil suspendons un poids quelconque, une balle; et nous aurons ce qu'on nomme un *fil à plomb*. Prenons du bout des doigts l'extrémité libre du fil et abandonnons la balle à elle-même. Quand celle-ci sera immobile, le fil tendu (fig. 4) indiquera la direction suivant laquelle tomberait la balle si elle

Fig. 4.

n'était pas retenue; car évidemment le fil ne peut

s'opposer à sa chute et la maintenir immobile qu'en se trouvant tendu précisément dans le sens de cette chute.

Or, si l'on observe le fil à plomb suspendu immobile au-dessus d'une nappe d'eau tranquille, comme celle d'un bassin ou d'une simple cuvette (fig. 5), on reconnaît que, par rapport à la surface de l'eau, le fil ne penche d'aucun côté; en d'autres termes qu'il fait un angle droit avec toutes les directions imaginables tracées sur la nappe liquide et partant du point où il atteint l'eau. On donne le nom de *verticale* à cette direction du fil. Enfin la surface des eaux tranquilles est dite une *surface horizontale*, et toute droite tracée sur une pareille surface prend le nom de ligne *horizontale*. La verticale et l'horizontale sont perpendiculaires l'une à l'autre.

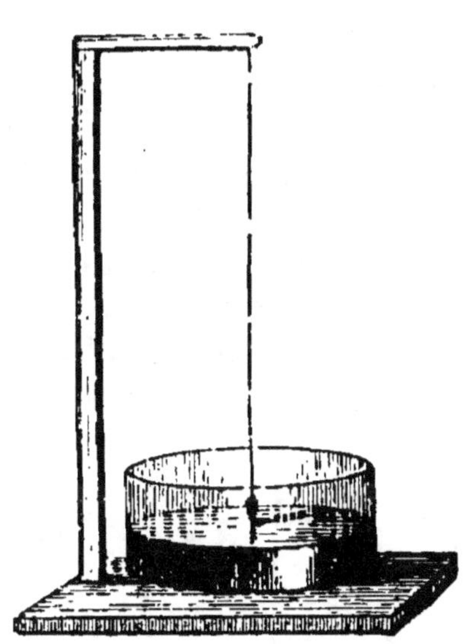

Fig. 5.

4. Les corps en tombant se dirigent vers le centre de la Terre. — Pour surface des eaux tranquilles, on peut tout aussi bien prendre la surface de la mer que celle d'une cuvette; dans les deux cas la chute se fait perpendiculairement à la nappe liquide comme l'indique le fil à plomb. Mais, considéré dans son ensemble, la surface des mers est ronde; elle participe, avec une régularité impossible à retrouver ailleurs, à la courbure générale de la Terre ; et autant pourrait-on en dire de la première nappe liquide venue, de celle d'un lac, d'un bassin et même d'un simple baquet plein d'eau. Seulement, dans ces derniers cas, la courbure n'est pas appréciable à cause de la faible étendue de la surface considérée.

Si, à la surface des mers en repos, et, en général, à la surface de toutes les eaux dormantes, la chute des corps se fait suivant une direction perpendiculaire à cette surface, il en résulte que la direction suivie par les corps en tombant, irait, étant prolongée, passer par le centre de la Terre. La géométrie démontre, en effet, que toute droite perpendiculaire ou normale à la sphère, concourt au centre. Il suffit du reste, pour s'en convaincre, de jeter les yeux sur la figure 6. Trois droites, A, B et C, sont dirigées normalement au cercle dont le centre est en O ; relativement à la courbure de ce cercle, elles ne penchent ni d'un côté ni de l'autre ; et toutes trois, étant prolongées, vont se rencontrer au centre O. Au contraire, la ligne D qui penche d'un côté plus que de l'autre par rapport au contour du cercle, ne

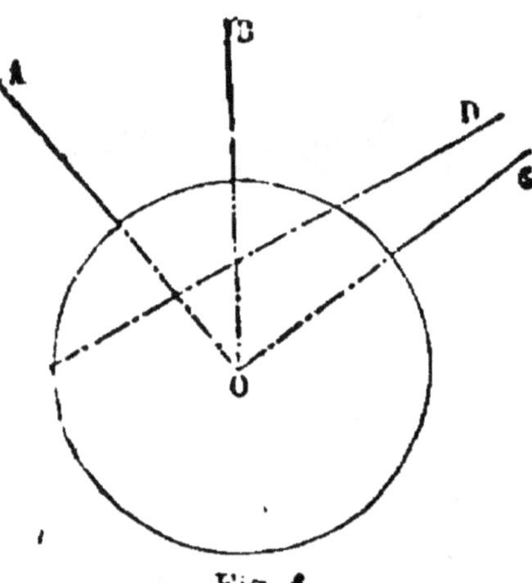

Fig. 6.

passe pas le centre quand on la prolonge. Ainsi donc, puisque en tout point la chute se fait suivant une perpendiculaire à la surface sphérique des eaux dormantes, cela signifie que les corps, en tombant, se dirigent vers le centre de la Terre. En d'autres termes, si l'on suppose des fils à plomb en divers points de la surface du globe, ces fils, idéalement prolongés, vont concourir au centre de la Terre.

5. Cause de la direction de la chute vers le centre de la Terre.—Toutes les particules matérielles dont le globe terrestre se compose, celles de l'intérieur comme celles de la surface, prennent part à la fois à l'attraction qui entraine le corps. A cause de la forme sphérique de la Terre, ces particules matérielles sont réparties de la même manière tout autour de la ligne droite qui va du corps au centre du globe et se continue par de-là; leur action commune doit donc entrainer le corps suivant cette ligne; car il n'y a pas de raison pour que la chute incline d'un côté plutôt que de l'autre, tout étant pareil autour de cette direction centrale.

Si tous les corps en tombant prennent le chemin du centre de la Terre, ce n'est donc pas à cause d'une action spéciale de ce centre. On voit même que, la Terre étant supposée creuse, les corps, dans leur chute, prendraient encore la direction du centre, point alors purement idéal, parce que les attractions des divers points matériels de l'enveloppe sphérique seraient distribuées de la même manière tout autour de la direction centrale. Encore une fois, le centre du globe n'a aucune action spéciale sur la chute des corps. Ceux-ci se dirigent vers lui à cause de la répartition des attractions élémentaires, répartition égale de tous côtés par rapport à la droite qui va du corps au centre de la Terre. Que ce centre soit un point matériel réel, ou un point mathématique idéal, la chute est toujours dirigée vers lui.

6. Tous les corps tombent avec la même vitesse. —Lâchés au même instant et de la même hauteur, tous les corps, n'importe leur poids, leur grosseur, leur nature, tombent avec la même rapidité et atteignent le sol ensemble, si rien n'entrave leur chute. S'il s'agit de corps de même nature, la réflexion seule peut reconnaitre la vérité de cette proposition, si paradoxale au premier abord. Prenons une poignée de grains de plomb, tous égaux entr'eux, et ouvrons la main: les grains tombent côte à côte ; ils descendent de compagnie et arrivent ensemble à terre, puisque, étant pareils, ils vont également vite. Tout se passe donc comme si les grains de plomb étaient liés l'un à l'autre, comme s'ils faisaient un seul corps. Par conséquent une boule de plomb équivalant à l'ensemble de ces grains ne tomberait pas plus vite que chacun d'eux isolément.

Une comparaison achèvera de nous convaincre. Un cheval traine un fardeau. Si le fardeau double de valeur et que l'attelage soit de deux chevaux, la vitesse sera-t-elle plus grande ? Évidemment non. Si le fardeau devient triple ainsi que l'attelage, la vitesse changera-t-elle? encore non. Eh bien, l'attraction que la Terre exerce sur chaque grain de plomb est un cheval de l'attelage, et la matière du grain est le fardeau à entraîner. Si l'attelage augmente, c'est-à-dire si l'attraction s'exerce sur une boule de plomb équivalant à dix, à cent, à mille grains, la chute ne sera pas modifiée dans sa vitesse, parce que le fardeau mis en mouvement sera devenu dix, cent, mille fois plus considérable. En somme un grain de plomb et une grosse boule du même métal tombent avec la même vitesse.

7. Influence de la résistance de l'air sur la chute. — Le raisonnement établit que deux corps de même nature, mais de volume, de poids et de forme différents, doivent tomber avec la même vitesse. Il y a plus : la nature de la substance ne change rien à la rapidité de la chute ; un boulet de fer et un flocon de duvet doivent tomber avec la même rapidité. Ici l'expérience est loin d'être d'accord avec la proposition énoncée. Si d'une fenêtre on laisse tomber à la fois un morceau de fer et un flocon de duvet, c'est le fer qui arrive le premier. Ce désaccord est dû à la résistance de l'air traversé par les corps dans leur chute, résistance variable suivant la surface et le poids du corps considéré.

8. Chute des corps dans le vide. — En l'absence de l'air la rapidité de la chute serait la même pour tous les corps. Les expériences suivantes le démontrent.

Dans un gros tube en verre (fig. 7) de deux mètres environ de longueur, se trouvent de menus objets, grains de plomb, billes de liége, barbes de plume, morceaux de papier, etc. Ce tube est fermé aux deux bouts, mais l'une des extrémités est armée d'un robinet qui permet d'enlever l'air avec une machine pneumatique. Quand le tube ne contient plus d'air, on le renverse brusquement sens dessus dessous. On voit alors les corps qu'il renferme partir ensemble, parcourir ensemble sa longueur et arriver tous à la fois à l'extrémité inférieure. Les barbes de plume, les flocons de duvet tombent aussi vite que le plomb. Mais si on laisse rentrer l'air, les corps les plus légers et à grande surface sont en retard sur les corps plus lourds et de moindre surface.

Fig. 7.

On peut encore recourir à l'expérience suivante, qui ne demande aucun appareil spécial. Prenons un disque métallique, à son défaut une pièce de cinq francs en argent, et découpons avec les ciseaux une rondelle de papier exactement égale à la pièce, ou même un peu plus petite, afin qu'elle ne déborde pas. Appliquons bien cette rondelle sur la pièce ; puis, tenant le tout entre deux doigts, laissons-le, d'une fenêtre, tomber à plat, la rondelle en dessus, la pièce en dessous. Le métal et le papier arrivent à terre parfaitement ensemble ; ce qu'ils ne feraient pas à cause de l'inégale résistance de l'air, s'ils étaient lâchés isolément. Le métal, passant le premier, ouvre un passage à travers l'air, et le papier, qui suit immédiatement, n'ayant plus de résistance à vaincre, tombe aussi vite que le disque métallique.

9. Espace parcouru. — L'observation a appris qu'un corps tombant librement parcourt 4 mètres 9 décimètres dans la première seconde de sa chute. La seconde est une durée extrêmement courte qui vaut la soixantième partie d'une minute, contenue elle-même soixante fois dans une heure. A mesure qu'il tombe, le corps va de plus en plus vite ; aussi l'espace qu'il parcourt augmente-t-il rapidement. Pour avoir l'espace parcouru pendant un certain nombre de secondes, il faut *multiplier* 4^m 9 *par le carré du nombre de secondes de la chute*, c'est-à-dire par le produit de ce nombre par lui-même. Proposons-nous, comme exemple, de calculer de quelle hauteur tombe un corps en 5 secondes de chute. — On fait le produit de 5 par lui-même ou le carré de 5 ; 5 fois 5 donnent 25. On multiplie 4^m 9 par 25. Le résultat 122^m 5 est la longueur de l'espace parcouru.

10. Oscillations pendulaires. — Un fil à plomb

est suspendu à un point fixe **A** (fig. 8). Quand la balle est en repos, le fil a la direction verticale **A B**. Transportons la balle de B en C et abandonnons-la à elle-même. Si le fil ne la retenait, elle tomberait suivant la verticale; mais à cause du fil, elle ne peut le faire, et alors entrainée par l'attraction terrestre dans le sens compatible avec le lien qui la rattache au point de suspension, elle glisse sui-

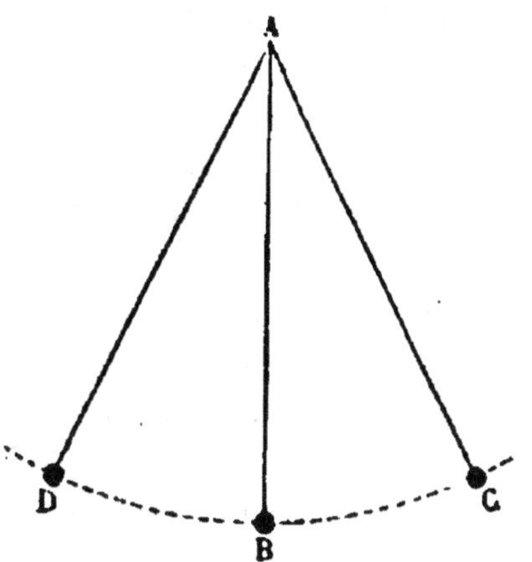

Fig. 8.

vant l'arc de cercle C D, dont le centre est en ce même point de suspension. Elle gagne donc la position B, qu'elle dépasse par suite de l'impulsion qu'elle vient d'acquérir, et remonte suivant B D, jusqu'à ce que la pesanteur, qui maintenant est défavorable au mouvement, ait annulé cette impulsion. La balle atteint de la sorte le point D, situé à une hauteur égale à celle du point de départ C. Arrivée là, elle retombe, ou pour mieux dire, elle glisse de nouveau sur l'arc idéal et revient dans la position C, qu'elle abandonne encore pour retourner en D. Ce mouvement de va et vient durerait indéfiniment, si la résistance de l'air et le frottement du point de suspension ne détruisaient peu à peu l'impulsion de la balle. Mais, à cause des résistances éprouvées, la balle remonte chaque fois un peu moins haut que précédemment et finit par s'arrêter. Chacune des allées et venues de la balle, de C en D et de D en C, s'appelle une *oscillation* : et l'appareil lui-même, la balle avec son fil, s'appelle un *pendule*. Dans les applications, le fil est remplacé par une tige rigide, comme cela se voit dans le pendule ou balancier des horloges.

11. La durée d'une oscillation est indépendante de la nature du pendule. — Supposons divers pendules ayant tous même longueur, mais composés de substances différentes. Dans l'un, par exemple, le corps suspendu au fil est une balle de plomb; dans un second, c'est une bille d'ivoire; dans un troisième, c'est une bille de verre, etc. Nous écartons également ces pendules de la position verticale et nous les abandonnons à eux-mêmes. Nous les verrons aller et revenir ensemble, accomplissant leurs oscillations dans un temps égal, malgré leur nature différente. Ces oscillations ont pour cause la même force qui fait tomber les corps, en un mot l'attraction terrestre; elles constituent une espèce de chute gênée par le fil de suspension. Puisqu'elles s'accomplissent dans le même temps, il faut que la pesanteur s'exerce également sur tous les corps, n'importe leur nature; il faut enfin que tous les corps tombent avec la même rapidité, conclusion où d'autres expériences nous ont déjà conduits.

12. Le pendule le plus long oscille le plus lentement. — Considérons en effet les trois pendules OD, O'D, O"D. Le premier, dans son mouvement, suit l'arc AD, le second l'arc BD, le troisième l'arc CD. Par le fait de sa suspension, le corps D est dans le même cas que s'il était libre de toute attache, mais assujetti à glisser, sous l'influence de la pesanteur, le long des arcs AD, BD, CD, transformés en lignes réelles. Mais il est d'évidence que ce glissement serait le plus rapide là où la pente est la plus forte, c'est-à-dire suivant l'arc AD, qui se relève davantage au-dessus de l'horizontale. C'est donc le pendule le plus court, OD, qui oscille le plus vite ; et c'est le pendule le plus long, O″D qui oscille le plus lentement. L'expérience confirme pleinement ces conclusions (fig. 9).

13. Isochronisme des petites ossillations. —

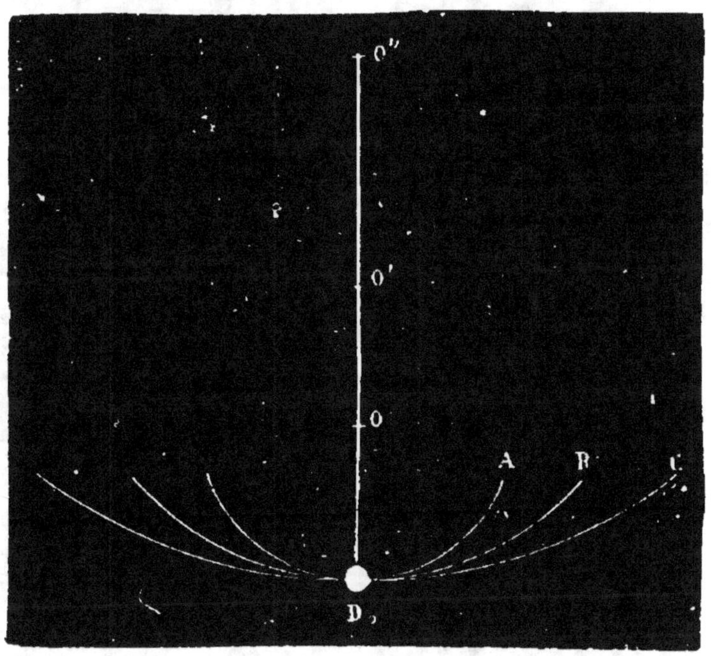

Fig. 9.

La propriété la plus importante du pendule consiste dans l'*isochronisme*, c'est-à-dire dans l'égale durée de ses oscillations, pourvu que l'arc parcouru soit d'un petit nombre de degrés. On entend par là que pour osciller de C en C′ (fig. 10) un pendule met exactement le même temps que pour osciller de B en B′, de A en A′, malgré l'inégale longueur des trajets, à la condition expresse que l'arc parcouru ne dépasse pas un petit nombre de degrés. Au premier examen, cette propriété paraît fort étrange, la longueur du trajet devant augmenter, ce semble, le temps mis à la parcourir. Cette étrangeté disparaît, si l'on tient compte de la po-

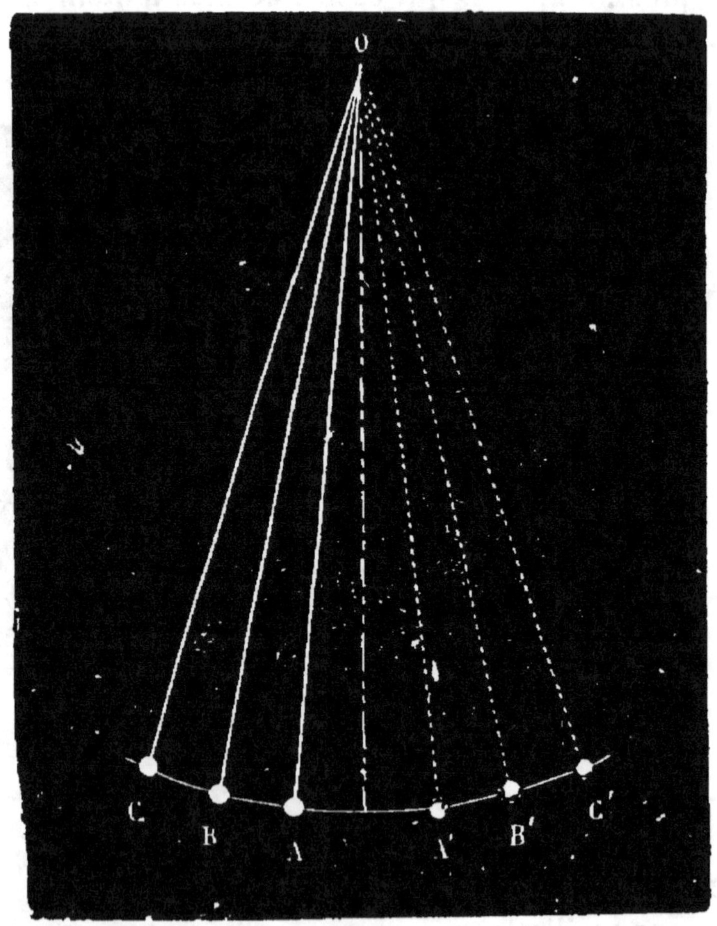

Fig. 10.

sition plus ou moins favorable du corps pour acquérir de la vitesse sous l'influence de la pesanteur. En partant de A (fig. 10), le corps glisse suivant une pente mois inclinée qu'en partant de C. Il acquiert alors moins de vitesse, mais aussi l'arc à parcourir est plus court. Il peut donc très-bien se faire que l'inégale longueur des arcs parcourus soit exactement compensée par la vitesse acquise en glissant sur des pentes d'inclinaisons différentes. C'est ce qui a lieu en effet tant que l'arc ne dépasse pas un petit nombre de degrés, de 4 à 5; et tel est le motif qui rend isochrones les petites oscillations; mais par delà ces limites, la durée de l'oscillation augmente avec l'ampleur de l'arc.

14. Aplatissement polaire et renflement équatorial du globe terrestre. — On démontre que l'attraction décroît à mesure qu'augmente la distance entre le corps attirant et le corps attiré. A une distance double, triple, quadruple, etc., l'attraction devient 4 fois, 9 fois, 16 fois moindre; enfin *elle décroît proportionnellement au carré de la distance.* On démontre encore que, si le corps attirant est une sphère, la distance doit se compter à partir du centre de cette sphère. C'est le cas du globe terrestre. La pesanteur diminue donc d'intensité à mesure qu'on s'éloigne davantage du centre de la Terre.

D'autre part, les oscillations pendulaires sont produites par la pesanteur. Par conséquent le pendule doit aller plus vite dans son mouvement de va-et-vient, si l'attraction qui le fait mouvoir augmente, c'est-à-dire s'il est plus rapproché du centre de la Terre; il doit aller plus lentement si l'attraction diminue, c'est-à-dire s'il est plus éloigné de ce centre. L'expérience constate, en effet, que le pendule oscille moins rapidement au sommet d'une montagne élevée que dans la plaine. Ainsi, pour reconnaître si les différents points de la surface terrestre sont inégalement éloignés du centre, il suffit d'examiner comment se meut un même pendule en ces points. Va-t-il plus vite en un lieu, plus lentement en un autre, c'est la preuve que le premier est plus près du centre que le second. Eh bien, tous les observateurs sont d'accord pour affirmer qu'un même pendule oscille plus lentement à l'équateur qu'aux pôles. Il faut donc qu'aux pôles on soit plus rapproché du centre de la Terre qu'on ne l'est à l'équateur; il faut enfin que le globe terrestre soit aplati aux pôles et renflé à l'équateur. Les mesures directes confirment ces déductions. Entre le rayon équatorial et le rayon polaire de la Terre, il y a une différence de cinq lieues et plus.

15. Résultats fournis par les instruments d'horlogerie. — Les instruments d'horlogerie sont des appareils d'un mécanisme compliqué, où diverses roues, s'engrenant les unes dans les autres, font tourner les aiguilles d'un cadran. Un ressort ou un poids met le tout en mouvement. Or pour régler la marche de l'ensemble, pour empêcher les rouages d'aller ou trop vite ou trop lentement, il y a dans toute horloge, dans toute pendule, une pièce fondamentale, un régulateur, un balancier, qui va et vient, oscille toujours avec la même vitesse, et entretient, dans la marche des rouages, l'uniformité de mouvement qu'il possède lui-même. Ce balancier n'est autre chose qu'un pendule. Il ne faut pas confondre le pendule avec la pendule : la première expression désigne le balancier seul; la seconde, l'instrument entier d'horlogerie. La pendule est l'instrument complet destiné à donner l'heure, le pendule est la pièce qui en régularise le mouvement. Si le balancier, si le pendule vient à osciller plus vite, les rouages qu'il règle vont également plus vite ainsi que les aiguilles, et la pendule avance; s'il oscille plus lentement, les rouages sont ralentis et la pendule retarde. Eh bien, toutes les pendules construites et réglées ici avec une minutieuse exactitude, retardent quand on les transporte dans les régions équatoriales, et avancent quand on les transporte vers les pôles. Ce fait ne souffre pas d'exception. Observé pour la première fois dans le courant du dix-septième siècle, il excita un étonnement universel. Quelle est donc la mystérieuse cause qui semble toucher la machine du doigt, pour la ralentir à l'équateur et l'accélérer aux pôles? Cette cause est le renflement équatorial, qui ralentit le pendule en l'éloignant davantage du centre de la Terre; c'est l'aplatissement polaire, qui accélère le pendule en le rapprochant un peu du centre du globe.

16. Balancier des horloges. — Pour être apte à mesurer le temps, l'aiguille d'une horloge doit parcourir sur son cadran des arcs égaux en des temps égaux; elle doit se mouvoir d'un mouvement uniforme. Mais le moteur du mécanisme, formé d'un poids qui tombe ou d'un ressort qui se détend, ne possède pas lui-même cette uniformité de vitesse. Dans sa chute, le poids qui fait mouvoir tous les rouages, doit acquérir une vitesse croissante, si rien n'y fait obstacle; le ressort, au contraire, à mesure qu'il se détend davantage, possède une moindre énergie. Ni dans l'un ni dans l'autre cas, les rouages de l'appareil et, par suite, les aiguilles qu'ils commandent, ne peuvent, à moins d'une disposition spéciale, avoir la régularité de marche nécessaire. Il faut donc un régulateur qui maintienne l'uniformité de marche du mécanisme, malgré l'action variable du moteur. Ce régulateur est le pendule avec ses oscillations toujours égales en durée.

Le dernier arbre de l'horloge porte une roue à dents E entre lesquelles viennent s'engager à tour de rôle, les extrémités A*m* C*q* d'une pièce ABCD (fig. 11), mobile autour d'un axe horizontal D. Cet appareil porte le nom d'*échappement*, parce qu'il est destiné à laisser passer, à laisser *échapper*, les dents de la roue E une à une et par périodes égales. Quand l'*ancre* ABC est dans la position horizontale, ses extrémités A*m* C*q* ne s'en-

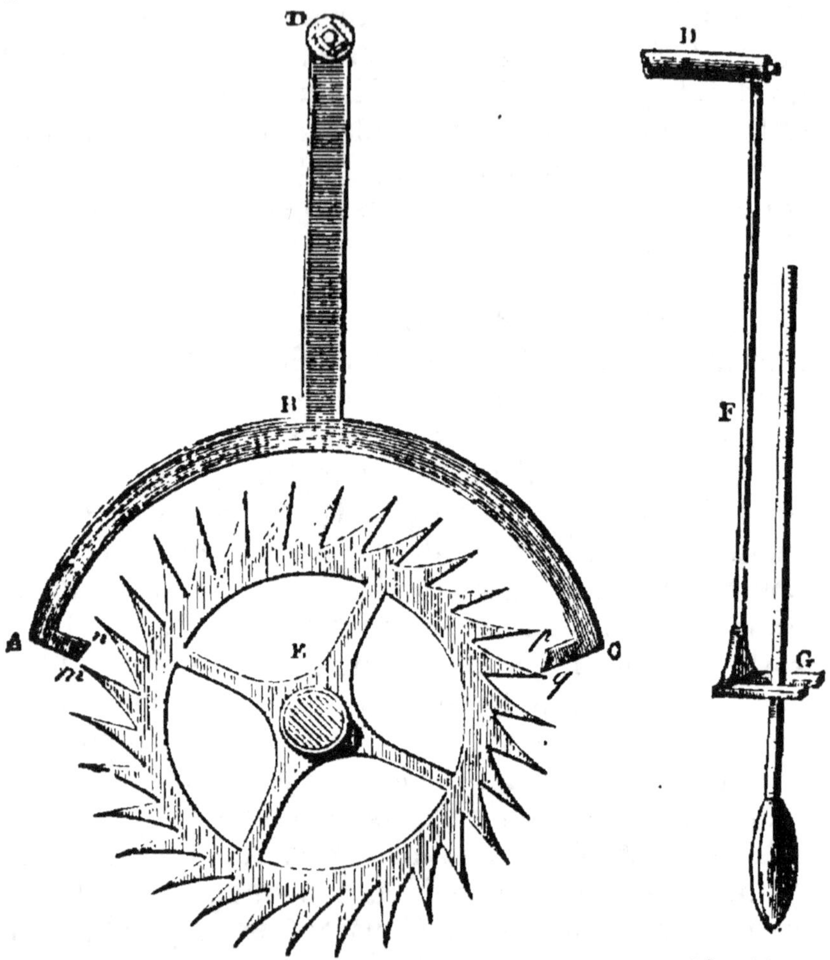

Fig. 11.   Fig. 11.

gagent ni l'une ni l'autre entre les dents de la roue, et celle-ci tourne entraînée par le moteur de l'horloge.

Si l'ancre s'incline un peu à droite , C*q* pénètre dans l'intervalle de deux dents voisines et la roue est momentanément arrêtée. Puis l'ancre s'incline à gauche et un nouvel arrêt a lieu. Pour aller de l'une à l'autre de ces positions, l'ancre passe un moment par la position horizontale, et c'est alors que la roue, libre d'entraves, tourne d'une dent. Si donc l'ancre oscille d'une manière régulière, la roue passera ses dents une à une par périodes d'égale durée.

L'oscillation régulière de l'ancre est obtenue au moyen du pendule ou balancier. A cet effet, son axe D (fig. 11 *bis*) porte une tige F terminée inférieurement par une *fourchette* G. La tige métallique d'un pendule, suspendu en un point indépendant du mécanisme de l'horloge, passe entre les deux branches de cette fourchette. En oscillant, le pendule chasse devant lui la fourchette et fait ainsi mouvoir l'axe D et par suite l'ancre, à laquelle il communique son mouvement oscillatoire régulier. C'est ainsi que le pendule règle l'action du moteur, en substituant à un mouvement continu mais variable, une série de petits mouvements séparés par des intervalles de repos, à des périodes exactement égales et déterminées par l'isochronisme des oscillations pendulaires.

Le moteur, à son tour, entretient le mouvement du pendule, qui finirait tôt ou tard par s'arrêter, à cause des résistances du point de suspension et de l'air. Chaque fois qu'une dent passe, elle glisse sur la facette inclinée *pq*, *mn* des extrémités de l'ancre et donne à celle-ci une certaine impulsion, qui se transmet au pendule par l'intermédiaire de la fourchette, de sorte qu'à chaque oscillation le pendule reçoit du moteur le peu de vitesse qu'il vient de perdre par le fait des résistances à vaincre.

17. Poids. Gramme. — Chaque molécule d'un corps est attirée par la Terre. La somme de ces attractions élémentaires se nomme le *poids* du corps Il ne faut pas confondre poids avec pesanteur. La pesanteur est la cause et le poids est l'effet. La pesanteur est l'attraction que la Terre exerce sur le corps, le résultat de cette attraction est le poids du corps. En vertu de son poids, un corps exerce une pression sur l'obstacle qui s'oppose directement à sa chute. C'est cette pression qui fait pencher le plateau de la balance sur lequel le corps repose. Le poids d'un corps ou la pression qu'il exerce sur l'appui qui le soutient directement, se mesure par la pression exercée dans des conditions pareilles par un corps pris pour unité. L'unité choisie s'appelle le *gramme*. Le gramme est le poids d'un centimètre cube d'eau pure à la température de quatre degrés centigrades.

Pour les usages ordinaires, l'unité de poids est le *kilogramme*, ou le poids d'un décimètre cube ou litre d'eau pure. Le kilogramme vaut 1000 grammes.

Pour les poids très-considérables, l'unité est la *tonne*, ou le poids d'un mètre cube d'eau pure. La tonne vaut 1000 kilogrammes.

18. Balance. — Une balance se compose d'abord d'une barre d'acier appelée *fléau*, traversée en son milieu et perpendiculairement à sa longueur, d'un axe ou support taillé en fine arête à son extrémité inférieure et nommé *couteau* à cause de sa disposition tranchante (fig. 12). Le couteau repose par son arête sur un *appui* d'acier ou de toute autre matière fort dure, placé à l'extrémité supérieure du pied de la balance. L'arête tranchante du couteau a pour objet d'affaiblir, autant que possible, le frottement en ne laissant reposer le fléau sur son appui que suivant

une ligne sans épaisseur; et la matière dure de l'appui, matière que le couteau ne peut entamer, a pour
effet d'empêcher la formation de sillons, de rainures

Fig. 12.

qui entraveraient, à la longue, le jeu de la balance.
Pour que celle-ci fonctionne bien, il faut que le fléau
ait toute liberté de pencher d'un côté ou de l'autre,
suivant l'excès de pression éprouvé par l'un ou l'autre plateau. De là de minutieuses précautions prises
relativement au couteau et à son appui pour éviter,
autant que faire se peut, toute cause de frottement. Le
fléau est divisé en deux parties par le couteau.
Les deux parties se nomment les deux *bras de*

levier de la balance. De lui-même , le fléau ne doit pas plus pencher d'un côté que de l'autre, ce qui exige évidemment, de la part des deux bras de levier, une longueur égale et un poids égal. A chaque extrémité du fléau est appendu un *plateau* ou *bassin*. Les deux plateaux doivent être exactement de même poids. D'elle-même la balance doit être en équilibre, c'est-à-dire que le fléau doit se maintenir horizontal. On le reconnait au moyen d'une aiguille verticale placée au milieu du fléau. Le pied de la balance porte, à la partie supérieure, un arc divisé de droite et de gauche en parties égales. Le zéro placé au milieu de l'arc, correspond à la verticale. La balance est en équilibre quand l'aiguille du fléau s'arrête en face du zéro. Si les deux plateaux sont chargés l'un et l'autre d'un corps, il y a égalité de poids entre ces deux corps quand l'aiguille se maintient, après quelques oscillations, en face du zéro de l'arc gradué. Si cette aiguille penche d'un côté, le corps correspondant pèse plus que l'autre.

19. Méthode des doubles pesées. — Malgré tout le soin que l'on met à leur construction, les balances sont plus ou moins défectueuses; il est, par exemple, impossible, ou pour le moins très-difficile, de donner aux bras du fléau une égalité rigoureuse. Heureusement, on peut faire des pesées très-exactes même avec une balance fausse, à la seule condition que cette balance soit *sensible*, c'est-à-dire trébuche aisément. Désignons les deux plateaux par les lettres A et B. Nous mettons le corps à peser dans le plateau A, et nous lui faisons équilibre en mettant de la grenaille de plomb dans le plateau B. On enlève le corps du plateau A sans toucher à la grenaille de l'autre, et on le remplace par des poids marqués jusqu'à ce que ces poids équilibrent la grenaille de B. Ces poids sont la mesure exacte du poids du corps. Effectivement, le corps et les poids en question, placés tour à tour dans les mêmes circonstances, c'est-à-dire à l'extrémité du même bras de levier, produisent un effet identique en équilibrant la même charge de grenaille de plomb. Ils ont donc même valeur. Cette méthode est connue sous le nom de *méthode des doubles pesées*.

QUESTIONNAIRE.

1. Pourquoi certains corps montent-ils au lieu de tomber? — Tomberaient-ils, s'il n'y avait pas d'atmosphère? — 2. Quelle est la cause de la chute des corps? — Qu'est-ce que l'attraction, la pesanteur? — Que faut-il entendre par tomber, peser? — 3. Qu'est-ce que le fil à plomb? — Quelle direction suivent les corps en tombant? — Quelle est la position du fil à plomb par rapport à la surface des eaux tranquilles? — Qu'est-ce la verticale, l'horizontale? — 4. Quelle conséquence déduit-on de la direction du fil à plomb. — Des fils à plomb étant placés en divers points de la surface de la Terre, où vont-ils se rencontrer s'ils sont idéalement prolongés? — 5. Pour quel motif les corps en tombant se dirigent-ils vers le centre de la Terre? — Ce centre jouit-il de propriétés spéciales relativement à la pesanteur? — Si la Terre était creuse, la chute des corps se ferait-elle encore suivant la direction du centre? — 6. Démontrez qu'un grain de plomb doit tomber aussi vite qu'une grosse boule de même métal. — Citez une comparaison qui vienne à l'appui de cette égale rapidité de chute. — 7. Pour quel motif les corps ne tombent pas tous en réalité également vite? — 8. Décrivez l'expérience de la chute des corps dans le vide? — Quelle expérience fait-on avec un disque de métal et une rondelle de papier? — Que prouvent

ces expériences? — 9. Quel est l'espace parcouru par un corps dans une seconde de chute effectuée librement? — Comment calcule-t-on l'espace parcouru dans un nombre quelconque de secondes? — 10. En quoi consistent les oscillations pendulaires? — Si elles n'étaient pas entravées par la résistance de l'air et du point de suspension, ces oscillations dureraient-elles longtemps? — Qu'est-ce qu'un pendule? — 11. Comment démontre-t-on avec le pendule que la pesanteur agit de la même manière sur tous les corps, enfin que tous les corps tombent avec la même rapidité? — 12. Pourquoi, de deux pendules, le plus long oscille-t-il plus lentement? — 13. Qu'entend-on par *isochronisme* des petites oscillations? — D'où provient cet isochronisme? — 14. Comment varie l'attraction avec la distance? — A partir d'où se compte cette distance lorsque le corps attirant est une sphère? — Comment le pendule démontre-t-il que la Terre est aplatie aux pôles et renflée à l'équateur? — Quelle est la valeur de l'aplatissement polaire? — 15. Que remarquez-vous au sujet des horloges réglées ici et transportées soit à l'équateur soit dans les régions polaires? — 16. Quel est l'usage du balancier d'une horloge? — En quoi consiste l'échappement? — 17. Qu'est-ce que le poids d'un corps? — Qu'est-ce que le gramme, le kilogramme, la tonne? — 18. Décrivez la structure de la balance. — 19. En quoi consiste la méthode des doubles pesées?

CHAPITRE II.

PRESSE HYDRAULIQUE. — VASES COMMUNIQUANTS.

1. Transmission des pressions par les liquides. — Supposons un vase entièrement plein d'eau ou de tout autre liquide. Sur les parois de ce vase, en dessus, en dessous, par côté, nous pratiquons des orifices A. B, C, D, E (fig. 13), tous d'égal calibre et munis de canaux dans lesquels des pistons, bouchant exactement, peuvent se mouvoir en liberté. Si l'on exerce une pression de 1 kilogramme sur le piston A, cette pression se transmet

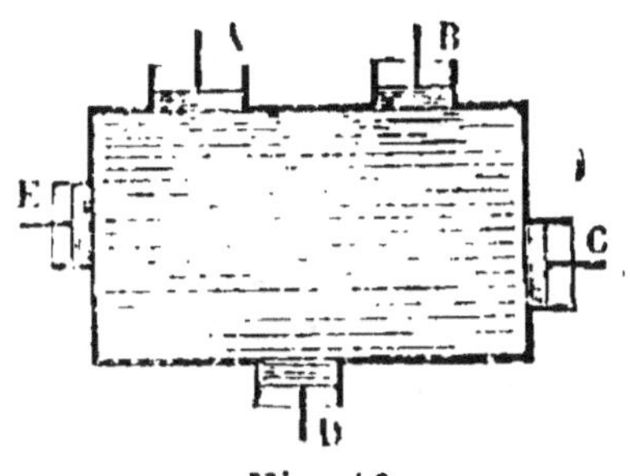

Fig. 13.

par l'intermédiaire du liquide à tous les autres pistons, B, C, D, E, qui, refoulés alors de dedans en dehors, tendent à s'échapper de leur canal si rien n'y met obstacle. Pour les empêcher de sortir, il faut les maintenir en place par une poussée précisément égale à celle qu'éprouve le piston A, cause de toutes ces tendances au déplacement. Ainsi la pression exercée sur une certaine étendue d'une masse liquide se transmet en tous sens avec son entière valeur pour des étendues égales à la première. La cause de la transmission de la poussée du piston A est la mobilité du liquide, qui permet en tous sens le refoulement du contenu du vase. Avec un contenu solide rien de pareil n'aurait lieu, la mobilité manquant pour permettre à la matière d'être refoulée de tous côtés et de transmettre ainsi la pression exercée en l'un de ses points.

2. **La pression transmise est proportionnelle à la surface.** — Un vase plein d'eau est percé à la paroi supérieure de deux orifices, dont l'un, A, est cent fois plus grand que l'autre, B. Chaque orifice est muni d'un piston. On charge le piston B du poids de 1 kilogramme ; par l'effet de la poussée transmise, le piston

A (fig. 14) est refoulé de bas en haut. Pour l'empêcher

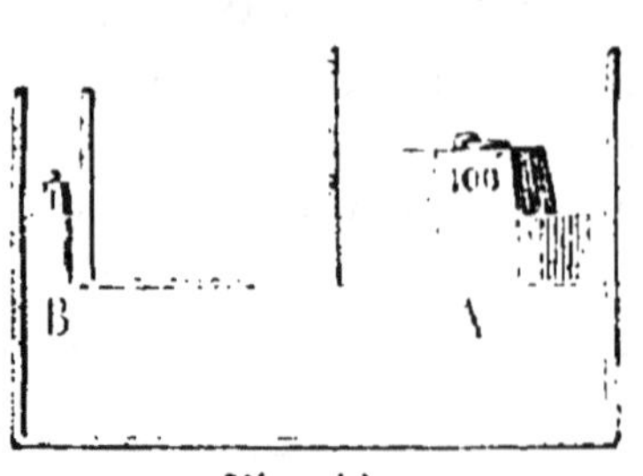

Fig. 14.

de monter, il faut le charger d'un poids de 100 kilogrammes, résultat facile à prévoir d'après ce qui précède. Remarquons que le piston A, cent fois plus étendu en superficie que le piston B, peut être regardé comme la réunion de cent pistons pareils à B. Or chacun de ceux-ci, d'après le principe du paragraphe précédent, serait soulevé par une poussée de 1 kilogramme. Donc le piston A, somme de ces cent pistons imaginaires, doit être soulevé par une poussée de 100 kilogrammes. La poussée émanée du piston directement pressé est donc transmise par le liquide proportionnellement à la surface considérée. Elle est double, décuple, centuple de la poussée directe exercée sur le piston B, si la surface du piston A est double, décuple, centuple de celle du premier.

3. **Presse hydraulique.** — Elle se compose de deux cylindres creux : l'un A plus petit, l'autre L beaucoup plus grand (fig. 15). Ces deux cylindres sont pleins d'eau et communiquent entr'eux par un canal G. Chacun est armé d'un piston qui le bouche exactement. Le piston A est mis en mouvement au moyen du levier B; le piston K du gros cylindre est surmonté d'un plateau H H' qui se meut entre des colonnes de fonte solidement établies. Les mêmes colonnes portent supérieurement un second plateau fixe I I'. C'est entre ces deux plateaux que l'on dispose les objets à presser. Imaginons que le piston du gros cylindre soit mille fois plus étendu que le piston du petit cylindre. Si, au moyen du levier, on exerce sur

celui-ci une pression de 100 kilogrammes, et par l'intermédiaire du levier c'est chose très-aisée, l'effort d'une seule main suffit; si, disons-nous, on exerce

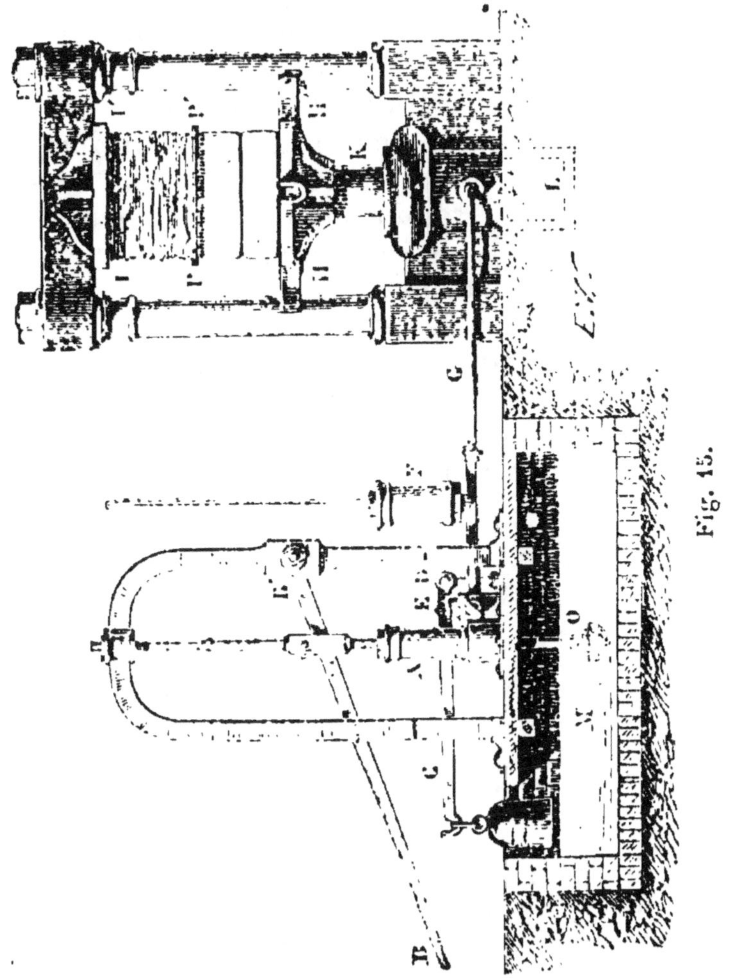

Fig. 15.

sur le piston du cylindre A une pression de 100 kilogrammes, la poussée se transmettra de bas en haut au piston du gros cylindre, proportionnellement à sa surface; et comme celui-ci est mille fois plus grand que le premier, le piston K sera soulevé avec une force de 100000 kilogrammes.

On se sert de la presse hydraulique pour comprimer les cartons et le papier fraîchement préparés et leur faire rendre l'eau dont ils sont imprégnés ; pour extraire le jus sucré des betteraves, l'huile des olives; pour séparer les matières huileuses, désagréablement odorantes, de la matière blanche et inodore dont on fait les bougies stéariques; pour réduire en un petit volume les matières encombrantes, comme le foin, et en rendre ainsi le transport plus facile, etc , etc. La puissance de la presse hydraulique tient du prodige. Sans effort, en poussant simplement de la main, un homme, dans certaines opérations, exerce par son intermédiaire une pression d'un million de kilogrammes.

4. Vases communiquants. — Soit un vase A rempli

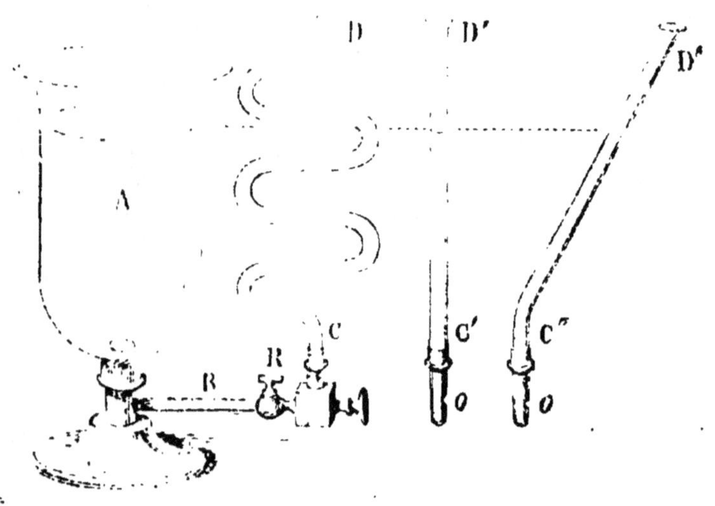

Fig. 16.

d'eau (fig. 16). Il est muni d'un canal B sur lequel on

peut visser tour à tour divers tubes, D, D', D'' de la forme et du calibre que l'on veut. Un robinet R ferme d'abord le canal B, et interrompt la communication entre le vase et le tube vissé. Si l'on ouvre ce robinet, aussitôt l'eau du vase pénètre dans le tube et s'y élève précisément jusqu'au niveau du liquide dans le vase lui-même, et cela quel que soit le tube, qu'il soit sinueux comme D, tout droit comme D', ou penché comme D''. Dans les trois cas, l'eau monte juste au même niveau, ainsi que le représente la ligne ponctuée de la figure. De là cette loi connue sous le nom de *Loi des vases communiquants* : Quand plusieurs vases ou cavités de forme quelconque communiquent entr'eux, si l'un d'eux se remplit d'un liquide, les autres s'en remplissent aussi et le liquide arrive dans tous exactement à la même horizontale, en d'autres termes au même niveau.

5. Fontaines. — Pour alimenter d'eau une ville, on établit un réservoir en un point élevé dominant les divers quartiers. L'eau est amenée dans ce réservoir par des pompes que meuvent des machines, ou par tout autre moyen. Un tuyau principal part du réservoir et va se ramifiant sous le sol en tuyaux secondaires pour distribuer l'eau aux points voulus. S'il s'agit d'une fontaine, l'eau s'élève, pour regagner son niveau, dans un conduit ménagé dans la maçonnerie, et s'écoule si l'orifice de cette fontaine ne dépasse pas en hauteur le niveau du réservoir d'où elle est partie. Rien n'empêcherait, on le comprend, de faire monter l'eau aux différents étages d'une maison, à la condition que le niveau du réservoir fût au moins aussi élevé. Mais si l'orifice d'écoulement d'une fontaine était supérieur au niveau du réservoir, l'eau s'arrêterait dans les conduites au niveau de son point de départ et ne coulerait pas.

6. Jets d'eau. — Supposons maintenant que sur le canal B communiquant avec le vase plein d'eau A (fig. 17), on visse un tube ouvert au sommet ou percé en pomme d'arrosoir. A l'ouverture du robinet R, l'eau s'élance dans le tube pour reprendre le niveau qu'elle a dans le réservoir A, et jaillit en formant un seul jet si le tube est percé d'un seul orifice, une gerbe s'il est en pomme d'ar·rosoir. Théoriquement, le jet devrait atteindre le niveau du réservoir, mais diverses causes s'y

Fig. 17.

opposent : le frottement de l'eau dans le canal, la résistance de l'air et le choc des gouttes liquides qui, en retombant, amortissent la vitesse de celles qui montent. On diminue ce dernier inconvénient en inclinant un peu le jet, ce qui porte le filet liquide descendant en dehors du filet ascendant. Le jet monte alors un peu plus haut, mais il est moins gracieux.

La cause des eaux jaillissantes, soit naturelles, soit artificielles, réside dans cette tendance des liquides à reprendre leur niveau par un jet, quand un canal ne les conduit pas à la hauteur voulue. Supposons un réservoir élevé communiquant par des canaux souterrains avec un orifice dirigé en l'air; si cet orifice est situé plus bas que le niveau du réservoir, l'eau jaillira et atteindra la ligne de niveau du réservoir, abstraction faite de l'amoindrissement du jet par le frottement dans le canal, la résistance de l'air, le choc du liquide descendant. Ainsi la hauteur d'un jet d'eau dépend avant tout de la distance verticale de l'orifice d'écoulement au niveau du réservoir.

7. Origine des cours d'eau. — L'arrosage de la terre ferme, condition de première nécessité, aussi bien pour la vie de l'animal que pour la vie de la plante, se fait exclusivement par les eaux de l'atmosphère, précipitées çà et là sous forme de pluie et sous forme de neige. L'atmosphère à son tour reçoit les eaux de la mer, d'où la chaleur solaire les élève à l'état de vapeur, bientôt converties en nuages. Tous les cours d'eau des continents, fleuves et fontaines, sources, rivières et torrents, n'ont qu'une seule origine : les nuages du ciel renouvelés par l'incessante évaporation des mers. Les infiltrations des eaux pluviales et de l'humidité atmosphérique, la fusion des neiges et des glaciers, donnent naissance à des sources, à des ruisseaux, qui, par leur réunion, constituent des rivières. Celles-ci, en suivant la pente des terrains, se rejoignent et forment des courants plus considérables qui, sous le nom de fleuves, vont déverser les eaux continentales aux océans, d'où ces mêmes eaux étaient venues sous forme de nuages. Dans le bassin des mers commence et se termine le cercle de la merveilleuse hydraulique destinée à verser aux terres la fraîcheur et la fécondité. La chaleur solaire y puise les eaux à l'état de vapeur et de nuages, qui se précipitent en pluie sur la terre ferme; la pesanteur les y ramène à l'état de rivières et de fleuves, qui suivent les pentes du sol.

8. Eaux souterraines. — Les diverses couches dont la surface de la terre se compose ne se laissent pas également pénétrer par l'eau, ou, comme on dit, ne sont pas également perméables. Les unes, spécialement les couches argileuses, s'opposent à l'infiltration de l'eau; les autres, en particulier les couches sablonneuses, s'imbibent avec une grande facilité. Supposons

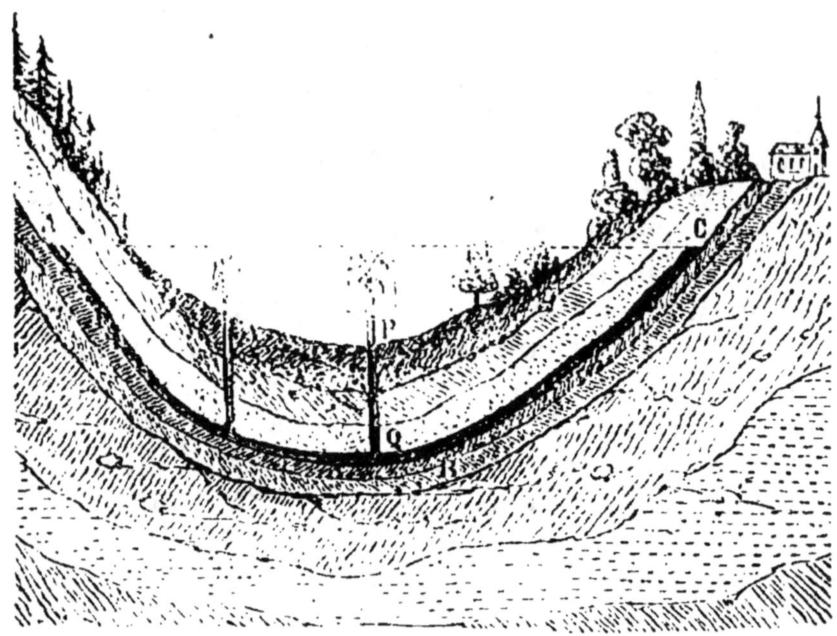

Fig. 18.

dans l'épaisseur du sol diverses assises, dont deux argileuses comprenant entre elles une couche de sable A Q C (fig. 18). Ces assises peuvent, à cause des dislocations, des plissements de toute nature que l'écorce terrestre a subis, se trouver en un lieu à une certaine profondeur, et en un autre se relever et remonter à la surface. La couche sablonneuse A Q C, profondément située par rapport au sol de la vallée que représente la figure, se redresse sur les deux flancs et vient se mettre à découvert sur les plateaux voisins. Là, cette couche peut se trouver comprise dans le lit d'un fleuve, d'un lac, d'un étang, ou bien faire partie d'une région neigeuse, d'une dépression où s'amassent les eaux pluviales, d'une montagne où les brouillards de la nuit déposent leur humidité. Dans tous les cas, à cause de sa grande perméabilité, elle s'imbibe d'eau, qui gagne l'intérieur du sol et s'amasse entre les deux lits imperméables d'argile. Il se forme de la sorte une nappe d'eau souterraine plus ou moins abondante, plus ou moins étendue. Si quelque part la couche de sable reparait à découvert, par exemple sur les flancs d'une entaille profonde du terrain, ou bien si quelque fissure du sol, quelque crevasse la met en rapport avec l'extérieur, en ces points une source surgit alimentée par la nappe souterraine. Mais il peut se faire que la couche imbibée ne reparaisse pas au dehors, et, dans ce cas, les eaux souterraines sont ignorées. A notre insu, elles sont là, sous nos pieds, quelquefois recouvertes par un terrain des plus arides. Pour les ramener à la surface et pouvoir les utiliser, il suffirait de leur ouvrir une issue.

9. Puits ordinaires et puits artésiens. — Supposons donc qu'au point P (fig. 18) on perce le sol. Dès que la couche imperméable qui l'arrête supérieurement sera percée, l'eau montera dans le passage qui lui est ouvert et gagnera le niveau de l'amas souterrain. Elle jaillira même au dehors si l'orifice du puits que l'on vient de pratiquer est moins élevé que le niveau du réservoir ; dans le cas contraire, elle s'arrêtera à la hauteur de ce niveau. Pour atteindre les couches imbibées par les cours d'eau du voisinage, il suffit très-souvent de creuser à une médiocre profondeur. On pratique alors des puits ordinaires qui s'emplissent jusqu'au niveau du fleuve, de la rivière, du lac, etc., dont les infiltrations les alimentent. Si le niveau des eaux s'élève ou s'abaisse dans le fleuve, le niveau des eaux s'élève ou s'abaisse en même proportion dans les puits tributaires.

Mais si la nappe d'eau souterraine est profondément située, on a recours au forage de *puits artésiens*, ainsi nommés parce qu'ils sont depuis longtemps connus et pratiqués dans l'Artois. A l'aide d'une puissante tarière que manœuvrent des barres de fer, ajustées bout à bout à mesure qu'il en est besoin, on creuse un trou cylindrique, d'un à deux décimètres de largeur, à travers les diverses assises du sol, gravier, marnes, calcaires, argiles, jusqu'à ce que l'on atteigne la nappe aquifère, située parfois à plusieurs centaines de mètres de profondeur. Si l'on rencontre une roche trop dure, on commence par la triturer avec une espèce de trépan; cela fait, avec une cuiller appropriée à cet usage, on extrait la boue et les menus débris du fond de la cavité. Pour préserver les parois du puits de l'éboulement et empêcher l'eau ascendante de se répandre dans les couches environnantes, s'il y en a de perméables, on garnit le trou de sonde d'un tube en métal.

10. **Écluse des canaux de navigation.** — Pour mettre en communication deux cours d'eau navigables situés dans des bassins hydrographiques différents, il faut franchir des plis de terrains d'une élévation plus ou moins considérable, de sorte que le canal reliant les deux cours d'eau a une double pente, dont le point le plus élevé prend le nom de *point de partage*. C'est à ce point de partage que se trouvent les réservoirs alimentant le canal. A partir de là, sur l'une et l'autre pente, le canal est divisé en tronçons ou *biefs*, dont le lit est horizontal, et qui s'échelonnent en gradins

par un brusque changement de niveau. Entre deux biefs consécutifs est une *écluse*, c'est-à-dire une portion de canal dont les parois sont en maçonnerie et dont les extrémités sont munies de grandes portes mobiles, percées de *vannes* qui s'ouvrent et se ferment à volonté. Pour faire passer par exemple, un bateau d'un bief inférieur dans un bief supérieur, on ouvre d'abord les vannes inférieures de l'écluse en maintenant celles d'en haut fermées, jusqu'à ce que le niveau soit le même dans l'écluse et dans le bief inférieur. On ouvre alors les portes inférieures et le bateau entre dans l'écluse. Cela fait, les portes inférieures sont fermées ainsi que leurs vannes, et l'on soulève les vannes supérieures, par où l'eau pénètre du bief d'en haut dans l'écluse, jusqu'à ce que le niveau soit le même de part et d'autre. Le bateau est ainsi peu à peu soulevé dans l'écluse jusqu'au niveau d'en haut. Il ne reste plus qu'à ouvrir les portes pour laisser passer le bateau dans le bief supérieur. C'est ainsi qu'on parvient à faire franchir aux bateaux des hauteurs plus ou moins considérables, soit en montant, soit en descendant.

QUESTIONNAIRE.

1. — En quoi consiste la transmission de pression par les liquides ? — D'où provient cette propriété des liquides ? — Les corps solides ont-ils la même propriété ? — 2. Comment varie la pression transmise suivant la surface considérée ? — 3. Sur quel principe repose la presse hydraulique ? — Quelles sont ses parties essentielles ? — Quels sont ses usages ? — 4. En quoi consiste le principe des vases communiquants ? — Décrivez l'appareil qui sert à

le démontrer. — 5. Comment se fait la distribution de l'eau dans les fontaines d'une ville ? — L'eau peut-elle monter aux divers étages d'une maison ? — 6. Comment se produit un jet d'eau ? — Pourquoi la hauteur du jet est-elle moindre que la hauteur du niveau du réservoir ? — 7. Quelle est l'origine des cours d'eau ? — D'où viennent les eaux qui arrosent la terre ferme et où reviennent-elles ? — Quelles sont les causes de ce va-et-vient ? — 8. Comment s'expliquent les nappes d'eau souterraines ? — Comment s'alimentent les puits ordinaires ? — Qu'est-ce qu'un puits artésien ? — D'où provient ce nom ? — 10. Qu'entend-on par *point de partage*, *bief*, *écluse*, dans un canal de navigation ? — Comment un bateau peut-il passer d'un bief dans un autre.

CHAPITRE III.

PRESSION EXERCÉE PAR LES LIQUIDES.

1. Appareil de Haldat. — A cause de leur mobilité moléculaire et de leurs poids, les liquides exercent une pression sur les parois des vases qui les contiennent. Recherchons d'abord la pression éprouvée par une surface horizontale leur servant de fond.

Un canal de verre deux fois recourbé à angle droit, B N C est fixé sur une planchette de bois. On le remplit de mercure, qui, de lui-même, s'élève dans les deux branches du canal exactement au même niveau. La petite branche du canal est munie d'une virole en cuivre sur laquelle on peut visser à tour de rôle différents vases, A, A', A'', ouverts à leur partie inférieure et de forme très-diverse. Le robinet R sert à faire écouler l'eau après chaque épreuve. L'un des

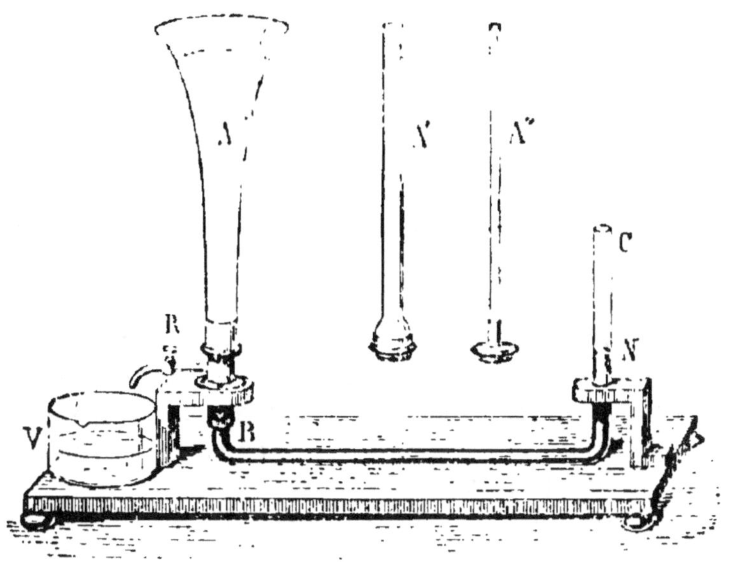

Fig. 19.

vases A (fig. 19) étant vissé, on le remplit d'eau
jusqu'à une certaine hauteur, que l'on a soin de mar-
quer. La pression de l'eau s'exerce sur le mercure,
qui sert ici de fond mobile, et le refoule dans l'autre
branche jusqu'à un niveau N, que l'on marque également. La quantité dont le mercure s'est élevé par la
pression de l'eau donne la mesure de cette pression.
On vide le vase A par le robinet R, et on le remplace
par A', puis par A″, que l'on remplit d'eau à la même
hauteur que précédemment Eh bien, quel que soit
celui des trois vases employés, le mercure refoulé par
la pression de l'eau s'élève toujours dans l'autre branche
précisément à la même hauteur. La pression exercée
sur le mercure, fond mobile des vases, est donc la

même quelle que soit la forme du vase et par conséquent la quantité de liquide contenu ; elle ne dépend que de la hauteur verticale du liquide au-dessus du mercure.

2. **Valeur de la pression exercée sur le fond des vases.** — Si le vase est à parois verticales et partout du même diamètre que la base, il est évident que la pression exercée sur le fond est égale au poids du liquide contenu. Mais cette pression reste la même à la condition que le fond soit de même étendue et que le liquide s'élève à la même hauteur. Donc, quelles que soient la forme du vase et sa contenance, la pression exercée sur le fond est toujours égale au *poids d'une colonne de liquide qui aurait pour base le fond du vase et pour hauteur la distance verticale de ce fond au niveau du liquide.*

Comme application de ce principe, proposons-nous le problème que voici. — Le fond d'un vase a 1 décimètre carré de surface, l'eau s'élève à 1 mètre au-dessus de ce fond. Quelle est, en kilogrammes, la pression que ce fond éprouve de la part de l'eau ? — Remarquons que, pour résoudre cette question, nous n'avons nullement à nous informer de la quantité d'eau contenue dans le vase, ni de la forme de celui-ci. Le vase est-il vertical ou penché, droit ou sinueux, étroit ou large, régulier ou irrégulier ? Contient-il un seul litre d'eau, ou en contient-il des milliers ? Nous n'en savons rien et nous n'avons pas besoin de le savoir, car rien de tout cela n'influe sur la valeur de la pression. Il suffit de connaitre la surface du fond et la hauteur verticale de l'eau au-dessus de ce fond. D'après ce qui précède, cette pression est égale au poids d'une colonne verticale d'eau ayant pour base le fond du vase et pour hauteur la distance verticale de ce fond au niveau supérieur de l'eau. Calculons le poids de cette colonne liquide, colonne idéale peut-être si le vase n'a pas ses parois verticales, et nous aurons la valeur de la pression exercée sur le fond. La colonne en question a pour base 1 décimètre carré et pour hauteur 1 mètre ou 10 décimètres. Si nous l'imaginons coupée en tranches d'un décimètre de hauteur, chacune de ces tranches aura un décimètre cube de volume. Mais 1 décimètre cube d'eau pèse un kilogramme. Alors la pression exercée sur le fond est de 10 kilogrammes.

3. Pressions latérales. —Imaginons un vase de forme quelconque et plein d'eau. Si nous pratiquons un orifice sur ses flancs, et qu'à cet orifice nous ajustions un canal se redressant suivant la verticale, l'eau montera dans ce canal dès que la communication aura lieu, et s'élevera au même niveau que dans le vase. Pour être ainsi refoulée dans le canal latéral, l'eau exige une certaine poussée de la part du contenu du vase. Avant que l'orifice fut pratiqué, cette poussée s'exerçait encore, mais sur la portion de paroi qu'il a fallu enlever pour adapter au vase le tube latéral. Ainsi, en chaque point des parois, soit verticales, soit obliques, une pression s'exerce, capable de soulever une colonne d'eau au niveau même du contenu du vase. Par conséquent, cette pression est encore égale *au poids d'une colonne de liquide qui aurait pour base la portion de paroi considérée et pour hauteur la distance verticale du milieu de cette portion de paroi au niveau du liquide.* Dans le cas d'une paroi non horizontale, la distance se compte à partir du milieu de cette paroi, parce que tous ses points ne sont pas également distants du niveau.

4. Pressions de bas en haut. — Soit un cylindre

en verre creux et ouvert aux deux bouts (fig. 20). Sur

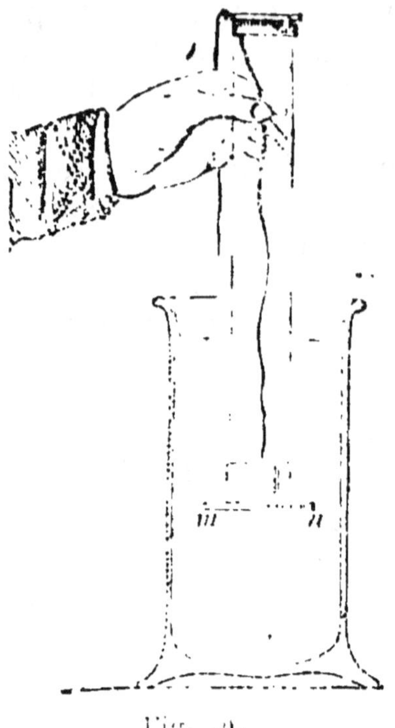

Fig. 20.

l'orifice inférieur on applique une plaque de verre *mn*, que l'on maintient momentanément en place au moyen d'un fil passant dans l'intérieur du cylindre. On plonge le tout dans l'eau, verticalement, la plaque en bas. Quand l'appareil est immergé, on peut lâcher le fil, tout en maintenant le cylindre. Le disque de verre ne tombe pas, il reste appliqué avec force contre l'orifice du cylindre. Il est certain que si le disque était ainsi abandonné à lui-même, mais tout seul, il descendrait au fond de l'eau. S'il ne le fait pas, il faut qu'une pression de bas en haut, qu'une poussée du liquide ambiant, le retienne appliqué contre l'orifice du cylindre. Pour avoir la valeur de cette poussée de bas en haut, on verse de l'eau avec précaution dans l'intérieur du cylindre. Quand le niveau à l'intérieur est le même qu'à l'extérieur ou à très-peu près, le disque se détache et descend au fond. La même expérience se fait avec un disque vertical comme le représente la figure 21 et avec un disque oblique comme celui de la figure 22. Dans les trois cas, le disque se détache, lorsque le niveau de l'eau à l'intérieur est le même qu'à l'extérieur. Donc chaque fois la pression qu'il éprouve de la part du liquide ambiant est représentée par le poids d'une colonne liquide qui

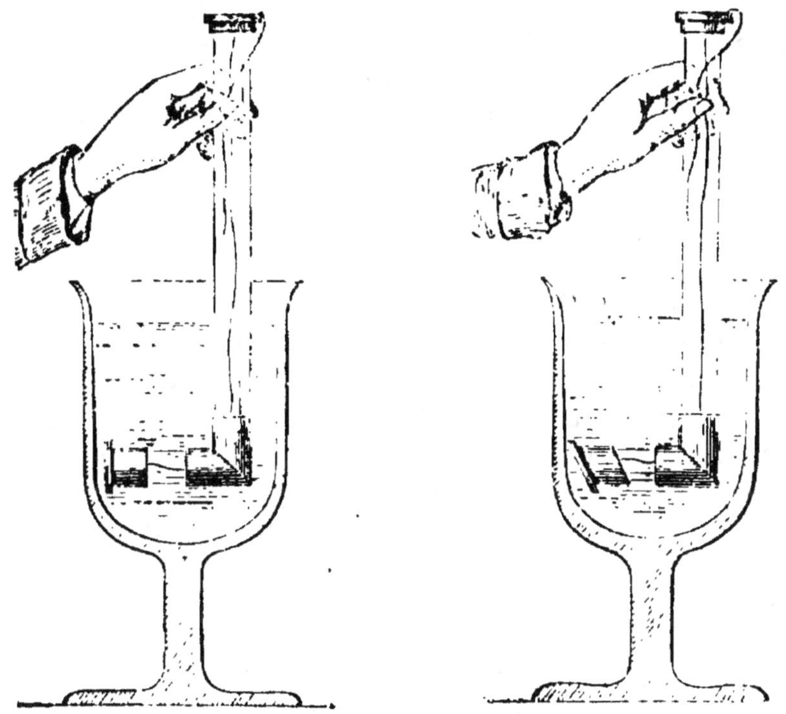

Fig. 21 et 22

s'appuierait sur ce disque et s'élèverait au niveau du liquide extérieur.

5. Effets de la pression de l'eau sur les corps profondément plongés. — De là résulte qu'un corps plongé dans l'eau éprouve au-dessus une pression égale au poids de la colonne liquide qui le surmonte, en bas et en sens inverse une pression de même valeur en négligeant l'épaisseur du corps. Sur les côtés pareillement, d'autres pressions sont exercées dépendant de l'étendue de la surface pressée et de la profondeur à laquelle le corps est plongé; de sorte que celui-ci est saisi, comme dans une espèce d'étau, par le liquide qui le presse de partout et d'autant plus qu'il est plongé plus bas.

A un kilomètre de profondeur dans la mer, chaque décimètre carré de la surface d'un corps éprouve une pression de 10000 kilogrammes. Aussi lorsqu'on plonge un thermomètre au fond des mers pour en prendre la température, l'instrument revient déformé et même brisé si l'on n'a pas eu soin de le mettre dans un solide fourreau de métal. Encore arrive-t-il dans les grandes profondeurs que cet étui de métal est écrasé par la pression.

6. Comment les poissons résistent à la pression de l'eau. — Une fois la pression des liquides sur les corps immergés bien comprise, on ne peut s'empêcher de se demander comment un plongeur seulement à 10 mètres de profondeur, comment surtout les poissons, qui descendent bien plus bas, supportent sans écrasement la pression de l'eau. En mer, on prend parfois des poissons à 1000 mètres de profondeur et davantage. Dans ces abîmes, chaque décimètre carré de leur corps supportait une pression de 10000 kilogrammes. Ils vivaient cependant sous cette charge énorme ; ils allaient et venaient sans gêne, sans péril aucun d'écrasement.

Le corps de tout être vivant est imbibé de liquides, en particulier de sang chez les animaux. Il n'existe pas un point de l'organisation, même dans les parties les plus dures, les os, qui ne soit imprégné d'humeur. Ce sont ces liquides qui résistent à la poussée de l'eau environnante et empêchent l'animal d'en ressentir les effets. La moindre parcelle du corps n'est pas même menacée d'écrasement, car la matière d'un être vivant n'est pas une substance compacte, dans le genre du verre ou d'un métal, mais une matière éminemment poreuse, perméable, une espèce de fine éponge enfin qui permet aux liquides de l'intérieur et de l'exté-

rieur d'agir et de réagir librement les uns sur les autres et de neutraliser ainsi leurs pressions inverses.

7. **Vases à réaction.** — La pression des liquides sur
toutes les parois d'un vase donne naissance à de curieux
mouvements, lorsqu'elle vient à être détruite en un
certain point, tout en persistant
sur le point diamétralement opposé. Soit un petit vase plein d'eau
et muni d'une tubulure latérale
d'abord bouchée. Le vase est appendu à un long fil. Abandonné à
lui-même, il prend la direction
verticale, tout comme le fil à
plomb. Mais si l'on ouvre la tubulure, l'eau s'échappe et en même
temps le vase s'anime d'un mouvement de recul qui l'éloigne de
la position verticale (fig. 23). —
Quand la tubulure est bouchée,
l'eau exerce sa pression sur le
bouchon qui fait alors partie de la
paroi du vase; elle l'exerce également sur le point opposé. Ces
deux poussées inverses s'entre-
détruisent, ainsi, du reste, que

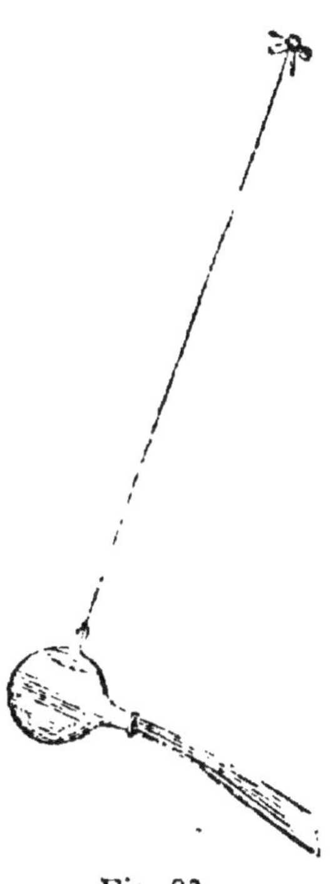

Fig. 23.

sur deux points quelconques opposés, et l'appareil
reste en repos. Si le bouchon est enlevé, la pression
en ce point n'a plus lieu, puisque la paroi n'y existe
plus; et alors la poussée opposée, n'ayant plus d'an-
tagoniste, chasse le petit appareil en sens inverse de
l'écoulement de l'eau.

8. **Tourniquet hydraulique.** — Il se compose d'un
réservoir plein d'eau bien équilibré sur deux pointes,
l'une en bas, l'autre en haut, qui lui permettent de

tourner facilement. Sa partie inférieure porte un canal transversal dont chaque extrémité est recourbée. Les deux coudes ainsi formés sont dirigés l'un en avant l'autre en arrière (fig. 24). Leurs orifices sont d'abord fermés avec des bouchons. En cet état, le tourniquet

Fig. 24.

reste en repos. Mais si l'on vient à les déboucher, l'eau s'écoule dans le bassin, et le tourniquet se met à tourner en sens inverse de l'écoulement. Considérons en effet l'un de ces coudes. Quand l'orifice est fermé, la pression de l'eau s'exerce également sur le bouchon et au point opposé t. Si l'orifice est libre et laisse écouler l'eau, il n'y a plus en ce point de pression, puisqu'il n'y a plus de paroi ; mais la pression s'exerce toujours en *t*, et c'est cette dernière qui fait tourner l'appareil à contre-sens de l'écoulement. Sur l'autre coude, le même fait se passe ; et à cause de sa disposition inverse, son effet s'ajoute à celui du premier. Il est visible que si les deux coudes étaient tournés du même côté, leurs effets respectifs, au lieu de s'ajouter, se contrarieraient. Le tourniquet alors resterait immobile.

9. Rupture d'un tonneau sous l'action d'un simple filet d'eau. — Supposons un tonneau solidement construit et plein d'eau. Sur sa bonde disposons un tube long et étroit. Il suffit de remplir ce tube d'eau pour que le tonneau éclate par l'effet de la poussée intérieure, bien que le contenu du tube soit un simple filet d'eau. Rendons-nous compte de cet étrange résultat. — Le tonneau et le canal qui le surmonte forment ensemble une sorte de vase, dont la surface entière du tonneau peut être considérée comme le fond. Donnons à cette surface 2 mètres carrés d'étendue et supposons que l'eau s'élève dans le canal à 10 mètres de hauteur. La pression exercée sur le fond d'un vase dépend uniquement de l'étendue de ce fond et de la hauteur verticale du liquide. La forme du vase, la quantité de liquide ne modifient en rien le résultat. Dans tous les cas, cette pression est égale au poids d'une colonne liquide ayant pour base le fond du vase et pour hauteur la distance verticale de ce fond au niveau supérieur du liquide. D'après cela, la pression éprouvée par l'ensemble des parois du tonneau équivaut au poids d'une colonne d'eau de 2 mètres carrés de base et de 10 mètres de hauteur, c'est-à-dire à 20000 kilogrammes. Avec une aussi forte poussée de dedans en dehors, faut-il s'étonner si le tonneau se rompt ?

QUESTIONNAIRE.

1. Décrivez l'appareil de Haldat. — Quelle expérience fait-on avec cet appareil ? — Quelle condition doit remplir le liquide dans les différents vases pour que le mercure soit soulevé de la même quantité ? — 2. Quelle est la valeur de la pression d'un liquide sur le fond d'un vase à parois verticales ? — Quelle est la valeur de cette pression pour un vase de forme quelconque ? — La quantité de liquide influe-t-elle sur cette pression ? — De quelles conditions seulement cette pression dépend-elle ? — Donnez un exemple numérique. — 3. Quelle est la valeur de la pression d'un liquide sur une paroi latérale ? — A partir de quel point de cette paroi se compte la hauteur du liquide ? — 4. Les liquides pressent-ils de bas en haut ? — Comment le démontre-t-on ? — Quelle est la valeur de cette pression de bas en haut ? — 5. A un kilomètre de profondeur dans la mer, quelle est environ la pression sur un décimètre carré de surface ? — Dire quelques effets de la pression au fond des mers. — 6. Comment les poissons résistent-ils à cette grande pression ? — Que remarquez-vous au sujet de la structure des corps organisés ? — 7. Comment se produit le mouvement de recul dans un vase qui laisse écouler son contenu liquide ? — 8. Décrivez le tourniquet hydraulique. — 9. Comment un tonneau peut-il se rompre par l'addition d'un simple filet d'eau ? — Donnez un exemple numérique de la poussée éprouvée par le tonneau.

CHAPITRE IV.

POUSSÉE DES LIQUIDES. — CORPS FLOTTANTS.

1. Poussée des liquides sur les corps immergés. — Un corps plongé dans l'eau, et ce que nous disons de l'eau doit se répéter de tout autre liquide, est pressé de tous côtés par le liquide environnant. En haut, il éprouve une pression égale au poids de la colonne liquide qui le surmonte ; à sa partie inférieure, il est poussé, de bas en haut, par la pression d'une colonne d'eau ayant en longueur, de plus que la première, toute la hauteur verticale du corps ; latéralement il éprouve aussi des pressions qui s'entre-détruisent, parce qu'elles sont égales et opposées. La pression de droite annule la pression de gauche, celle d'avant annule celle d'arrière ; mais la pression de bas en haut n'est annulée que partiellement par la pression de haut en bas. En effet, la partie inférieure du corps plongeant plus que la partie supérieure, la pression qui s'exerce sur cette partie et tend à soulever le corps, est plus grande que la pression exercée à la partie supérieure et tendant à enfoncer le corps. Elle est plus grande parce qu'elle est mesurée par le poids d'une colonne d'eau plus longue. La différence entre ces deux poussées inverses, poussée de haut en bas et poussée de bas en haut, est en faveur de cette dernière ; de sorte que, déduction faite des pressions qui se détruisent mutuellement, il reste un excès de poussée de bas en haut, dont l'effet est d'alléger le corps. Un savant géomètre de l'antiquité, Ar-

chimède, détermina le premier la valeur de cette poussée exercée de bas en haut par les liquides sur les corps
immergés.

2. **Démonstration expérimentale du principe
d'Archimède.** — On emploie deux cylindres métal-

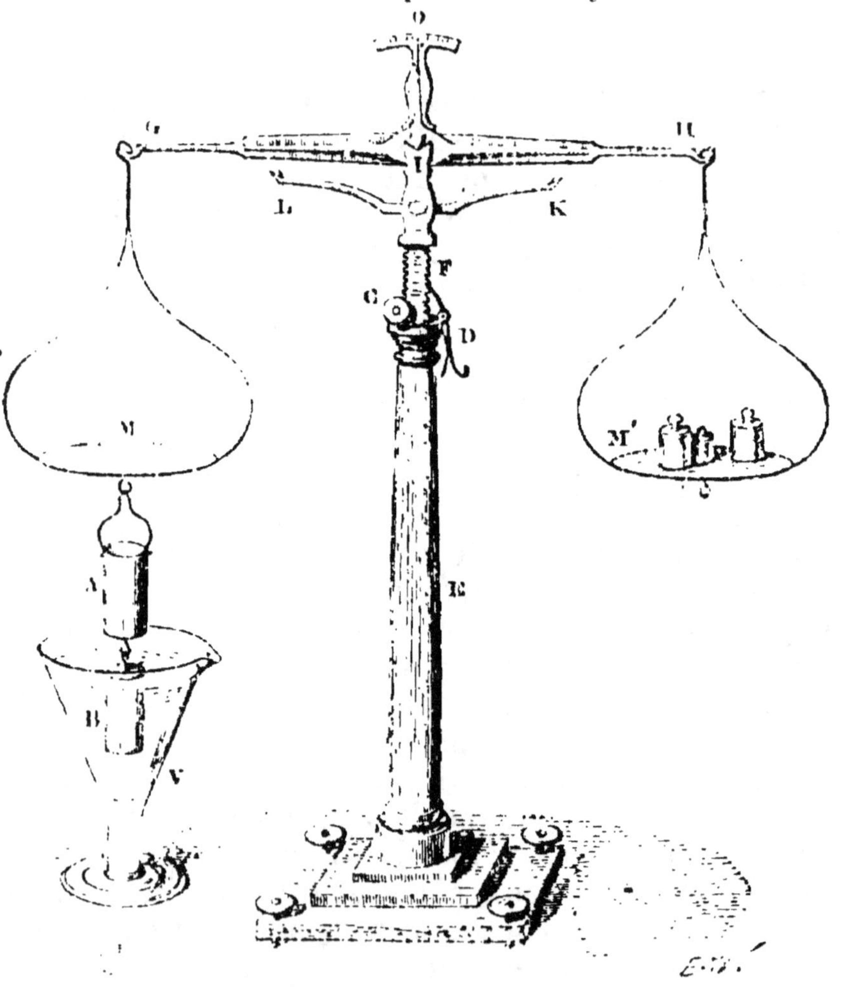

Fig. 25.

liques, l'un A creux, l'autre B plein (fig. 25). La capacité du premier est égale au volume du second, c'est-à-dire que celui-ci remplit exactement l'autre quand ils sont emboîtés. On suspend, à l'aide d'un crochet, le cylindre plein au-dessous du cylindre creux, et le tout est appendu sous le plateau d'une balance. Dans l'autre plateau, on fait équilibre avec des poids, ou mieux avec de la grenaille de plomb. Quand l'équilibre est bien établi, on fait plonger le cylindre plein dans un verre d'eau V. Aussitôt la balance trébuche, elle penche du côté des poids M'. Ce premier fait prouve que le cylindre plein, une fois immergé dans l'eau, éprouve une poussée de bas en haut qui diminue son poids. Reste à trouver cette diminution de poids. — On remplit d'eau le cylindre creux A ; et quand il est plein, l'équilibre de la balance est rétabli. La diminution de poids, provenant de l'immersion du cylindre B, est donc égale au poids de l'eau versée dans le cylindre creux. Comme ce cylindre creux a une capacité égale au volume du cylindre plein, on voit que celui-ci, par le fait de son immersion dans l'eau, est allégé d'une quantité égale au poids de son volume d'eau ; ou, en d'autres termes, éprouve une poussée de bas en haut égale au poids de l'eau dont il occupe la place.

Un résultat semblable se reproduirait avec un liquide quelconque : un corps immergé serait allégé tantôt plus tantôt moins, suivant la nature du liquide. Il faut donc généraliser et dire : *Un corps plongé dans un liquide éprouve une poussée de bas en haut égale au poids du liquide dont il occupe la place*, ou, plus brièvement, *qu'il déplace*. L'effet de cette poussée étant d'alléger le corps, on dit aussi : *un corps plongé dans un liquide perd une partie de son poids égale au poids du liquide qu'il déplace*. Tel est l'énoncé du principe d'Archimède.

3. Facilité avec laquelle on soulève de lourds fardeaux dans l'eau. — Il n'est personne qui ne sache par sa propre expérience, avec quelle facilité on soulève dans l'eau des fardeaux qu'on peut à grand'-peine remuer à terre. Le principe d'Archimède nous rend compte de cette facilité. Supposons un bloc de pierre ayant un volume de 25 décimètres cubes. Son poids en dehors de l'eau serait de 50 kilogrammes environ, poids un peu lourd pour nos forces. Si ce bloc est plongé dans l'eau, il faut, de ces 50 kilogrammes, retrancher la poussée du liquide, c'est-à-dire le poids d'un égal volume d'eau, ou bien 25 kilogrammes. La différence est la mesure de l'effort à faire pour soulever la pierre dans l'eau. Par le fait de l'immersion, la pierre se trouve allégée de la moitié de son poids. — Lorsqu'on tire de l'eau d'un puits le seau, tant qu'il est immergé, obéit à la corde sans difficulté. De son poids, il faut retrancher le poids de l'eau déplacée, et la différence est à peu près zéro. Mais dès qu'il n'est plus plongé, il pèse de tout son poids sur la corde, et c'est alors que la difficulté commence.

4. Vessie natatoire des poissons. — Lorsqu'un corps, entièrement immergé, a un poids égal à celui de l'eau dont il tient la place, ce corps ne peut ni monter ni descendre, parce que son poids tend à le faire descendre avec la même force que la poussée du liquide tend à le faire monter. Il reste alors stationnaire au point où il se trouve. Les poissons semblent d'abord être dans ce cas. Quand ils se tiennent immobiles au milieu de l'eau, il faut que leur poids soit rigoureusement égal à la poussée du liquide. Comment, alors, peuvent-ils venir à la surface happer les moucherons dont ils se nourrissent, ou gagner leurs retraites, parmi les herbes aquatiques du fond ? Cela se fait par un mécanisme d'organisation extrêmement ingénieux. A volonté, un poisson peut se faire plus petit pour descendre, plus grand pour remonter, au moyen de sa *vessie natatoire*. C'est un petit sac transparent, d'une extrême finesse, dans quelques-uns divisé en deux par un étranglement. Il est plein d'air. Au gré de l'animal, la vessie natatoire se gonfle un peu ou se dégonfle. Quand elle se gonfle, le poisson, sans augmenter de poids, devient plus volumineux, déplace une plus grande quantité d'eau, et, par conséquent, éprouve une poussée plus grande de la part du liquide. Cet excédant de poussée le fait monter. Quand elle dégonfle, le poisson devenu plus petit, tout en conservant un même poids, éprouve une poussée moindre, et, par suite descend. La vessie natatoire n'existe pas dans tous les poissons. Elle manque chez ceux qui, amis de la vase, ne quittent jamais le fond.

5. Corps flottants. — Un corps plongé dans un liquide tend, d'une part, à tomber au fond à cause de son poids, et, d'autre part, à remonter à la surface à cause de la poussée du liquide. Le corps descend au fond, si la poussée est moindre que le poids ; il remonte et flotte à la surface, si la poussée est plus forte que le poids ; il se maintient au sein du liquide sans monter ni descendre, si la poussée et le poids ont même valeur. Une poutre et un vaisseau flottent, parce qu'ils déplacent un grand volume d'eau, dont la poussée contrebalance leurs poids ; une aiguille et un grain de sable tombent au fond, parce qu'ils ne déplacent qu'un très-petit volume d'eau, dont la poussée est inférieure à leur poids. — Le fer cependant et toutes les matières si lourdes qu'elles soient, peuvent flotter, quand on leur donne une forme convenable. Soit un bloc de fer pesant 500 kilogrammes. En cet état massif, le fer ne peut flotter ; il ne déplace pas un volume d'eau suffisant pour que la poussée de bas en haut annule son poids. Mais supposons que ce bloc soit réduit en plaques ; puis assemblons ces plaques en forme de caisse bien fermée, à laquelle nous donnerons un volume d'un mètre cube. La caisse en fer, pesant toujours 500 kilogrammes, flottera maintenant très-bien ; car, si nous l'enfoncions en entier, elle déplacerait un mètre cube d'eau, et par suite, elle éprouverait une poussée de bas en haut égale à 1000 kilogrammes. Si le poids qui tend à l'entraîner au fond n'est que de 500 kilogrammes, tandis que la poussée qui la soulève est de 1000, il est clair que cette caisse ne peut rester dans l'eau, mais qu'elle doit remonter et flotter.

6. **Le poids total d'un corps flottant est égal au poids du liquide déplacé.** — Lorsqu'il a pris sa position d'équilibre, *un corps flottant plonge dans le liquide d'une quantité telle que le poids du liquide déplacé soit égal au poids total du corps flottant lui-même;* car c'est à cette condition que la poussée de bas en haut équilibre le poids. Ainsi un morceau de bois pesant 10 kilogram. et un vaisseau du poids de 1000 tonnes, s'enfoncent tout juste assez pour occuper la place, le premier de 10 litres d'eau, le second de 1000 mètres cubes. Si la charge augmente, pour chaque tonne ajoutée, le vaisseau occupe dans l'eau un mètre cube en plus ; si la charge diminue, pour chaque tonne enlevée, il occupe dans l'eau un mètre cube en moins. Même résultat pour la moindre barque : son poids réuni à celui des personnes qu'elle porte, a même valeur que le poids de l'eau déplacée. Pour chaque personne qui entre ou qui sort, la barque s'enfonce ou se relève d'autant de décimètres cubes que la personne pèse elle-même de kilogrammes.

7. Influence du liquide sur lequel flotte le corps. — Puisqu'un corps flottant s'enfonce jusqu'à ce que le poids du liquide déplacé soit égal à son propre poids, on voit que ce corps plongera d'autant moins que le liquide sur lequel il nage sera lui-même plus lourd. Sur l'eau, le bois plonge d'une bonne partie de son épaisseur ; sur le mercure, le plus lourd des liquides, il plongerait à peine. Le plomb, le fer, le cuivre flottent sur le mercure, tout aussi aisément que le liège sur l'eau. Un œuf va au fond de l'eau douce, il flotte sur de l'eau convenablement salée. De même, un bâtiment très-chargé peut flotter sans péril, tant qu'il est dans les eaux salées de la mer, et être submergé s'il entre dans les eaux douces d'un fleuve. On comprend dès lors comment le sel en dissolution dans les mers est, pour la navigation, d'une immense utilité. En rendant les eaux plus lourdes, il leur communique la puissance de porter de plus lourds fardeaux. Sur la mer Morte, tout à fait exceptionnelle sous le rapport du degré de salure, une personne surnage sans faire aucun mouvement.

8. Natation. — Le corps humain est un peu moins lourd dans son ensemble que le volume d'eau qu'il peut déplacer. L'homme surnage donc de lui-même et d'autant mieux qu'il est plus corpulent. La nature de l'eau, douce ou salée, influe du reste sur la facilité de la natation. L'eau de mer, plus lourde à cause de la salure, nous soutient mieux que l'eau des rivières. Cependant, même dans la mer, on n'est pas nageur du premier coup ; la natation exige de longs exercices. Comment cela, puisque nous flottons de nous-mêmes ? Le poids de notre corps n'est pas réparti d'une manière uniforme ; la moitié d'avant pèse plus que la moitié d'arrière Ainsi, couchés sur l'eau nous inclinons un peu du côté d'avant; la tête s'enfonce, les pieds se relèvent. Mais les besoins de la respiration exigent que nous ayons la tête hors de l'eau; ce que l'on n'obtient qu'à la faveur de certains efforts enseignés par l'habitude. Les nageurs novices s'attachent sous les aisselles une ceinture de liège, pour alléger la moitié antérieure du corps et maintenir ainsi la tête hors de l'eau. Sous le rapport de la natation, les animaux ont sur nous l'avantage. Jetés à l'eau, ils surnagent; et dès la première fois, sans effort, ils maintiennent la tête à l'air. Cela provient de la distribution du poids de leur corps, plus lourd dans le train postérieur que dans le train antérieur.

9. Lest. — Pour qu'un corps flottant se maintienne sur l'eau sans danger de chavirer, malgré les oscillations que les mouvements du liquide peuvent lui imprimer, il faut que le poids du corps soit distribué de telle manière que la partie immergée se trouve la plus lourde. Il importe même que cet excès de poids soit placé aussi bas que possible dans le corps. Soit, comme exemple, un cylindre de bois. Jeté dans l'eau, il surnage sans précautions de notre part; mais il flotte couché sur le flanc. De plus, si l'eau est agitée, il roule et nage tantôt sur un côté, tantôt sur l'autre indifféremment. Une embarcation qui roulerait ainsi ne pourrait être employée. Proposons-nous de faire tenir le cylindre tout droit dans l'eau et sans danger d'être renversé par les fluctuations du liquide. A cet effet, nous attachons à son extrémité inférieure un poids proportionné à son volume, une pierre, un morceau de fer, de plomb, n'importe. Ainsi disposé, le cylindre se tient droit, la partie la plus lourde au fond. Il oscille si le liquide est agité, mais il ne chavire pas. On nomme *lest* le poids dont nous avons chargé le bout inférieur du cylindre pour faire tenir celui-ci d'aplomb et lui faire garder l'équilibre dans l'eau. La physique emploie divers appareils qui sont des corps flottants. Tous sont lestés, c'est-à-dire qu'ils portent à leur partie inférieure un poids un peu lourd qui les maintient en équilibre dans les liquides sur lesquels ils flottent. Dans un vaisseau les marchandises sont disposées de manière à faire office de lest. C'est tout au fond que sont placées les plus lourdes ; les plus légères occupent les étages supérieurs ou même le pont. Si le navire entreprend un voyage sans marchandises, il ne se met pas en route avec les flancs vides : faute d'équilibre, il chavirerait au premier coup de mer. On le charge de sable ou de pierres qu'on jette à fond de cale ; en un mot on le *leste*. Les vaisseaux de guerre sont lestés avec de gros lingots de fonte.

QUESTIONNAIRE.

1. La pression d'un liquide est-elle la même à la face supérieure et à la face inférieure d'un corps immergé ? — Que résulte-t-il de cette inégalité de pression sur la face supérieure et sur la face inférieure ? — 2. Décrire l'expérience qui sert à démontrer la poussée de bas en haut exercée par les liquides sur les corps immergés. — Quel est l'énoncé du principe d'Archimède ? — 3. Expliquer pour quel motif un corps est plus facile à soulever dans l'eau que dans l'air. — Donner un exemple numérique. — 4. Quel est l'usage de la vessie natatoire des poissons ? — Tous les poissons en ont-ils une ? — 5. Quelle condition doit remplir un corps pour flotter ? — De combien s'enfonce un corps flottant ? — Le fer, le plomb, etc. peuvent-ils flotter sur l'eau ? — Pourquoi une poutre flotte-t-elle et un grain de sable, non ? — 6. Quel est le poids de

l'eau déplacée par un corps flottant ? — Quand une personne entre dans une embarcation ou en sort, de combien s'enfonce ou se relève cette embarcation ? — Pour une tonne de charge en plus, quelle quantité d'eau déplace en plus un navire ?— 7. Pourquoi les métaux, plomb, fer, cuivre, etc., flottent-ils sur le mercure ? — De quelle utilité est la salure des mers pour la navigation ? — Un navire peut-il toujours sans danger pénétrer de la mer dans un fleuve ? — Quelle est la mer dont la salure est la plus forte ? — 8. D'où provient notre difficulté à nager ? — Pourquoi les animaux nagent-ils du premier coup et l'homme non ? — 9. Quelle condition doit remplir un corps flottant pour ne pas chavirer ? — Q'entend-on par lest ? — Comment leste-t-on un cylindre de bois pour le faire tenir vertical dans l'eau ? — Comment leste-t-on un navire ?

CHAPITRE V.

POIDS SPÉCIFIQUE.

1. Sous le même volume, les corps ont des poids différents. — Il serait ridicule de dire qu'un kilogramme de plomb pèse plus qu'un kilogramme de liège ; mais pour faire ce kilogramme, un petit morceau de plomb suffit, tandis qu'il faut un gros morceau de liège. A volume égal, le plomb pèse plus que le liège, et c'est dans ce sens que l'on dit: le plomb est plus lourd. Un décimètre cube de plomb pèse un peu plus de 11 kilogrammes; un décimètre cube de liège ne pèse que 240 grammes. On exprime d'une manière générale cette différence en disant que le premier corps est plus *dense*. Dense signifie serré, compacte. On veut littéralement entendre par là que, dans le plomb, les molécules sont plus rapprochées entre elles, plus serrées que dans le liège, d'où résulte, pour le premier corps, un poids plus fort sous un volume égal. Si l'on passait ainsi toutes les substances en revue, on trouverait, pour chacune d'elles, un degré spécial de *densité*, traduit par un poids différent sous le même volume, poids tantôt plus fort, tantôt plus faible, suivant la nature de la substance. Les degrés extrêmes de cette échelle des poids à volume égal, seraient fournis, d'un côté, par le gaz hydrogène, le plus léger de tous les corps connus, et, de l'autre, par le platine, le plus lourd de tous. Un décimètre cube d'hydrogène ne pèse guère qu'un décigramme ; et un décimètre cube de platine pèse 23 kilogrammes, c'est-à-dire 230000 fois plus. Entre ces deux limites, toutes les autres substances se rangent, chacune avec un poids qui lui est propre.

2. **Densité. Poids spécifique.** — Pour effectuer cette recherche du poids des diverses substances sous le même volume, il est nécessaire de choisir un terme de comparaison. Le plus convenable nous est fourni par l'eau, qui nous donne elle-même l'unité de poids. Supposons donc les diverses matières solides taillées bien régulièrement en forme de décimètre cube, et les matières liquides mesurées dans une capacité d'un litre ou d'un décimètre cube. Nous les pesons l'une après l'autre. On trouve ainsi pour le plomb 11 kilogrammes en nombre rond ; pour le platine 23 ; pour le fer 7. Tous ces corps sont plus lourds que l'eau, qui pèse 1 kilogramme par décimètre cube. Mais nous en trouvons de plus légers que l'eau, par exemple le liège, qui pèse 240 grammes; l'alcool, qui pèse 806 grammes.

Nous dirons donc : à volume égal, le plomb pèse 11 fois plus que l'eau, le platine 23, le fer 7. Nous dirons encore : à volume égal, le liège ne pèse que les 240 millièmes de l'eau ; l'alcool, les 806 millièmes. Eh bien, ces nombres abstraits, 11, 23, 7, 0,240, 0,806, qui expriment, non des kilogrammes, non des grammes, mais combien le plomb, le platine, le fer, le liège, l'alcool, pèsent plus ou moins que l'eau sous le même volume, s'appellent le *poids spécifique* ou la *densité* des substances correspondantes. *Le poids spécifique ou la densité d'un corps est donc le nombre qui exprime combien de fois ce corps pèse plus ou moins que l'eau sous le même volume.*

3. Application du principe d'Archimède à la recherche du poids spécifique des corps. — Pour obtenir leurs poids spécifiques, au lieu de tailler les corps solides en cubes d'égal volume, opération qui, sans être impraticable, serait du moins très-longue et difficile, on a recours à des moyens basés sur le principe d'Archimède, moyens incomparablement plus expéditifs. *Pour déterminer combien de fois un corps pèse plus ou moins que l'eau sous le même volume, il faut obtenir deux nombres, savoir : le poids du corps et le poids d'un égal volume d'eau ; il faut ensuite diviser le premier nombre par le second. Le quotient est le poids spécifique cherché.*

Proposons-nous maintenant de trouver le poids spécifique du marbre. Nous prenons un morceau de marbre, de n'importe quelle forme, et nous le suspendons sous le plateau d'une balance avec un fil assez fin pour qu'on puisse en négliger le poids. Dans l'autre plateau, on met des poids jusqu'à équilibre, par exemple 140 grammes. Ces 140 grammes sont le poids du morceau de marbre. Maintenant, il nous faut chercher le poids d'un égal volume d'eau. Dans ce but, on fait plonger le marbre dans un vase plein d'eau, absolument comme pour la démonstration du principe d'Archimède. La balance trébuche du côté des poids, parce que le corps immergé est allégé par la poussée de l'eau. Pour rétablir l'équilibre, il faut mettre du côté du marbre un certain poids, soit 50 grammes. Que représentent ces 50 grammes? Ils représentent la perte de poids qu'a subie le marbre immergé; ils représentent enfin, d'après le principe d'Archimède, le poids d'un volume d'eau égal au volume du corps. Par cette double pesée, hors de l'eau et dans l'eau, nous avons donc les deux nombres nécessaires pour déterminer le poids spécifique du marbre, savoir: le poids de ce marbre, 140 gram.; le poids d'un égal volume d'eau, 50 grammes. En divisant le premier nombre par le second, on trouve 2, 8; c'est-à-dire qu'à volume égal le marbre pèse 2 fois et 8 dixièmes autant que l'eau.

4. Aréomètre de Nicholson. — Les aréomètres, dont le nom signifie mesure de la légèreté, sont des corps flottants destinés à trouver la densité des corps. Pour la recherche de la densité des corps solides, on emploie *l'aréomètre de Nicholson*, qui remplace avantageusement la méthode précédente. Cet aréomètre se compose d'un flotteur en cuivre ou en fer verni, de forme cylindrique et terminé en cône aux deux bouts (fig. 26). — Le cône inférieur est armé d'un crochet auquel on suspend un panier conique C, rempli de plomb, qui sert de lest

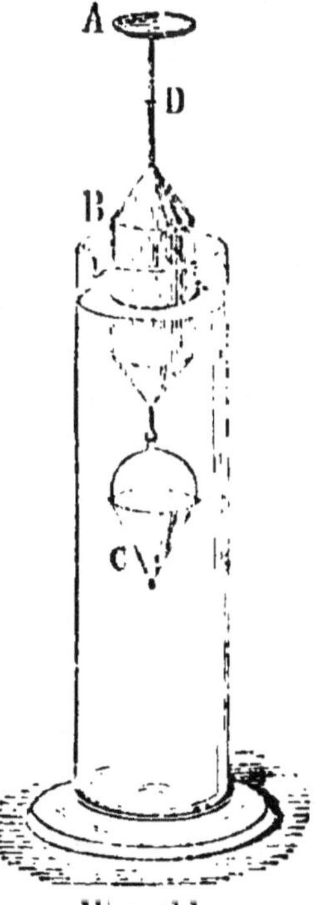

Fig. 26.

et maintient l'instrument vertical dans l'eau. Le cône supérieur est surmonté d'une fine tige qui supporte un plateau A. Sur la tige, un point D est marqué par un trait de lime. C'est ce qu'on nomme le point d'*affleurement*. L'appareil *affleure*, quand il s'enfonce dans l'eau jusqu'au point D. L'eau est supposée pure et à la température d'environ 4° ; elle remplit enfin les conditions exigées pour obtenir l'unité de poids ou le gramme. La même observation s'applique à la méthode précédente. De lui-même l'instrument n'affleure pas : il est trop léger. Pour le faire affleurer, il faut lui ajouter une charge, soit dans le plateau supérieur, soit dans le panier immergé.

Proposons-nous encore de rechercher la densité du marbre. On met dans le plateau supérieur un fragment de marbre, insuffisant pour faire plonger l'appareil au delà du point d'affleurement. On ajoute alors dans ce plateau de la grenaille de plomb jusqu'à ce que l'affleurement ait lieu. Cela fait, on enlève le marbre, tout en laissant la grenaille de plomb, et on le remplace par des poids marqués de manière à rétablir l'affleurement. On met ainsi, supposons, 42 grammes. Que représentent ces 42 grammes ? Remarquons que la grenaille de plomb et le fragment de marbre font affleurer dans le premier cas ; que la même grenaille de plomb et les 42 grammes font affleurer dans le second cas. Donc ces 42 grammes représentent le poids du fragment de marbre, puisqu'ils produisent le même effet sur le flotteur, c'est-à-dire le font enfoncer jusqu'au même point. On le voit : dans cette première opération, l'aréomètre remplace la balance ; il donne le poids du marbre : 42 grammes.

Il reste à connaître le poids d'un égal volume d'eau.

Ici intervient le principe d'Archimède. On enlève les 42 grammes du plateau supérieur, mais on laisse toujours la grenaille de plomb. En outre, on met le fragment de marbre dans le panier C. L'instrument a même charge qu'au début, savoir: la grenaille de plomb et le marbre. Seulement, dans le cas actuel, le marbre est immergé dans l'eau; aussi l'aréomètre n'affleure-t-il plus, parce que, par le fait de son immersion, le marbre perd une partie de son poids égale au poids de l'eau dont il occupe la place. Pour rétablir l'affleurement, on met des poids marqués sur le plateau d'en haut. Soit 15 grammes. Ces 15 grammes représentent la perte de poids du marbre, le poids enfin de l'eau ayant même volume que lui.

La première opération nous fournit donc 42 grammes pour le poids du marbre, la seconde nous fournit 15 grammes pour le poids de l'eau ayant même volume. En divisant 42 par 15, on a 2, 8 pour le poids spécifique du marbre.

Si le corps expérimenté est plus léger que l'eau, on l'attache au panier avec un fil pour l'empêcher de remonter.

5. Recherche de la densité des corps liquides. — Un flacon vide est équilibré dans une balance avec de la grenaille de plomb. On le remplit du liquide expérimenté. Le surcroît de poids indique ce que pèse le liquide, sous un volume égal à la capacité du flacon. On vide le flacon, on le remplit d'eau pure, et l'on fait une nouvelle pesée, qui donne le poids de l'eau sous le même volume. Le quotient du premier poids par le second est la densité cherchée.

TABLE DES DENSITÉS DES PRINCIPAUX CORPS.

Corps solides.

Acier.	7,81	Glace.	0,93
Albâtre	1,87	Gypse	2,33
Argent.	10,47	Granit.	2,70
Bois de cyprès	0,60	Houille	1,32
Bois d'orme.	0,80	Ivoire	1,92
Bois de peuplier.	0,38	Laiton.	8,39
Bois de sapin.	0,66	Liége	0,24
Corail	2,68	Marbre	2,84
Cristal de roche.	2,65	Or	19,36
Cuivre.	8,79	Platine.	23,00
Diamant.	3,53	Plomb.	11,35
Étain.	7,29	Porcelaine.	2,24
Fer.	7,79	Verre	2,49
Fonte de fer	7,21	Zinc.	6,86

Corps liquides.

Alcool	0,80	Essence de térébenthine	0,87
Acide sulfurique.	1,84	Huile d'olive	0,91
Eau de mer	1,02	Lait	1,03
Eau distillée	1,00	Mercure.	13,59
Éther sulfurique.	0,71	Vin de Bordeaux.	0,99

6. Connaissant le volume et la densité d'un corps, trouver son poids. — Une règle de fer a un volume de 85 centimètres cubes. Sa densité, d'après la table précédente, est 7,79. Combien pèse-t-elle?

La densité 7,79 signifie que le fer, à volume égal, pèse 7 fois et 79 centièmes autant que l'eau. L'eau pesant 1 gramme par centimètre cube, le fer pèse alors 7 gr., 79 par centimètre cube; et par conséquent, le poids de la règle de fer est de 7 gr., 79 × 85 ou 662 gr. 15.

D'une manière générale, *on obtient le poids d'un*

*corps en multipliant le volume de ce corps par sa den-
sité.*

L'importance de ce principe est facile à comprendre.
Beaucoup de corps, par leur énorme volume, s'opposent à la pesée directe dans une balance. Comment
obtenir par ce moyen le poids d'un mur, d'une colonne de marbre, d'une poutre, etc ? Si le corps a une
forme régulière, il est aisé cependant d'avoir son poids,
tout aussi bien que si on le mettait dans le plateau
d'une balance. On mesure ses dimensions, qui, d'après
les règles de la géométrie, fournissent le volume; on
multiplie ce volume par la densité, et le poids est
trouvé. Le mètre remplace ainsi la balance; on mesure des longueurs au lieu de peser.

**7. Connaissant le poids et la densité d'un
corps, trouver son volume ?** — Une boule de marbre pèse 17 kilogr., 040. Sa densité est 2,84. Quel est
son volume?

La densité 2, 84 nous indique qu'à volume égal,
le marbre pèse 2 fois et 84 centièmes autant que l'eau.
Or celle-ci pèse 1 kilogramme par décimètre cube; le
marbre pèse donc 2 kilog. 84 par décimètre cube ;
par conséquent, autant de fois ce poids de 2 kil. 84
sera contenu dans le poids 17 kilog. 040, autant il y
aura de décimètres cubes dans le volume de la boule.
Le quotient est 6. Le volume de la boule est donc de
6 décimètres cubes. *On obtient le volume d'un corps en
divisant son poids par sa densité.*

**8. Connaissant le poids et le volume d'un
corps, trouver sa densité.** — Une colonnette d'albâtre pèse 9 kilog. 350 ; son volume est de 5 décimètres cubes ; trouver sa densité.

Puisque l'eau pèse 1 kilogramme par décimètre
cube, l'eau qui aurait même volume que la colonnette

d'albâtre pèserait 5 kilogrammes. On connaît ainsi le poids des deux corps sous le même volume, savoir : 9 kilog. 350 pour l'albâtre, 5 kilog pour l'eau. Divisons le premier par le second, et le quotient 1, 87 sera la densité de l'albâtre. *On obtient la densité d'un corps en divisant son poids par son volume.*

9. Alcoomètre centésimal de Gay-Lussac. — Le vin, produit de la fermentation du jus sucré du raisin, est un mélange naturel d'une matière colorante, d'eau et d'un liquide particulier, volatil, inflammable, auquel le vin doit ses propriétés. Par la distillation, on peut le séparer de ce qui l'accompagne dans le vin et le recueillir à part. Seulement, suivant la manière dont la distillation est conduite, il passe de l'eau en même temps que de l'alcool, et le produit obtenu a une richesse alcoolique plus ou moins élevée. Ce produit porte les noms *d'eau-de-vie, d'esprit-de-vin*, de *trois-six.* Quand il est assez voisin de son point de pureté, on l'appelle *alcool*; et s'il est débarrassé de toute trace d'eau, *alcool absolu.* Les liquides alcooliques tirent toute leur valeur de l'alcool contenu. Il importe donc au commerce de pouvoir en défalquer l'eau par une opération facile. On y parvient au moyen de *l'alcoomètre.* L'alcool est plus léger que l'eau. Dans ce liquide un corps flottant s'enfonce donc plus que dans l'eau; et dans un mélange d'alcool et d'eau, il s'enfonce plus ou moins suivant que la richesse alcoolique est plus ou moins considérable. Tel est le principe de l'alcoomètre.

Cet instrument est en verre. Il se compose d'une tige creuse, renflée inférieurement et terminée en outre par une ampoule pleine de mercure ou de grains de plomb servant de lest. Ce lest est réglé de telle sorte que, dans l'acool absolu, l'appareil s'enfonce jusqu'au haut de la tige. En ce point, on marque 100. On fait 'ensuite un mélange de 99 parties en volume d'alcool absolu, et de 1 partie en volume d'eau. Dans ce mélange, un peu plus lourd à cause de la présence d'une petite quantité d'eau, l'alcoomètre s'enfonce un peu moins. Au point d'affleurement (fig. 27), on marque 99. Un second mélange est fait, contenant 98 parties en volume d'alcool absolu et 2 parties d'eau. L'alcoomètre s'enfonce moins encore, et le point où il s'arrête fournit la division 98. On continue de la sorte, en diminuant chaque fois d'un volume la quantité d'alcool absolu, et en augmentant d'un volume la quantité d'eau ; ce qui donne les divisions 97, 96, 95 etc. Finalement le liquide ne contient plus que de l'eau pure. Alors l'alcoomètre ne s'enfonce que jusqu'au bas de la tige ; en ce point, on marque 0.

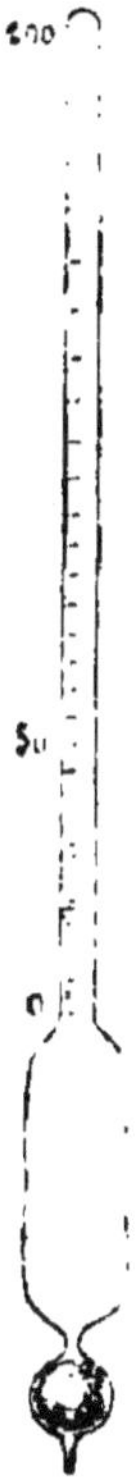

L'instrument indique donc en centièmes de volume la quantité d'alcool absolu contenu dans un liquide alcoolique. Si par exemple, il s'enfonce dans un esprit-de-vin jusqu'à la division 60, cela signifie que l'esprit-de-vin se compose de 60 volumes d'alcool absolu et de 40 volumes d'eau. En d'autres termes, 100 litres de cet esprit contiennent 60 litres d'alcool et 40 litres d'eau. On dit alors que l'esprit-de-vin est à 60°. Il suffit donc de plonger l'instrument dans un liquide alcoolique, et de lire sur la tige le degré où se fait l'affleurement pour connaître la richesse alcoolique de ce liquide.

Fig. 27.

QUESTIONNAIRE.

1. Que faut-il entendre, quand on dit qu'un corps est plus lourd qu'un autre? — Que signifie le mot dense? — Quel est le corps le plus lourd? — Quel est le plus léger? — 2. Qu'est-ce que la densité ou le poids spécifique d'un corps? — 3. Que faut-il connaître pour déterminer le poids spécifique d'un corps? — Comment détermine-t-on le poids spécifique d'un corps par deux pesées, l'une dans l'air, l'autre dans l'eau? — 4. Qu'appelle-t-on aréomètre? — Décrire l'aréomètre de Nicholson. — Comment détermine-t-on le poids spécifique d'un corps solide avec cet appareil? — 5. Quelle méthode suit-on pour les poids spécifiques des liquides? — Quand on dit que le poids spécifique du fer est 7,79, que signifie ce nombre? — 6. Comment trouve-t-on le poids d'un corps en connaissant son volume et sa densité? — Comment dans certains cas, le mètre remplace-t-il la balance? — 7. Que faut-il faire pour trouver le volume d'un corps, quand on connaît son poids et sa densité? — 8. Par quel calcul trouve-t-on la densité d'un corps quand on connaît son poids et son volume? — 9. Qu'est-ce que l'alcool? — D'où provient l'eau des esprits, trois-six, eaux-de-vie? — Comment se gradue l'alcoomètre centésimal? — Quand on dit qu'un esprit-de-vin marque 45°, que signifie cette expression?

CHAPITRE VI.

PRESSION DE L'ATMOSPHÈRE.

1. **L'atmosphère.** — L'air est invisible parce qu'il est transparent et à peu près incolore. Mais s'il forme

une couche très-épaisse à travers laquelle plonge le regard, sa faible coloration devient sensible. Vue en petite quantité, l'eau paraît également sans couleur ; vue en couche profonde, dans la mer, dans un lac, dans un fleuve, elle est bleue ou verte. Il en est de même de l'air : sous une faible épaisseur, il semble dépourvu de coloration ; sous une épaisseur de quelques lieues, il est bleu. Un paysage éloigné nous paraît bleuâtre, parce que l'épaisse couche d'air qui nous en sépare lui communique sa propre teinte. Le bleu si pur du ciel n'a pas d'autre cause que la coloration de l'air, qui de partout enveloppe la Terre et forme une couche nommée *atmosphère*, d'une quinzaine de lieues d'épaisseur suivant les évaluations les plus modérées.

2. **L'air est pesant.** — Comme tout ce qui est matière, l'air est pesant. Pour s'en convaincre, il suffit de peser deux fois le même vase, d'abord plein d'air, puis rigoureusement vide. La première pesée fournit un poids plus fort. Toute la difficulté dans cette opération consiste à enlever l'air des vases. On y parvient avec la machine pneumatique ainsi qu'on le verra plus loin. Un litre d'air sec, à la température de la glace fondante et sous la pression de 760 millimètres de mercure, pèse à très-peu près 1 gramme, 3 décigrammes.

3. **Pression exercée par l'air.** — Puisque l'air est pesant et que d'autre part il est doué d'une extrême mobilité moléculaire, qui permet la transmission de pression dans tous les sens, il doit, à la manière des liquides, presser les objets qu'il baigne. Rappelons-nous ce qui se passe au sein de l'eau. Le liquide exerce sa pression sur l'objet immergé, dans le sens de bas en haut comme dans le sens de haut en bas ; de droite à gauche comme de gauche à droite. Ce qui

se produit au sein des eaux de l'océan liquide, se produit au sein du gaz de l'atmosphère, sorte d'océan aérien. Plongé dans la mer ou dans l'atmosphère, dans l'océan liquide ou dans l'océan gazeux, un corps éprouve des pressions de la part du fluide environnant. Nous avons au-dessus de nos têtes une épaisseur d'air d'une quinzaine de lieues pour le moins. Nous supportons la pression de cette couche aérienne au fond de notre océan gazeux, de même que les poissons supportent, en outre, au fond de leurs abimes liquides, la pression de la couche des eaux.

4. Force élastique de l'air. — L'air, comme tous les gaz du reste, tend à occuper un volume de plus en plus grand ; il y a en lui une force spéciale dont l'effet est d'augmenter son volume quand il n'y a pas d'obstacles, ou de lutter contre les obstacles s'opposant à son expansion. On peut le comparer, en quelque sorte, à un ressort tendu qui fait effort pour se détendre et presse contre les objets qui s'y opposent. Si la cause d'arrêt disparaît ou est insuffisante pour résister, le ressort se déploie, se détend. Si l'obstacle qui s'oppose à l'expansion de l'air disparaît ou cède, le gaz augmente de volume ; on pourrait dire qu'il se détend. On nomme *force élastique* ou tout simplement *élasticité* l'effort que fait un gaz pour augmenter de volume. La force élastique de l'air est le résultat de son état comprimé. Nous avons déjà vu comment on comprime de l'air dans un tube en le refoulant avec un piston (fig. 2). Cet air resserré dans un moindre volume fait effort pour reprendre son volume primitif et presse sur le piston qu'il chasse violemment quand cesse l'effort de la main. Eh bien, l'air qui nous entoure est comprimé lui aussi, puisqu'il supporte le poids de toutes les couches supérieures de l'atmosphère ; il fait donc effort pour reprendre un volume plus grand et c'est cela même qui constitue sa force élastique.

5. La vessie ridée qui se gonfle dans le vide. — Dans les circonstances habituelles, l'élasticité d'une masse d'air déterminée ne se manifeste pas parcequ'elle est entravée par des obstacles, en particulier par la résistance de l'air environnant, qui, lui aussi, s'efforce d'occuper un plus grand volume. Il y a lutte de masse d'air à masse d'air ; et de cette opposition de forces résulte une apparente inactivité là où réellement règne une activité incessante, ainsi que vont nous le démontrer quelques exemples.

On presse entre les mains une vessie assouplie dans l'eau, de manière à en chasser la majeure partie de l'air, et l'on noue son orifice d'un cordon. Elle est alors toute ridée. Le peu d'air qu'elle renferme encore fait effort cependant pour augmenter de volume ; si rien ne s'y opposait, à lui seul il gonflerait la vessie. Pourquoi alors celle-ci reste-t-elle flaque est ridée ? C'est l'air environnant qui en est cause. Il fait effort de son côté pour augmenter de volume; il presse sur l'air de la vessie avec la même force que ce dernier presse sur lui ; et de cette parité entre les efforts respectifs résulte le repos. Mais supprimons l'air enveloppant, l'air de l'intérieur manifestera sa puissance expansive. On met donc la vessie sous une cloche, et, avec une machine pneumatique, on enlève l'air que cette cloche contient. Aux premiers coups de piston, on voit la vessie s'enfler peu à peu comme si l'on y soufflait dedans. L'air qu'elle renferme, n'ayant plus autour de lui qu'un obstacle insuffisant pour arrêter son expansion, ou même n'en ayant pas d'autre que les parois de la vessie quand la machine a fonctionné quelque temps, augmente de volume et gonfle la vessie, qui finit par être toute rebondie et par remplir la cloche. Avec un autre gaz, le premier venu, le résultat serait absolument le même.

Si on laisse rentrer l'air dans la cloche, la vessie reprend son volume primitif. Pour quel motif, une fois gonflée par l'expansion de son contenu aérien, ne conserve-t-elle pas son état rebondi quand l'air extérieur rentre dans la cloche? Le gaz dilaté ne pourrait-il lutter à parité de force avec l'air introduit? Précisément. À mesure que l'air augmente de volume par le fait de sa propre élasticité, il perd de sa puissance expansive, de même qu'un ressort perd de sa vigueur à mesure qu'il se détend davantage. L'air dilaté ne peut donc, en l'état où il est, résister à la pression de celui qui rentre dans la cloche, et telle est la cause qui fait dégonfler la vessie. Mais lorsque, par la contraction de son volume, il s'est en quelque sorte de nouveau tendu, il tient tête à l'air extérieur et la vessie cesse de se dégonfler.

Avec une pomme ridée, avec des raisins à peau flasque, on peut, sous une autre forme, reproduire l'expérience de la vessie. Mis sous la cloche de la machine pneumatique, ces fruits se gonflent et reprennent la forme et la grosseur qu'ils avaient à l'état de fraîcheur. L'expansion des substances gazeuses qu'ils contiennent en est cause.

6. Jet d'eau dans le vide. — Dans un flacon A, plein à demi d'eau à demi d'air, on engage, à peu près jusqu'au fond, un tube effilé par en haut et fixé à un bouchon qui ferme exactement le col du flacon. Par suite de sa force expansive, l'air contenu dans le flacon presse sur le liquide et tend à le refouler au dehors par le tube et à le faire jaillir. Mais l'air extérieur agit avec la même force à l'orifice et dans le canal du tube ; aussi le liquide reste-t-il en repos (fig. 28).

Enlevons l'air extérieur, et l'eau jaillira poussée par l'air de l'intérieur. On met donc le flacon sous une cloche, d'où l'on extrait l'air avec la machine pneumatique. Bientôt l'eau jaillit et le flacon se vide entièrement si le tube va jusqu'au fond.

Si l'on met un œuf sous la cloche de la machine pneumatique, l'air qu'il contient agit comme dans la précédente expérience ; il refoule le contenu liquide et le chasse par les pores de la coquille. On voit, en effet, le blanc de l'œuf suinter à travers la coque et couvrir celle-ci d'écume.

7. Preuves expérimentales de la pression de l'air. Hémisphères de Magdebourg. — On nomme

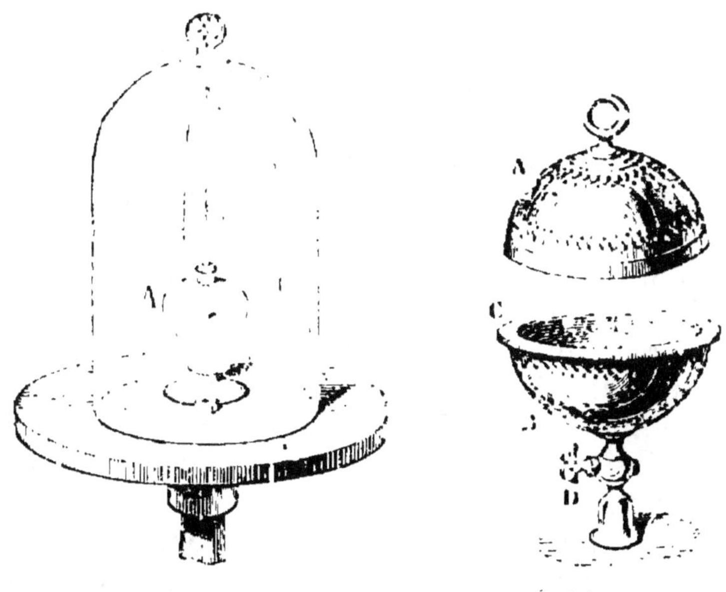

Fig. 28.   Fig. 29.

ainsi deux calottes en cuivre A et B (fig. 29), en forme de moitié de sphère creuse. Un rebord plan C, muni d'une rondelle de cuir graissé, permet d'appliquer exactement les hémisphères l'un contre l'autre. Enfin un canal muni d'un robinet D, peut être vissé sur le conduit de la machine pneumatique et sert à retirer l'air de la sphère creuse quand les deux calottes sont assemblées. Avant que le vide soit fait, les deux hémisphères se séparent l'un de l'autre sans aucune difficulté, car, remarquons-le bien, ils ne sont que juxtaposés. Maintenant enlevons l'air de l'appareil, et avant de dévisser l'instrument de dessus le conduit de la machine pneumatique, fermons le robinet D, pour empêcher l'air de rentrer. Cela fait, les deux hémisphères, qui tantôt se séparaient sans la moindre difficulté, opposent à leur séparation une résistance énorme à cause de la pression de l'air extérieur, pression que rien ne contre-balance plus à l'intérieur. Pour peu que leur surface soit égale à celle d'une grosse orange, l'effort des deux mains est impuissant à le séparer. Du reste, leur résistance est d'autant plus grande qu'ils présentent plus de superficie. Un savant de Magdebourg, Otto de Guéricke, à qui l'on doit l'invention de la machine pneumatique et de ce curieux appareil, fit construire des hémisphères assez grands pour résister à vingt chevaux tirant de toutes leurs forces sur l'anneau de la calotte supérieure. Si l'on ouvre le robinet pour laisser rentrer l'air, la pression à l'intérieur se rétablit égale à celle de l'extérieur et les hémisphères ne présentent plus de résistance à la séparation.

Avec les hémisphères de Magdebourg, on peut reconnaître que la pression de l'atmosphère s'exerce dans tous les sens indistinctement. De quelque manière, en effet, que l'on tienne l'appareil quand on cherche à séparer les deux calottes, qu'on le tienne vertical, horizontal ou incliné de telle façon que l'on voudra, la séparation reste également difficile ; preuve évidente que la pression de l'air se fait éprouver dans tous les sens à la fois.

8. Crève-vessie. — Sur un fort cylindre de verre ouvert aux deux bouts A (fig. 30), on dispose une membrane mouillée que l'on fixe solidement avec un cordon. En se desséchant, la membrane se retire et se tend. L'appareil ainsi préparé est mis sur le plateau de la machine pneumatique. Avant que le vide soit fait dans le cylindre, la membrane est plane. Au dehors, elle supporte la pression de l'at-

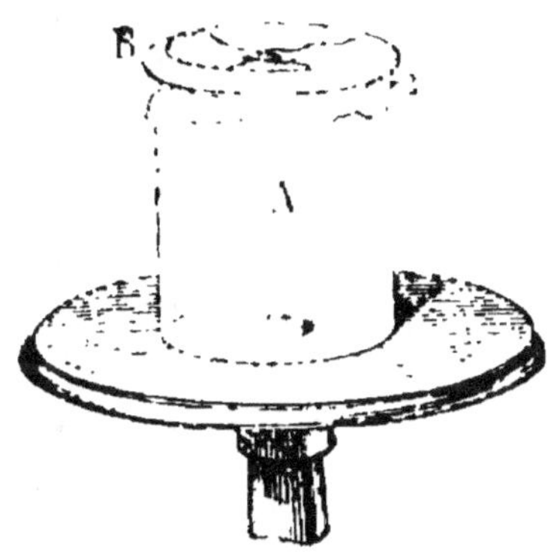

Fig. 30.

mosphère ; au dedans, elle est pressée avec une égale puissance par la force expansive de l'air contenu. Si l'on fait le vide, la membrane se gonfle en dedans du cylindre sous l'effort de la pression de l'air extérieur non contre-balancée par l'élasticité de l'air intérieur ; elle se tend de plus en plus, et à un certain moment finit par crever avec fracas. Ce bruit accompagnant la rupture provient de la rentrée violente de l'air dans le cylindre vide. — Si l'on inclinait le plateau de la machine pneumatique de manière que la membrane du crève-vessie fût verticale ou inclinée ou même renversée sens dessus dessous, la rupture aurait lieu tout aussi aisément. Nouvelle preuve de la pression de l'air s'exerçant dans tous les sens.

9. Ascension des liquides dans les tubes dont l'air est aspiré. — Plongeons dans l'eau un tube AB ouvert aux deux bouts et aspirons par l'orifice A (fig. 31). Chacun sait que l'eau monte. Pour quel motif l'eau mon-te-t-elle dans le tube; et, pour procéder par ordre, qu'est-ce que aspirer avec la bouche? — La bouche communique, d'une part avec l'estomac, cavité digestive où se rendent les aliments; d'autre part avec les poumons ou organes respiratoires où va l'air nécessaire à l'entretien de la vie. Aspirer, c'est gonfler ses poumons pour y faire place à l'air du dehors. Quand donc nous aspirons par l'orifice A du tube, l'air contenu dans celui-ci se répartit à la fois dans les cavités pulmonaires et dans le tube lui-même. Le tube se trouve ainsi privé d'une partie de l'air contenu d'abord : ce qui manque s'est intro-duit dans les poumons. Cela dit, considérons le tube avant l'aspiration. La pression atmosphérique s'exerce sur la nappe liquide et tend à refouler l'eau dans l'in-térieur du tube; mais elle s'exerce aussi au dedans du tube, et par là met obstacle à l'ascension de l'eau. Également pressée au dedans et au dehors du tube, l'eau garde un même niveau. Si nous aspirons, les conditions changent. Ce qui reste d'air dans le tube, après l'aspiration, n'a plus la force expansive néces-saire pour lutter à parité d'énergie avec la pression ex-térieure. Nous avons vu, en effet, qu'un gaz diminue de force élastique à mesure que son volume devient plus grand. L'air du tube n'occupait au début que la capacité de ce dernier; maintenant il occupe en plus la capacité des poumons. Sa force expansive est ainsi considérablement amoindrie; et la pression atmosphérique extérieure, n'étant plus contre-balancée, refoule l'eau dans l'intérieur du tube.

10. Ascension des liquides de densité différente. — L'ascension du liquide dans l'intérieur du tube par lequel on aspire, est due à une force étrangère à ce liquide, car, par lui-même, il se mettrait au même niveau au dedans et au dehors du tube ; elle est due à l'excès de la pression atmosphérique s'exerçant au dehors, sur la pression exercée au dedans du tube par l'air amoindri en puissance expansive au moyen de l'aspiration. Cet excès de pression est capable d'un certain effet déterminé, par exemple de tenir suspendue dans le tube une colonne d'eau d'un mètre de hauteur verticale. Le même excès de pression tiendrait-il suspendue une égale colonne de mercure, de 13 à 14 fois plus lourd que l'eau ? Évidemment non. Une force de valeur fixe ne peut soutenir des poids aussi différents que ceux de deux colonnes d'eau et de mercure d'égale hauteur. Le mercure 13 fois plus lourd que l'eau, doit donc monter 13 fois moins dans le tube d'aspiration. Le fait est facile à vérifier. Une personne aspire l'eau avec un tube en verre suffisamment long. Elle parvient à la faire monter à deux mètres et demi, supposons. Si elle aspire du mercure, elle ne le fait monter que de deux décimètres, ce qui est à peu près la treizième partie de l'eau soulevée.

§ 11. Limite de l'ascension des liquides aspirés. — L'aspiration pulmonaire, si vigoureuse qu'elle soit, ne peut enlever tout l'air contenu dans le tube. Effectivement, cet air se partage entre la cavité du tube et la cavité des poumons. Ce que les poumons ne peuvent obtenir, la disparition à très-peu près totale de l'air du tube, la machine pneumatique l'obtient en quelques coups de piston. Il est alors fort intéressant de rechercher à quelle hauteur monteraient l'eau et le mercure dans le tube d'aspiration, si l'air contenu dans ce dernier était enlevé à très-peu près totalement. Un tube en caoutchouc, doublé à l'intérieur d'une spirale en fil métallique qui l'empêche de s'affaisser sous la pression de l'air, relie l'orifice d'aspiration de la machine pneumatique avec le haut d'un tube plongeant dans du mercure, et d'un mètre environ de hauteur. Dès que la machine fonctionne, le mercure monte dans le tube, comme si quelqu'un l'aspirait avec la bouche. Parvenu à 76 centimètres de hauteur verticale, il cesse de monter; mais alors il n'y a plus d'air dans le tube, la machine l'a tout enlevé. En ce moment, la pression extérieure agit sans entraves, toute sa force est employée à tenir suspendue la colonne mercurielle. Le poids d'une colonne de mercure de 76 centimètres de hauteur verticale est donc la mesure extrême de la pression atmosphérique. Si l'on avait à sa disposition un tube en verre suffisamment long, on pourrait répéter la même expérience avec de l'eau, et l'on verrait celle-ci monter à 10^m,3 de hauteur, c'est-à-dire 13 fois et demi plus haut que le mercure, qui est lui-même 13 fois et demi plus lourd que l'eau.

12. Suspension des liquides dans les vases immergés par l'orifice. — Plongeons dans l'eau une éprouvette de chimie, une cloche, ou tout simplement une carafe. Une fois la carafe pleine, soulevons-la en la tenant par le fond. On peut alors la sortir de l'eau presque en entier; pourvu que l'orifice reste immergé, l'eau qu'elle contient ne s'écoulera pas. La pression atmosphérique s'exerce sur le liquide extérieur, et se communiquant par son intermédiaire à l'orifice de la carafe, elle maintient le contenu de celle-ci suspendu au-dessus du niveau extérieur. C'est ainsi que les éprouvettes et les cloches du chimiste se maintiennent pleines d'eau sur la cuve à recueillir les gaz.

Imaginons une éprouvette indéfiniment longue. On la soulève hors de l'eau, moins l'orifice. Se maintiendra-t-elle toujours pleine quelle que soit la hauteur émergée ? Évidemment non, d'après ce qui précède. Si l'éprouvette avait moins de $10^m,3$ de hauteur verticale, elle se maintiendrait pleine d'eau étant soulevée ; mais si elle dépassait cette hauteur, toute la portion excédant $10^m,3$ serait vide, car la poussée de l'atmosphère ne peut tenir soulevée qu'une colonne d'eau de $10^m,3$ de hauteur. Avec du mercure, la suspension du liquide s'arrêterait à 76 centimètres de hauteur verticale ; au-delà, l'éprouvette serait vide.

13. Suspension de l'eau dans les vases dont l'orifice n'est pas immergé. — La suspension des liquides dans les vases par l'effet de la pression de l'air, peut être rendue plus frappante comme il suit. Après avoir rempli entièrement d'eau une carafe ou une éprouvette, on applique sur l'orifice une rondelle de papier, et tout en maintenant cette rondelle en place avec la main, on renverse doucement le vase sens dessus dessous. On peut alors retirer la main qui maintenait le papier, sans que l'eau s'écoule de la carafe renversée (fig. 32). C'est toujours la pression atmosphérique, s'exerçant aussi bien de bas en haut que de haut en bas, qui retient l'eau et s'op-

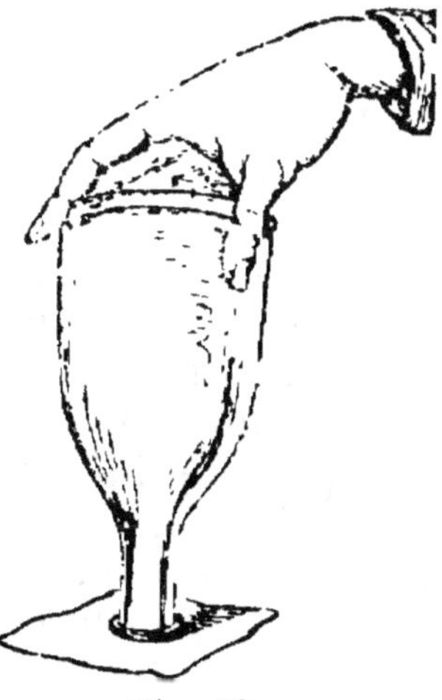

Fig. 32.

pose à son écoulement. Le rôle du papier est d'empêcher l'air de s'insinuer dans la masse liquide, de la diviser, ce qui amènerait aussitôt la fuite de l'eau.

QUESTIONNAIRE.

1. Qu'est-ce que l'atmosphère? — Quelle est sa hauteur? — Quelle est la cause de la teinte bleuâtre d'un paysage éloigné, de la couleur bleue du ciel? — 2. Comment prouve-t-on que l'air est pesant? — Quel est le poids d'un litre d'air? — 3. Quelle conséquence résulte immédiatement de la pesanteur de l'air? — Quelles analogies y a-t-il entre l'atmosphère et la mer? — 4. Qu'est-ce que la force élastique, ou élasticité, ou force d'expansion de l'air? — D'où provient cette force élastique? — Quelle analogie y a-t-il entre l'air et un ressort tendu? — 5. Pourquoi une vessie ridée se gonfle-t-elle dans le vide? — Pourquoi se dégonfle-t-elle quand l'air extérieur rentre dans la cloche? — Quelles expériences fait-on avec un œuf, une pomme ridée? — 6. Quelle est la cause du jet d'eau dans le vide? — 7. Décrire les hémisphères de Magdebourg. — Quelle expérience fait-on avec cet appareil? — Comment les hémisphères de Magdebourg démontrent-ils que la pression de l'air s'exerce en tous sens? — 8. Dire l'expérience du crève-vessie. — D'où provient le bruit au moment de la rupture? — 9. Que se passe-t-il dans l'aspiration avec la bouche? — Pourquoi l'eau monte-t-elle dans un tube quand on aspire? — 10. Tous les liquides montent-ils à la même hauteur par l'effet de l'aspiration? — 11. Si l'aspiration se fait avec la machine pneumatique, quelle est la plus grande hauteur qu'atteint le mercure? — Quelle est la plus grande hauteur qu'atteint l'eau? — Quelle relation y a-t-il entre ces hauteurs et les densités des liquides? — 12. Expliquez la suspension des liquides dans les vases dont l'o-

rifice est immergé? — 13. Expliquez l'expérience de la carafe pleine d'eau et renversée? — Quel est le rôle du papier dans cette expérience?

CHAPITRE VII.

BAROMÈTRE.

1. Expérience de Torricelli. — On remplit de mercure un tube de verre fermé à l'une des extrémités et long de huit à neuf décimètres. Une fois plein, on le bouche avec le doigt et on le renverse pour en plonger l'extrémité ouverte dans une cuvette pleine de mercure. Le doigt est alors retiré ; le mercure descend un peu et s'arrête dans le tube, à une hauteur de 76 centimètres environ, à partir du niveau de la cuvette (fig. 33). Au dessus de la colonne de mercure, il n'y a rien dans le tube. Cet espace vide se nomme *vide barométrique* ou *chambre barométrique*. La cause de la suspension du mercure au-dessus de son niveau extérieur est la même que dans les expériences précédentes. La pression atmosphérique s'exerce sur le liquide de la cuvette, elle se transmet de bas en haut au contenu du tube et maintient

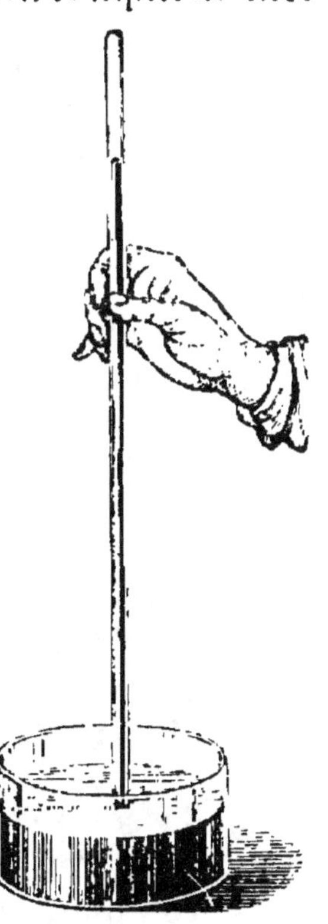

Fig. 33.

suspendue la colonne mercurielle comme elle le fait dans un tube dont on aspire l'air par le haut avec une machine pneumatique; seulement, dans le cas actuel, le vide est produit au-dessus du mercure par la manière même dont l'expérience est conduite.

2. Pression atmosphérique sur un centimètre carré.—La pression atmosphérique peut tenir soulevée une colonne de mercure de 76 centimètres de hauteur verticale. Elle agit donc sur une surface déterminée comme agirait par son poids une colonne de mercure ayant cette surface pour base et pour hauteur 76 centimètres. Il devient dès lors très-simple d'évaluer la pression que l'atmosphère exerce sur une surface donnée, par exemple sur un centimètre carré ; il suffit de calculer le poids d'une colonne de mercure qui aurait cette surface pour base et 76 centimètres de hauteur. Coupons par la pensée, la colonne de mercure qui équivaut à la pression atmosphérique, en tranches d'un centimètre d'épaisseur. Nous aurons ainsi, à cause de la base supposée un centimètre carré, 76 tranches d'un centimètre cube chacune. Or le mercure pèse 13 gr., 59 par centimètre cube. Le poids total de la colonne mercurielle est donc 13 gr., 59 $\times$ 76, ou bien 1032 gr., 84. Sur un décimètre carré de base, la pression atmosphérique est ainsi de 103 kilogrammes en nombre rond, et sur un mètre carré de 10328 kilogrammes.

3. Poids total de l'atmosphère. — Considérons une colonne d'air s'élevant sur un mètre carré de base depuis le sol jusqu'aux extrêmes limites de l'atmosphère. Par l'effet de son poids, cette colonne d'air presse comme presserait une colonne de mercure s'élevant sur la même base à une hauteur de 76 centimètres; d'où l'on déduit que le poids de la colonne aérienne est égal à 10328 kilog. Si nous savions en mètres carrés la surface de la terre, mers et continents compris, nous aurions donc, par une simple multiplication, le poids total de l'atmosphère. Or, cette surface est connue ; on la déduit géométriquement du tour de la Terre, qui est de 40 millions de mètres. On peut avoir par conséquent le poids de l'atmosphère entière, comme si la pesée pouvait s'en faire dans une balance. Ce poids est représenté par celui de 585000 cubes de cuivre ayant un kilomètre de côté. Le cuivre pesant 8 fois 79 centièmes autant que l'eau, chacun de ces cubes représente un poids de 8790000000000 kilogrammes. Ce résultat énorme devient plus frappant si l'on considère que l'atmosphère est composée d'une substance des plus légères, d'un gaz subtil, et qu'elle occupe bien peu de place autour de la Terre. Comparativement, le duvet d'une pêche en occupe plus sur ce fruit.

4. **Pression de l'atmosphère sur le corps de l'homme.**—On peut évaluer la surface entière du corps, pour une personne de moyenne grandeur, à 1 mètre carré et 3/4. A cette surface correspond une pression atmosphérique de 1800 kilogrammes. Telle est l'énorme pression que, sans en être écrasés, sans en être gênés dans nos mouvements, nous éprouvons de la part de l'air. Ce qu'il peut y avoir d'étrange dans ce résultat disparaît, si l'on considère que la pression atmosphérique se contre-balance elle-même en s'exerçant en tous sens ; et que, d'autre part, les pressions contraires ne peuvent amener l'écrasement parce que les liquides et l'air dont le corps est tout imprégné, résistent à ces pressions. Une expérience peut nous démontrer le rôle incessant de ces fluides intérieurs, réagissant par leur élasticité contre la pression de l'air

extérieur. On place sur le plateau de la machine pneumatique un cylindre ouvert aux deux bouts. On bouche

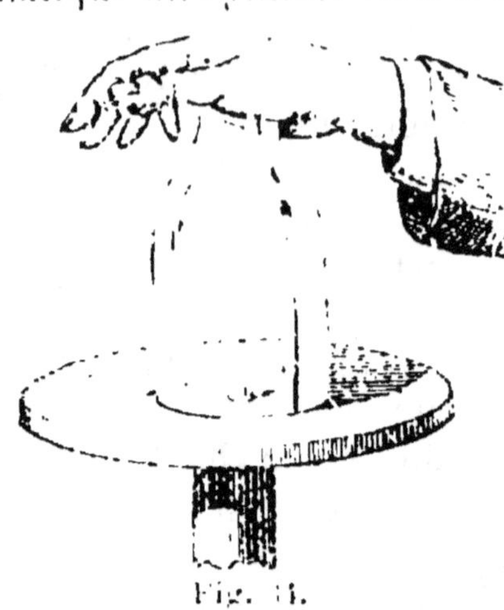
Fig. 34.

l'orifice supérieur avec la paume de la main et on fait le vide (fig. 34). A mesure que l'air disparait du cylindre, la main se gonfle dans l'intérieur du récipient et devient toute rouge. L'expansion des fluides intérieurs, ne trouvant plus d'obstacle du côté du cylindre, est cause de ce gonflement et de cette rougeur. C'est à peu près le même cas que celui de la vessie et de la pomme ridées se gonflant dans le vide.

5. Baromètre. — Dans le tube de Torricelli, le mercure, par l'effet de la pression atmosphérique, reste suspendu au-dessus du niveau de la cuvette d'une quantité égale en moyenne à 76 centimètres, quand on opère dans la plaine, ou, pour mieux dire, au niveau des mers. Mais si l'appareil était déplacé, s'il était porté à une altitude plus ou moins grande, la colonne mercurielle se tiendrait plus bas, parce que toute l'épaisseur de l'air qu'on aurait laissée au-dessous de soi, serait de moins dans la pression exercée sur le mercure de la cuvette. D'autre part, l'atmosphère subit journellement des troubles locaux, qui modifient sa pression et amènent des changements de temps. Le mercure du tube de Torricelli ne se maintient donc pas toujours au même niveau : il monte ou il descend, suivant l'altitude du lieu, et suivant les variations atmosphériques pour un même lieu. L'appareil constitue ainsi une sorte de balance propre à donner, à chaque instant, la pression variable de l'air. Pour compléter cette espèce de balance atmosphérique, il suffit de l'accompagner d'une échelle divisée en millimètres, et dont le zéro corresponde au niveau du mercure dans la cuvette. La lecture de la division de l'échelle où s'arrête la colonne mercurielle à un moment donné, fournit la mesure de la pression atmosphérique à ce moment. L'instrument ainsi disposé prend le nom de *baromètre*.

6. Baromètre à cuvette. — Pour construire un baromètre, on choisit un tube en verre, fermé par un bout, de 80 centimètres environ de longueur sur 1 centimètre de diamètre à peu près. On le remplit entièrement de mercure, comme pour l'expérience de Torricelli. Une condition essentielle à observer, c'est que le mercure soit débarrassé de toute trace d'humidité et d'air, qui, s'introduisant plus tard dans l'espace vide de la partie supérieure de l'instrument, presseraient sur la colonne mercurielle, soit par la force expansive des vapeurs formées, soit par l'élasticité directe de l'air, et empêcheraient le mercure de s'élever à la hauteur en rapport avec la pression atmosphérique. A cet effet, on introduit le mercure par petites portions et chaque fois on le chauffe jusqu'à ébullition dans le tube même. La chaleur chasse l'air et l'humidité qu'il peut contenir. Quand le tube est plein, on le bouche avec le doigt et l'on plonge son orifice dans une cuvette pleine de mercure bien sec. L'appareil ainsi préparé est fixé sur une planchette où se trouve une échelle en millimètres dont le zéro correspond au niveau de la cuvette.

7. Baromètre à siphon.—Construit comme on vient de le dire, le baromètre est lourd et embarrassant à cause de la quantité de mercure contenue dans la cuvette. On en construit de plus légers, auxquels on donne le nom de *baromètre à siphon*, à cause de la forme de leur tube recourbé en deux branches. Soit le tube de la figure 35. Sa grande branche, longue de 80 centimètres environ, est fermée ; sa petite branche est ouverte. On le remplit de mercure pur et sec en prenant les précautions d'ébullition indiquées plus haut. On le retourne une fois plein. Le mercure descend alors dans la grande branche, puis s'arrête en un certain point, et laisse derrière lui un vide ou chambre barométrique. La pression atmosphérique s'exerce par l'ouverture de la petite branche et son effet est de tenir suspendu le mercure à un niveau plus élevé dans la grande branche. Évidemment la hauteur de la colonne mercurielle équilibrée par la pression de l'air doit se mesurer du niveau B de la petite branche au niveau A de la grande. Mais le niveau B est variable : il monte quand le niveau A descend ; il descend si l'autre monte. On ne peut donc faire correspondre le 0 de l'échelle à ce point, changeant d'un instant à l'autre. L'échelle a son niveau en un point arbitraire, situé entre les niveaux des deux branches. A partir de ce 0, les divisions en millimètres se succèdent, en montant du côté de A, en descendant du côté de B. Pour avoir la longueur de la colonne mercurielle, on fait deux lectures : l'une du 0 au niveau A, l'autre du 0 au niveau B. La somme des

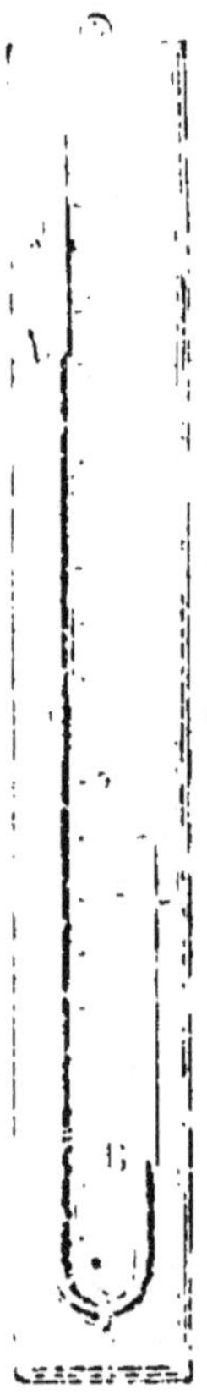

Fig. 35.

deux nombres est la hauteur de la colonne B A. Pour faire une lecture barométrique, il faut tenir l'instrument bien vertical, parce que c'est suivant la verticale que se mesure la longueur d'une colonne liquide dont on considère la pression.

8. Usage du baromètre pour la mesure des hauteurs. — A mesure qu'on s'élève plus haut, la colonne barométrique s'abaisse, parce que la couche de l'atmosphère qui se trouve au-dessus ne pèse plus sur le mercure de l'instrument. S'il était possible d'atteindre l'extrème limite de l'atmosphère, le mercure descendrait dans le tube juste au niveau de la cuvette puisqu'il n'y aurait plus alors de pression pour le tenir soulevé. Il y a donc un certain rapport entre la hauteur de la colonne barométrique et l'altitude du lieu où l'instrument se trouve. Pour de petites hauteurs à partir du niveau des mers, une ascension de 10 mètres fait baisser le baromètre de 1 millimètre environ. Mais cette proportion ne se maintient pas longtemps et le rapport entre la quantité dont le baromètre baisse et l'élévation du lieu où il a été transporté, est fort loin de conserver cette simplicité, à cause du décroissement de la densité et de la température de l'air avec la hauteur, décroissement dont la loi est encore fort peu connue. Il faut des calculs savants, dont il est impossible de donner ici même une idée, pour déduire la hauteur où l'on est arrivé de la quantité dont s'est abaissée la colonne mercurielle. Pour déterminer la hauteur d'une montagne, il faut deux observations simultanées : l'une au pied de la montagne, par une personne qui constate la température de l'air et la hauteur barométrique à un certain moment ; l'autre, au sommet de la montagne, par une seconde personne qui, au même moment, fait des observations pareilles. Des quatre nombres ainsi obtenus, deux températures et deux pressions atmosphériques, le calcul déduit la hauteur de la montagne. Par la même méthode, l'aéronaute détermine la hauteur des régions qu'il visite. C'est ainsi que Gay-Lussac, dans sa mémorable ascension aérostatique du 16 septembre 1804, vit le baromètre qui marquait 760 millimètres au niveau du sol, descendre à 330 millimètres au point le plus élevé de son voyage aérien ; et le thermomètre baisser de 28 degrés au-dessus de 0 à 9 degrés au-dessous. De ces quatre nombres, l'illustre aéronaute déduisit qu'il s'était élevé à 7000 mètres de hauteur.

9. **Usage du baromètre pour la prévision du temps.** — Toute perturbation un peu profonde dans l'état atmosphérique amène un changement de temps, pluvieux ou sec, calme ou tempétueux. Or ces perturbations influent sur le baromètre en modifiant la pression qu'il supporte. Le baromètre, par ces changements de niveau, nous avertit donc des troubles qui surviennent dans les hauteurs de l'atmosphère, et nous permet ainsi des prévisions plus ou moins probables sur le temps qu'il va faire. Une longue expérience a appris que, dans nos régions occidentales de l'Europe, le baromètre est haut par un temps sec, et bas par un temps pluvieux. Le temps doit se mettre au beau si le baromètre monte peu à peu; il doit se mettre à la pluie si le baromètre descend graduellement. Un abaissement brusque et considérable de la colonne mercurielle est un signe de tempête, même alors que rien ne l'annonce dans l'air. En moyenne, la hauteur à laquelle se tient le baromètre, pour les différents états atmosphériques sous le climat de Paris, est celle-ci :

Très-sec	785 millimètres.
Beau fixe	776 —
Beau	762 —
Variable	758 —
Pluie ou vent	749 —
Grande pluie	740 —
Tempête	731 —

Les pronostics du temps tirés des indications barométriques ne sont que des probabilités. Le baromètre ne fait connaître d'une manière positive qu'une chose : la pression de l'atmosphère au moment de l'observation. A un trouble dans cette pression peut correspondre, sans doute, un changement de temps; mais compter sur ce changement, ce serait aller trop loin. Il est seulement probable. Les prévisions basées sur le baromètre peuvent donc être fautives. Elles ont pour elles d'autant plus de probabilités, que les variations du baromètre sont plus brusques et plus considérables. Si le baromètre baisse beaucoup en peu de temps, c'est un présage à peu près certain de tempête.

10. Baromètre à cadran (fig. 36). — Lorsque le baromètre est exclusivement destiné à la prévision du temps, on lui donne une forme particulière, qui en fait un élégant meuble de salon et rend visibles les oscillations de la colonne mercurielle au moyen

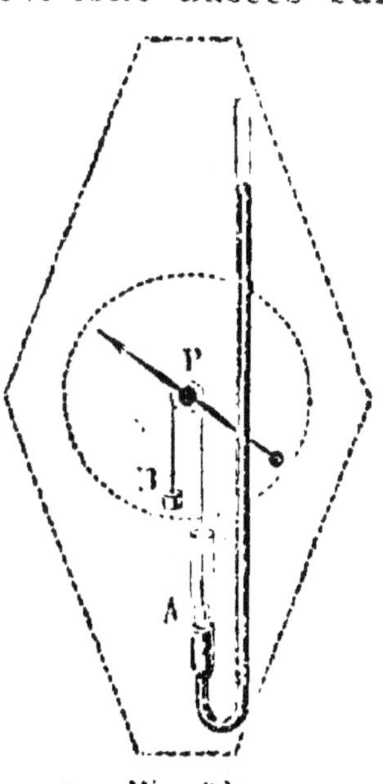

Fig. 36.

d'une aiguille parcourant un cadran gradué. Dans la courte branche d'un baromètre à siphon se trouve un cylindre en fer A, qui flotte sur le mercure, et se trouve relié à un contre-poids B, un peu moins lourd, par un fil délié s'enroulant sur une poulie P. Celle-ci porte une aiguille qui se meut sur un cadran, où se trouvent inscrits les principaux états atmosphériques, beau, variable, pluie, tempête, etc., et, en nombres, les hauteurs barométriques correspondantes, comme elles sont indiquées dans le tableau du précédent paragraphe. Si le mercure baisse dans la grande branche, il monte dans la petite et pousse devant lui le cylindre A. Le contre-poids descend de la sorte, et, par l'intermédiaire du fil, fait tourner la poulie. L'aiguille marche alors de la droite à la gauche du cadran. Elle atteint, suivant la quantité dont le baromètre baisse, les indications pluie, grande pluie, tempête. Si le mercure monte dans la grande branche, il baisse dans la petite. Alors le cylindre flotteur, un peu plus lourd que son contre-poids, entraîne celui-ci, et l'aiguille tourne de la gauche à la droite du cadran, s'acheminant vers les indications beau, beau fixe, très-sec.

QUESTIONNAIRE.

1. Comment se fait l'expérience de Torricelli ? — A quelle hauteur, en moyenne, le mercure reste-t-il suspendu ? — Quelle est la cause de cette suspension du mercure ? — Comment appelle-t-on l'espace vide laissé dans la partie supérieure du tube par le mercure ? — 2. Quelle est la mesure du poids d'une colonne atmosphérique s'étendant depuis le sol jusqu'aux extrêmes limites de l'atmosphère ? — Calculer ce poids pour une colonne ayant pour base un centimètre carré. — Quelle est la pres-

sion de l'air sur un mètre carré de surface ? — 3. Comment trouve-t-on le poids total de l'atmosphère ? — Quelle est la valeur de ce poids ? — 4. Quelle est la valeur moyenne de la surface du corps de l'homme ? — Dire la valeur de la pression de l'air sur cette surface. — Comment résistons-nous à la pression atmosphérique ? — Par quelle expérience démontre-t-on la réaction des fluides de l'intérieur du corps ? — 5. Qu'est-ce que le baromètre ? — 6. Comment se construit le baromètre à cuvette ? — Où doit être le zéro de l'échelle ? — Pourquoi faut-il faire bouillir le mercure dans le tube ? — 7. Décrire le baromètre à siphon. — Où se trouve le zéro de l'échelle dans le baromètre à siphon ? — Comment doit être tenu un baromètre pour une lecture ? — 8. Pourquoi le baromètre baisse-t-il à mesure qu'il est transporté plus haut ? — De combien baisse un baromètre pour 10 mètres d'altitude en plus ? — Cette loi est-elle toujours applicable ? — Pourquoi ? — Comment mesure-t-on la hauteur d'une montagne ? — Comment détermine-t-on la hauteur atteinte dans une ascension aérostatique ? — 9. Comment le baromètre peut-il servir à la prédiction du temps ? — Quels sont les signes du beau temps, d'une tempête ? — Le baromètre nous donne-t-il des indications certaines sur le temps qu'il va faire ? — 10. Décrire le baromètre à cadran.

CHAPITRE VIII.

LOI DE MARIOTTE. — MANOMÈTRE. — MACHINE PNEUMATIQUE.

1. Expérience de Mariotte. — On doit à l'abbé Mariotte, physicien distingué du dix-septième siècle, l'expérimentation suivante qui nous renseigne sur la manière dont croît ou décroît la force élastique d'une

6.

masse de gaz, à mesure que son volume diminue ou augmente. — Contre une planchette est fixé verticalement un tube à deux branches inégales (fig 37). La petite branche est fermée, la grande est ouverte, et chacune est accompagnée d'une échelle divisée en millimètres. Le zéro des deux échelles se trouve sur la même horizontale. On verse du mercure dans la grande branche, de manière à emprisonner de l'air dans la petite, et l'on prend ses précautions pour que le niveau du mercure arrive de part et d'autre au zéro de l'échelle. L'air ainsi confiné dans la petite branche n'éprouve aucune pression de la part du mercure, puisque celui-ci est au même niveau des deux côtés du tube ; mais il supporte la pression atmosphérique, qui s'exerce librement par l'orifice de la grande branche et se transmet par l'intermédiaire du mercure. Ainsi, quand il est soumis à la pression seule de l'atmosphère, l'air confiné dans la petite branche occupe la portion de celle-ci comprise entre le zéro de l'échelle et le sommet A. — Versons de nouveau du mercure dans la grande branche. Le niveau s'élève des deux côtés à la fois, rapidement dans la longue branche, lentement dans la petite, à cause de la résistance croissante de l'air renfermé. On cesse d'introduire

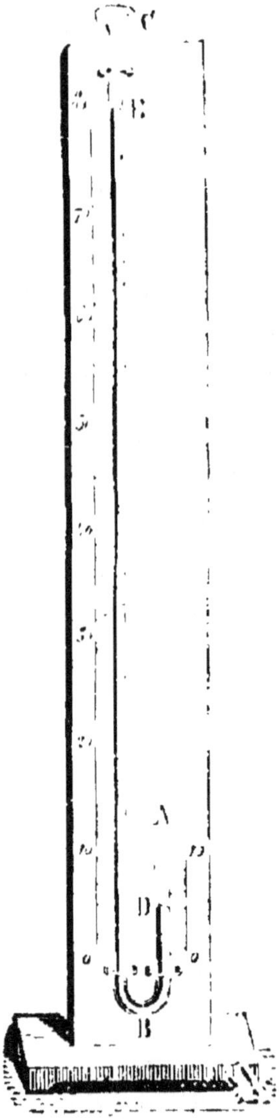

Fig. 37.

du mercure, quand le niveau dans la petite branche est arrivé en D, milieu de la capacité primitive. Actuellement l'air occupe un volume deux fois moindre, mais il supporte une pression plus grande, savoir: la pression atmosphérique, qui s'exerce toujours par l'orifice de la grande branche, et, en outre la pression de la colonne mercurielle ayant pour hauteur D E, ou la distance verticale du niveau inférieur au niveau supérieur. Or si l'on mesure cette colonne mercurielle à l'aide des deux échelles, on la trouve égale à la hauteur du baromètre, au moment de l'expérience, à 760 millimètres, par exemple, si le baromètre en ce moment marque lui-même 760 millimètres. Elle représente donc la pression de l'atmosphère. Par conséquent l'air réduit à occuper un espace deux fois moindre, possède une force élastique deux fois plus forte puisqu'il fait équilibre à une pression deux fois plus forte. Si la grande branche est suffisamment longue, on continue à verser du mercure et l'on reconnait que lorsque le gaz est réduit au tiers, au quart, etc., de son volume primitif, il fait équilibre à une pression trois fois, quatre fois plus grande.

2. **Loi de Mariotte.** — Avec un gaz quelconque, on verrait la force élastique augmenter dans la même proportion que décroit le volume et réciproquement la force élastique diminuer dans la même proportion qu'augmente le volume. La loi de Mariotte peut donc s'énoncer ainsi: *la force élastique d'une masse gazeuse est en raison inverse du volume occupé.*

Il est évident qu'à mesure qu'une masse déterminée de gaz diminue de volume, ses molécules se rapprochent et sa densité augmente. Il faut donc, quand il s'agit du poids d'un volume de gaz, n'importe lequel, tenir compte de la force élastique ou de la pression supportée. Voilà pourquoi l'on dit que le poids d'un litre d'air est de 1 gr.,3 à la pression de 760 millimètres de mercure, c'est-à-dire lorsque cet air supporte la pression moyenne de l'atmosphère.

3. **Liquéfaction des gaz par la pression.** — Un gaz ne peut indéfiniment diminuer de volume à mesure que la pression supportée augmente. Tôt ou tard, suivant la nature du gaz, il arrive un moment où les molécules sont trop rapprochées pour que l'état gazeux soit possible, et la substance se liquéfie. Certains gaz, l'air en particulier, n'ont pu jusqu'ici être liquéfiés par la pression. D'autres se changent en un liquide assez facilement. Ainsi le gaz acide sulfureux, qui se dégage du soufre en combustion, se liquéfie quand il supporte une pression égale à deux fois celle de l'atmosphère, si l'on a soin de le refroidir un peu; le gaz acide carbonique, qui se dégage du charbon en combustion, se liquéfie à la température de la glace fondante, quand il est soumis à une pression représentant 36 fois celle de l'atmosphère.

4. **Pressions estimées en atmosphères.** — Pour exprimer la valeur des pressions que les gaz et les vapeurs font éprouver, par leur force élastique, aux parois des vases qui les renferment, on est convenu de prendre pour unité la pression atmosphérique, représentée elle-même par le poids d'une colonne de mercure de 760 millimètres de hauteur. Ainsi, lorsqu'on dit qu'un gaz a une force élastique de trois atmosphères, par exemple, cela signifie que, sur chaque centimètre carré des parois qui l'enferment, ce gaz presse comme presserait une colonne de mercure haute de trois fois 760 millimètres, et élevée sur ce centimètre carré pour base. Cela signifie, en d'autres termes, que le gaz presse les parois qui l'enferment

avec trois fois plus de puissance que ne le ferait l'atmosphère. La puissance de la vapeur qui fait mouvoir nos machines, est exprimée en atmosphères. On dit une machine à tro's, quatre, cinq atmosphères, quand la vapeur exerce une pression représentée par le poids d'une colonne de mercure égale en hauteur à trois, quatre, cinq fois 760 millimètres.

5. Manomètres. — On nomme *manomètres* les appareils destinés à mesurer la force élastique des gaz et des vapeurs. Le plus simple est le suivant. — Un tube en verre T (fig. 38) ouvert aux deux bouts, plonge par son extrémité inférieure dans une cuvette à mercure V, disposée au milieu d'une boite métallique C. L'orifice E, par lequel le tube sort de la boite, est solidement mastiqué pour ne laisser aucune communication avec le dehors. Enfin un canal armé d'un robinet, permet à la vapeur de la chaudière de se répandre dans la boite métallique, et de là dans la cuvette, dont le mercure se trouve ainsi soumis à une certaine pression de haut en bas, pression qui fait monter le mercure dans le tube. Supposons que le mercure soit soulevé à 760 millimètres au-dessus du niveau de la cuvette. Quel renseignement cela nous fournit-il sur la force élastique de la vapeur? La pression qui s'exerce en V sur le bain de mercure, fait équilibre, non seulement à la colonne mercurielle soulevée mais en outre à la pression atmosphérique qui s'exerce par le tube T librement ouvert

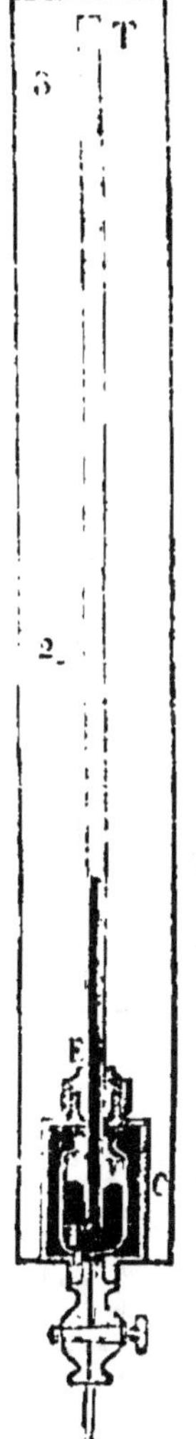

Fig. 38.

dans le haut. La force élastique de la vapeur est donc de deux atmosphères, quand elle soulève dans le manomètre une colonne mercurielle de 760 millimètres. On voit de même, en tenant toujours compte de la pression de l'air s'exerçant par l'orifice T, que la force élastique de la vapeur agissant sur le mercure de la cuvette est de 3, de 4 atmosphères, etc., quand la colonne mercurielle soulevée est de 2 fois, 3 fois 760 millimètres. Une échelle en millimètres, disposée le long du tube, nous dit ainsi à chaque instant la force élastique de la vapeur développée dans la chaudière avec laquelle le manomètre est en communication.

6. **Machine pneumatique.** — Dans un *corps de pompe* C (fig. 39) peut se mouvoir un *piston* P, percé d'un conduit que recouvre une *soupape* S' s'ouvrant de bas en haut. Le corps de pompe se continue par un *canal d'aspiration*, dont l'entrée est armée d'une soupape S s'ouvrant de bas en haut comme la première. Le canal d'aspiration vient déboucher au centre d'un plateau de verre dépoli, qu'on nomme la *platine*. C'est sur

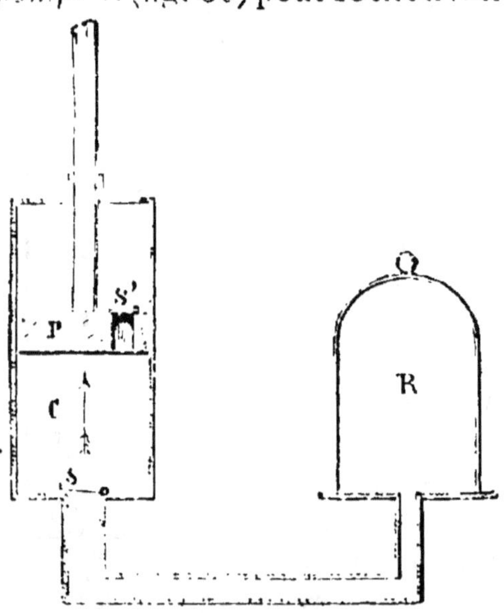

Fig. 39.

la platine qu'on dispose la *cloche* R dans laquelle on veut faire le vide. Les bords de la cloche, bien enduits de suif, sont appliqués avec soin sur le plateau de verre, et toute communication avec l'extérieur est rendue impossible. Examinons maintenant le jeu de l'appareil.

On soulève le piston. Derrière lui, il laisse un espace vide dans le corps de pompe. Pendant cette ascension, la soupape d'en haut S′ s'est fermée par son propre poids, et elle est exactement appliquée contr l'orifice par l'effet de la pression atmosphérique s'exerçant en liberté sur la face supérieure du piston. En même temps que cela se passe, la soupape S s'ouvre, poussée de bas en haut par la force élastique de l'air du récipient R, force élastique qui n'est pas contrebalancée du côté du corps de pompe, puisqu'il n'y a rien en ce moment dans celui-ci. L'air de la cloche se répand donc dans le corps de pompe, et quand la répartition est faite proportionnellement aux capacités, la soupape S, également pressée en dessus et en dessous, se referme par son propre poids. Alors le piston descend. L'air contenu dans le corps de pompe est refoulé dans un espace décroissant, à mesure que le piston s'abaisse ; il augmente donc de puissance élastique et fait effort pour s'échapper. Mais il ne peut plus rentrer dans la cloche, car la soupape S est fermée. Il ne reste ainsi à l'air du corps de pompe que l'issue d'en haut, dont la soupape s'ouvre quand la force élastique de l'air comprimé est suffisante pour vaincre la pression de l'atmosphère s'exerçant au dehors. L'air comprimé s'écoule donc en soulevant la soupape d'en haut, et quand le piston est arrivé au bas du corps de pompe, son expulsion est complète.

On relève le piston. La soupape supérieure S′ se ferme par son propre poids et la pression de l'air extérieur ; la soupape inférieure S s'ouvre par l'effet du la poussée de bas en haut de l'air encore contenu dans le récipient, et une partie de cet air pénètre dans le corps de pompe. Le piston s'abaisse. La soupape S fermée par son poids et par la pression croissante de l'air du corps de pompe, empêche le retour dans la cloche, tandis que la soupape S′ à un certain moment s'ouvre, lorsque l'air emprisonné, diminuant de volume par la descente du piston, a acquis assez de force élastique pour la soulever et vaincre la résistance de la pression atmosphérique extérieure. Quand le piston est arrivé au bas de sa course, une nouvelle quantité d'air se trouve ainsi expulsée. En somme, on voit que, à chaque ascension du piston, une certaine quantité d'air pénètre de la cloche dans le corps de pompe en soulevant, par sa force élastique, la soupape inférieure ; et que, à chaque descente du piston, l'air du corps de pompe, gagnant en force élastique en raison de sa diminution de volume, finit par soulever la soupape supérieure et par s'écouler au dehors. On voit aussi que le vide complet ne saurait être obtenu si longtemps que fonctionne l'appareil. Chaque fois, en effet, la cloche cède au corps de pompe une partie de ce qui lui reste, mais non le tout. Il doit donc rester toujours un peu d'air dans la cloche.

Pour rendre l'opération plus rapide et moins pénible, on associe deux corps de pompe, dont les pistons sont mis en mouvement au moyen d'une roue dentée engrenant avec des tiges à crémaillère TT′ (fig. 40). Un levier à poignées MM′ fait osciller la roue dans un sens puis dans l'autre, de manière qu'un piston descend tandis que l'autre monte.

7. **Clef. Éprouvette.** — Une espèce de robinet D, appelé *clef*, permet suivant la manière dont il est tourné,

de faire communiquer les corps de pompe avec la cloche, ou d'interrompre la communication. Il sert également à laisser rentrer l'air dans la cloche, quand
l'expérience est terminée. *L'éprouvette* E est une solide cloche en cristal communiquant avec le canal
d'aspiration et renfermant un tube de verre recourbé

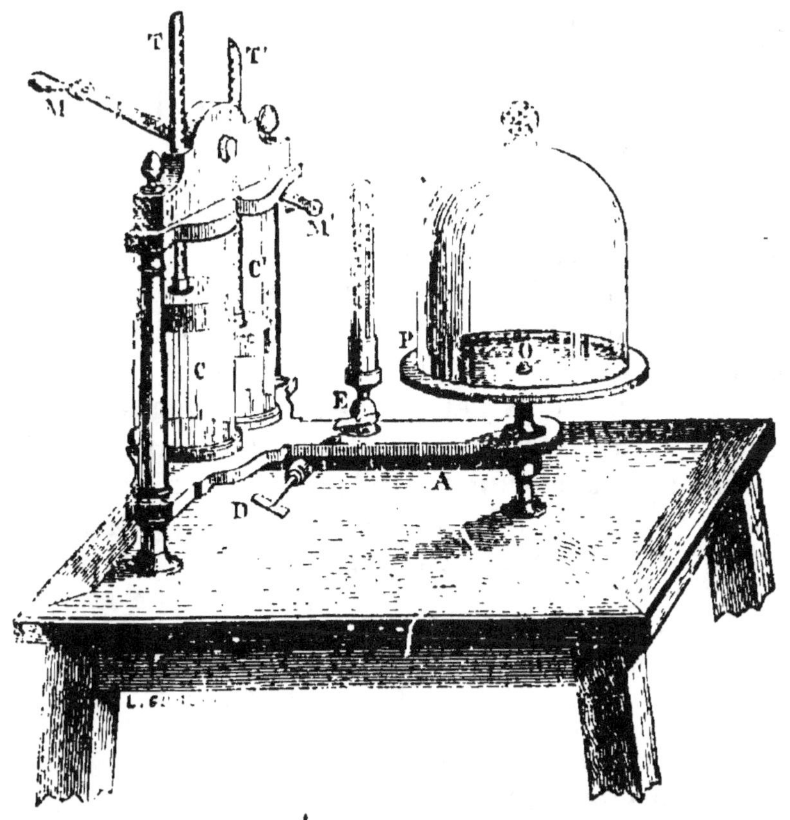

Fig. 40.

en deux branches égales, l'une fermée, l'autre ouverte,
La branche fermée est en entier pleine de mercure,
la branche ouverte ne l'est qu'en partie. Le mercure
est soutenu dans la première branche, au-dessus du

niveau de la seconde, par la pression de l'air de la cloche ; mais il n'y a pas de vide barométrique parce que la branche fermée est trop courte. Si l'air est raréfié dans la cloche, et par suite dans l'éprouvette, la pression devient, à un certain moment, insuffisante pour tenir soulevée toute la colonne de mercure, et l'on voit celle-ci descendre peu à peu dans la branche fermée, et monter, d'une égale quantité, dans la branche ouverte. Si le vide était rigoureusement fait, la pression serait nulle et le mercure se mettrait au même niveau dans les deux branches. Mais cela ne peut avoir lieu, nous venons d'en voir la cause ; il reste toujours un peu d'air dans le récipient, et le mercure de l'éprouvette se maintient toujours un peu plus élevé dans la branche fermée que dans la branche ouverte. Les meilleures machines font le vide à 1 millimètre près, c'est-à-dire que l'air restant dans le récipient tient soulevée dans l'éprouvette une colonne de mercure de 1 millimètre de hauteur. Par conséquent, la pression initiale étant de 760 millimètres, sur 760 parties dont se composait l'air au début, il n'en reste plus qu'une dans le récipient.

QUESTIONNAIRE.

1. Décrire l'appareil de Mariotte. — Comment l'expérience est-elle conduite ? — 2. Donner l'énoncé de la loi de Mariotte. — Pourquoi faut-il tenir compte de la force élastique d'un gaz pour préciser son poids ? — 3. Qu'arrive-t-il quand un gaz est soumis à une pression indéfiniment croissante ? — Citer des gaz liquéfiables par la pression. — Peut-on jusqu'ici liquéfier l'air par la pression ? — 4. Que faut-il entendre quand on dit que la force élastique d'un gaz ou d'une vapeur est de

deux, trois, quatre atmosphères ? — 5. Avec quel appareil mesure-t-on la force élastique des gaz et des vapeurs ? — Décrire le manomètre le plus simple. — 6. Quelles sont les pièces essentielles de la machine pneumatique ? — Décrire le jeu du piston et des deux soupapes. — Peut-on obtenir un vide complet ? — 7. Quels sont les usages de la clef ? — A quoi sert l'éprouvette ? — De quoi l'éprouvette se compose-t-elle ? — Que signifie l'expression faire le vide à 1 millimètre près.

CHAPITRE IX.

POMPES. — SIPHON.

1. Pompe aspirante. — Elle est composée d'un corps de pompe AB (fig. 41) et d'un canal d'aspiration EF plongeant dans l'eau. Une soupape s' s'ouvrant de bas en haut, est placée à la jonction du corps de pompe et du canal d'aspiration. Une seconde soupape s', s'ouvrant aussi de bas en haut, est à l'entrée d'un orifice percé dans l'épaisseur du piston. Au début, l'eau est au même niveau dans le réservoir et dans le tuyau d'aspiration. Celui-ci est plein d'air d'une force élastique égale à celle de l'air extérieur.

Le piston, supposé au bas de sa course, est soulevé, laissant derrière lui un espace vide. La soupape s', se ferme par l'effet de la pression extérieure, et la soupape s s'ouvre, pressée qu'elle est de bas en haut par la force élastique de l'air contenu dans le canal d'aspiration. L'air de ce canal pénètre donc dans le corps de pompe et diminue de force élastique en augmentant de volume. Il ne peut plus alors contre-balancer la pression que l'air extérieur exerce sur la nappe d'eau du puits et qui tend à refouler l'eau dans le canal d'aspiration. Cette diminution dans la pression intérieure fait que l'eau monte dans le tuyau d'aspiration, jusqu'à ce que la colonne liquide soulevée et l'élasticité de l'air intérieur fassent, à elles deux, équilibre à la pression atmosphérique exercée sur l'eau du puits. — Le piston maintenant descend. La soupape *s* se ferme par son poids et par la poussée de l'air comprimé dans le corps de pompe. Au contraire, la soupape *s'* du piston s'ouvre, quand l'air, en diminuant de volume, a acquis une élasticité suffisante pour vaincre la pression atmosphérique. L'air du corps de pompe est ainsi expulsé.—Alors le piston remonte. La soupape *s'* se ferme, la soupape *s* s'ouvre, et une nouvelle quantité d'air passe du canal d'aspiration dans le corps de pompe. De là résulte une nouvelle diminution d'élasticité dans l'air intérieur, et, par conséquent, une nouvelle ascension du liquide jusqu'à un niveau tel que la colonne d'eau soulevée et l'élasticité de l'air restant, équilibrent ensemble la pression atmosphérique s'exerçant sur l'eau du puits. — La deuxième descente du piston expulse l'air introduit dans le corps de pompe; son as-

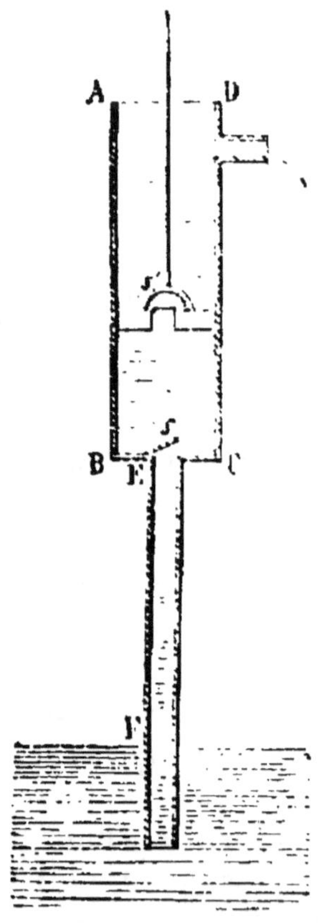

Fig. 41.

cension suivante amène l'eau plus haut dans le canal d'aspiration, et ainsi de suite; de sorte que, après un certain nombre de coups de piston, l'eau franchit la soupape et remplit le corps de pompe, mais à la condition expresse que le canal d'aspiration ne dépasse pas $10^m, 3$ de hauteur verticale, hauteur la plus grande à laquelle la pression de l'atmosphère puisse soulever l'eau. — A partir de ce moment, le piston en descendant presse sur l'eau du corps de pompe, ce qui fait fermer s et ouvrir s', de sorte que l'eau passe au-dessus du piston. Quand celui-ci remonte, la soupape s' se ferme par la pression de l'eau placée en dessus; la soupape s s'ouvre, au contraire, par la poussée de l'eau inférieure que la pression atmosphérique fait passer du canal d'aspiration dans le corps de pompe. Ce dernier s'emplit donc, tandis que le piston, en montant, soulève et fait déverser par le canal D, l'eau placée au-dessus de lui. Désormais la pompe est pleine et le piston fonctionne dans l'eau. Chaque fois qu'il descend, il fait passer au-dessus de lui l'eau dont la pression atmosphérique vient de remplir le corps de pompe; chaque fois qu'il monte, il amène au déversoir un volume d'eau égal au volume du corps de pompe, et, en même temps celui-ci se remplit.

2. **Pompe foulante.** — Le corps de pompe de celle-ci (fig. 42) plonge directement dans l'eau. Il porte à sa paroi inférieure une soupape s s'ouvrant de bas en haut, et sur le côté un canal élévatoire, dont l'entrée est munie d'une soupape s', s'ouvrant du corps de pompe vers le canal. Le piston est plein. Quand on le soulève, la poussée de l'eau extérieure fait ouvrir la soupape s et le liquide pénètre dans le corps de pompe. Quand on l'abaisse, la soupape s se ferme, et le liquide refoulé,

ouvrant la soupape *s'* (fig. 42) pénètre dans le canal élévatoire. — Le piston est de nouveau soulevé. L'eau du canal élévatoire tend à revenir dans le corps de pompe, mais sa pression fait fermer la soupape *s'* et le passage lui est barré. L'eau du réservoir pénètre donc seule dans le corps de pompe en soulevant la soupape *s*. Nouvelle descente du piston et nouvelle injection de l'eau du corps de pompe dans le canal élévatoire. Ainsi, chaque fois

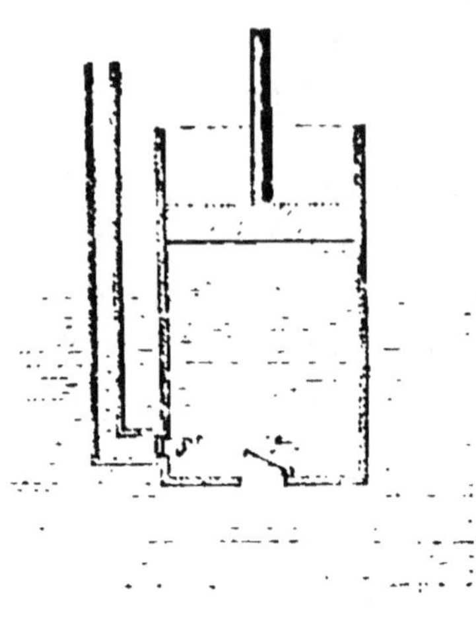

Fig. 42.

que le piston monte, le corps de pompe s'emplit d'eau ; chaque fois qu'il descend, l'eau contenue dans le corps de pompe est refoulée dans le canal élévatoire.

Dans la pompe foulante, la pression atmosphérique ne remplit aucun rôle. Le corps de pompe s'emplit par suite de la tendance des liquides à gagner le même niveau ; l'eau est injectée dans le canal élévatoire par la poussée du piston qui la refoule devant lui. C'est-à-dire que le canal élévatoire d'une pompe foulante peut avoir telle hauteur que l'on voudra ; l'eau montera toujours jusqu'au déversoir, pourvu que le piston la refoule avec assez de force.

3. Pompe à incendie. — La pompe à incendie se compose de deux pompes foulantes, dont les pistons reliés à un levier commun, sur lequel des hommes agissent alternativement à droite et à gauche, montent et descendent tour à tour, de sorte que l'un des corps de pompe se remplit, lorsque l'autre se vide. Les deux corps de pompe plongent dans une bâche, dans laquelle des gens, faisant la chaîne, versent sans cesse de l'eau avec des seaux de toile. La hauteur que l'eau peut atteindre dans le conduit flexible ajusté à la pompe, dépend uniquement de la force qui fait manœuvrer les deux pistons.

4. Pompe aspirante et foulante. — Comme son nom l'indique, cette espèce de pompe fait office à la fois de pompe aspirante et de pompe foulante. Elle se compose d'un corps de pompe A, dans lequel se meut un piston plein E (fig. 43). Elle es munie d'un canal d'aspiration B, plongeant dans le liquide XY. et à l'entrée duquel se trouve une soupape F s'ouvrant de bas en haut. Un canal latéral DC part du fond du corps de pompe et porte à son entrée une soupape G, s'ouvrant du corps de pompe vers le canal. Lorsque le piston monte, la machine fonctionne comme pompe aspirante ; la soupape F s'ouvre, la soupape G se ferme, et l'eau s'élève par l'effet de la pression atmosphérique.

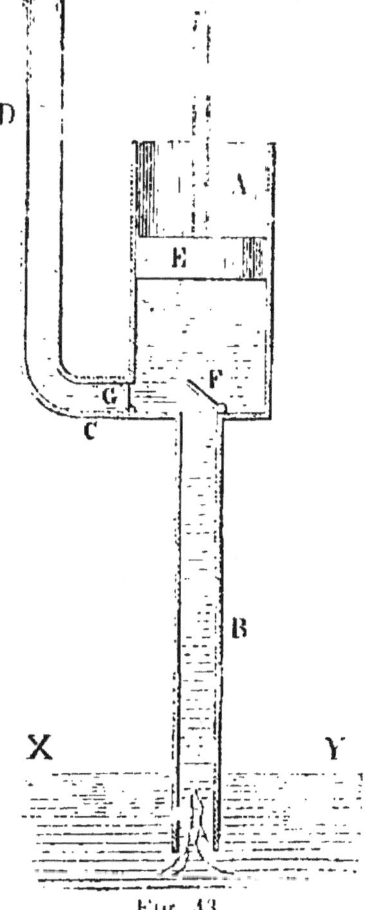

Fig. 43.

Lorsque le piston descend, la machine fonctionne

comme pompe foulante; la soupape F se ferme, la soupape G s'ouvre, et l'eau est refoulée dans le canal latéral par l'effet de la poussée du piston. En tant que machine aspirante, la pompe ne peut élever l'eau qu'à 10 mètres 3 de hauteur au plus. La soupape F ne doit donc pas dépasser cette élévation. En tant que machine foulante, elle peut injecter l'eau dans le tuyau latéral CD à telle hauteur que l'on veut.

5. Pipette et tâte-vin. — Plongeons en partie dans un liquide un tube étroit AB (fig. 44). Le liquide se met au même niveau à l'intérieur et à l'extérieur et la partie supérieure reste pleine d'air. On bouche, avec le doigt l'orifice d'en haut, et l'on soulève le tube. Le liquide

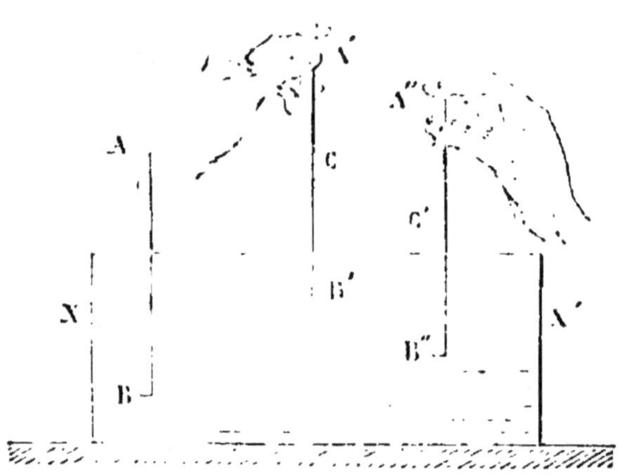

Fig. 44.

descend d'abord un peu; mais, en même temps, l'air contenu dans le tube augmente de volume et par conséquent diminue de force élastique. Il arrive donc un moment où la pression atmosphérique extérieure, n'étant plus équilibrée par l'élasticité de l'air contenu dans le tube, maintient le liquide suspendu dans celui-ci à un niveau supérieur à celui du dehors A″ B″. On peut même retirer entièrement le tube A′ B′ du sein du liquide, sans que le contenu s'écoule, retenu qu'il est par l'excès de pression de l'air extérieur sur l'air intérieur. Mais si l'on enlève le doigt, un peu d'air rentre dans le tube, la pression à l'intérieur se rétablit la même qu'à l'extérieur, et le liquide s'écoule entrainé par son poids.

C'est sur ce principe que sont basées les *pipettes*, instruments destinés, en chimie particulièrement, à porter d'un vase dans un autre une petite quantité de liquide. On leur donne la forme de la figure 45. Elle sont en verre. Si l'on plonge une pipette dans un liquide jusqu'au dessus du renflement C, ou si l'on aspire avec la bouche par l'orifice A, ce renflement et son canal terminal D se remplissent. On applique le doigt sur l'orifice A et l'on soulève. Le liquide reste dans la pipette par l'effet de la pression atmosphérique plus forte que la pression de l'air intérieur un peu dilaté. En enlevant le doigt, on fait écouler le liquide dans le vase où il s'agit de le transporter. Si le doigt est soulevé avec ménagement, de manière à ne laisser rentrer l'air que peu à peu, le

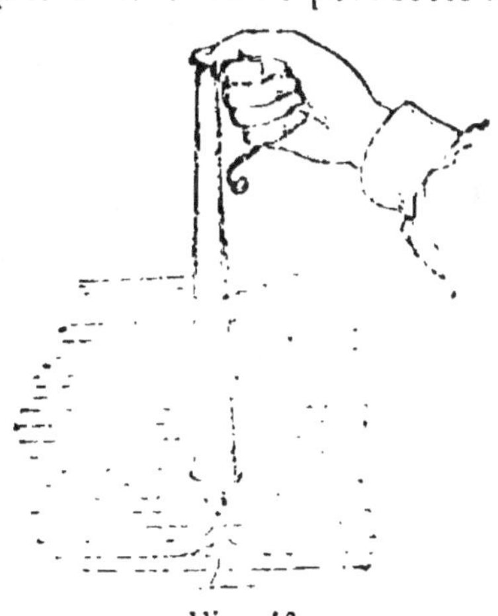

Fig. 46.

Fig. 45.

liquide s'écoule goutte à goutte par la pointe effilée D.

Pour prendre, par la bonde d'un tonneau, une petite quantité de vin qu'on doit soumettre à la dégustation, on emploie une pipette (fig. 46) en fer-blanc, représentée dans la figure ci-contre. On lui donne, à cause de son usage, le nom de *tâte-vin*. Plongé dans la bonde d'un tonneau, le tâte-vin s'emplit en partie. On bouche son orifice supérieur avec le doigt, et son contenu, retenu par la pression atmosphérique, s'écoule dans un verre dès qu'on laisse rentrer l'air.

5. **Siphon**. — Un siphon est un canal recourbé à branches inégales en hauteur. La petite branche A (fig. 47) plonge dans le liquide qu'on veut faire écouler, et que nous supposerons être de l'eau. Si par l'orifice D de la grande branche, on aspire l'eau avec la bouche de manière à remplir le siphon, et qu'ensuite on abandonne l'appareil à lui-même, l'eau se met à couler par l'extrémité de la grande branche. C'est à la pression atmosphérique qu'est dû l'écoulement. Remarquons d'abord que la hauteur des deux

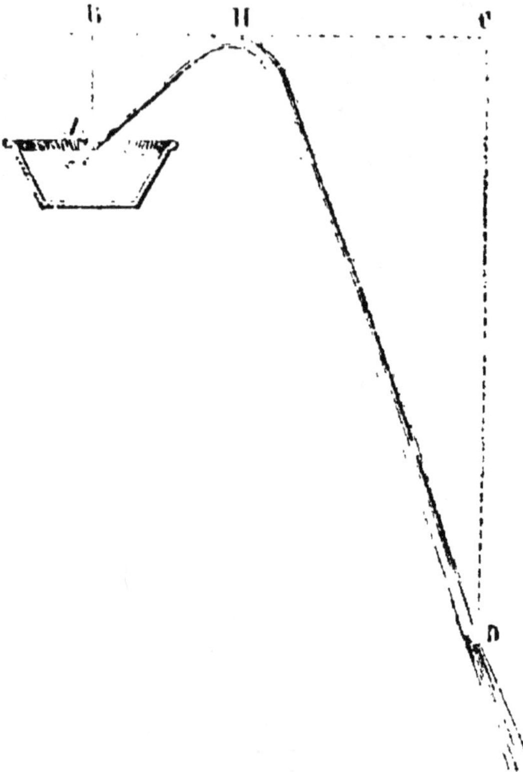

Fig. 47.

branches doit être évaluée suivant la verticale, par la raison que la pression d'une colonne liquide ne dépend pas de sa longueur réelle mais simplement de sa dimension suivant la verticale. Ainsi pour un siphon ayant la forme de la figure 47, la petite branche a pour hauteur AB, distance verticale du niveau du liquide dans le vase à l'horizontale passant par le point H le plus élevé du siphon; et la grande branche a pour hauteur DC. Supposons maintenant, pour donner plus de précision aux idées, que la petite branche ait 1 mètre de hauteur, et la grande branche 3 mètres. La pression atmosphérique qui s'exerce de bas en haut à l'orifice de la petite branche, pourrait tenir suspendue une colonne d'eau de 10 mètres; mais comme il y a déjà de soulevée dans cette même branche une colonne d'eau de 1 mètre, la pression de l'air non employée n'est plus représentée que par 9 mètres d'eau. De même, la poussée atmosphérique s'exerçant à l'orifice D, est capable de soutenir 10 mètres d'eau; et comme elle en soutient déjà 3, il ne reste plus que 7 mètres d'eau pour représenter la partie de cette poussée non employée. Ainsi du côté de A, il reste encore une pression représentée par 9 mètres, d'eau; et du côté de D, une pression représentée par 7 mètres. Entre ces deux pressions inégales, le liquide du siphon ne peut rester en repos; il s'écoule donc par l'orifice de la grande branche, où la pression est moins forte, et se trouve immédiatement remplacé par le liquide du vase, ce qui produit un écoulement continu.

7. Fontaines intermittentes naturelles. — On connait, en divers endroits, des fontaines naturelles qui donnent de l'eau pendant quelques jours, quelques mois, puis s'arrêtent un certain temps et recommencent plus tard à couler. Il en est d'autres qui, dans l'intervalle de quelques heures, de quelques minutes, reprennent et suspendent leur écoulement. Ces curieuses fontaines, dont le flot tarit et reparait par intervalles réguliers, sont connues sous le nom de fontaines intermittentes. Telles sont, la fontaine de Colmars, dans les Basses-Alpes, qui jaillit et tarit de sept minutes en sept minutes; celle du Puits-Gros, près de Chambéry, qui coule toutes les six heures, le matin, à midi, le soir, et à minuit; celle de Haute-Combe, sur les bords du lac de Bourget, en Savoie, qui cesse et reprend son écoulement deux fois par heure.

8. Explication des fontaines intermittentes.

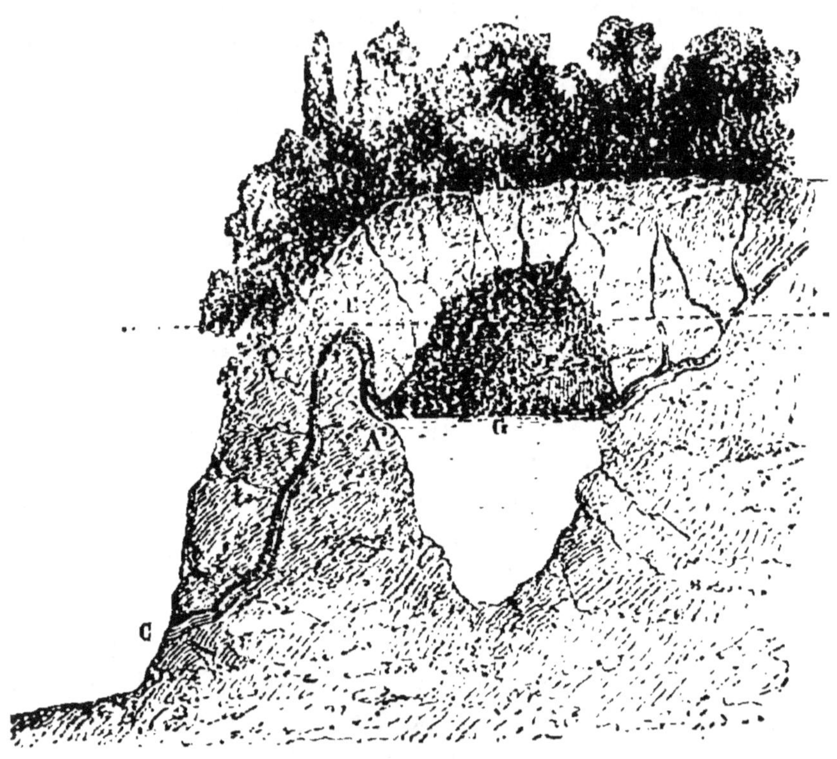

Fig. 48.

— L'explication des fontaines intermittentes naturelles se trouve dans le jeu du siphon. Supposons dans les entrailles du sol quelque cavité où les eaux s'amassent par des infiltrations, et communiquant au dehors par une fissure ABC (fig. 48), grossièrement recourbée en siphon. Supposons aussi que cette fissure laisse écouler, dans un même temps, plus d'eau que n'en reçoit la cavité. D'abord la cavité s'emplira, sans écoulement au dehors, tant que le niveau de l'eau ne sera pas arrivé à la ligne ponctuée passant par le sommet du siphon. Mais, arrivée là, l'eau se répandra dans la grande branche, remplira le siphon en entier, et l'écoulement de la fontaine commencera; seulement, comme le siphon dépense plus d'eau que n'en reçoit le réservoir, le niveau baissera peu à peu dans celui-ci, jusqu'à atteindre la ligne AG, correspondant à l'orifice de la plus courte branche de la fissure. A partir de ce moment, l'écoulement cessera, puisque la courte branche du siphon ne plongera plus dans le liquide. Mais les infiltrations continuant toujours dans la cavité, le niveau remontera en B, et la source se remettra à couler, pour s'arrêter encore quand le niveau sera redescendu en AG.

QUESTIONNAIRE.

1. Quelles sont les parties essentielles d'une pompe aspirante ? — Où sont placées les deux soupapes ? — Comment s'ouvrent-elles ? — Quelle est la plus grande hauteur que puisse avoir le tuyau d'aspiration ? — 2. Décrire la pompe foulante. — Expliquer le jeu des deux soupapes. — A quelle hauteur peut monter l'eau dans le canal élévatoire ? — 3. De quoi se compose une pompe à incendie ? — 4. Décrire la pompe aspirante et foulante.

— 5. Expliquer le jeu de la pipette, du tâte-vin. — 6. Qu'est-ce qu'un siphon ? — A quoi sert-il ? — Expliquer son écoulement. — 7. Qu'appelle-t-on fontaines intermittentes naturelles ? — Citer des exemples. — 8. Donner l'explication des fontaines intermittentes.

CHAPITRE X.

SOUFFLETS ET MACHINES SOUFFLANTES. — AÉROSTATS.

1. Soufflet ordinaire. — Il se compose de deux planchettes, reliées par une peau souple, de manière que le tout constitue une sorte de poche dont on augmente ou diminue la capacité, en écartant ou rapprochant les deux poignées A et B (fig. 49). Une soupape D, s'ou-

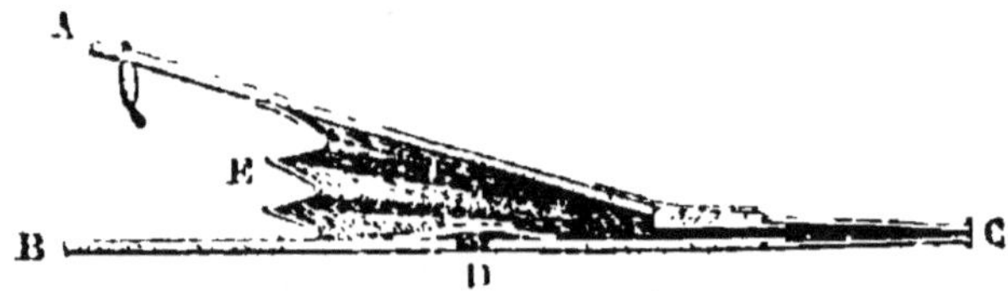

Fig. 49.

vrant de dehors en dedans, occupe le centre de la planchette inférieure. Enfin un canal ou tuyère C termine l'instrument. Si l'on ouvre le soufflet, sa cavité augmente, et l'air extérieur s'y précipite tant par la tuyère que par la soupape D. Quand on ferme le soufflet, on comprime l'air qu'il renferme ; et celui-ci, fermant par sa pression la soupape D, s'élance avec force par la tuyère.

2. Soufflet de forge. — Le soufflet de forge est disposé de manière à produire un jet d'air continu, tandis que le soufflet ordinaire ne donne du vent que lorsque les deux tablettes se rapprochent. Ce jet continu a pour effet d'activer incessamment le foyer et d'éviter l'aspiration par la tuyère, qui, plongeant dans le brasier, pourrait amener des cendres brûlantes, des fragments de charbon allumé, dans le soufflet. Pour obtenir ce résultat, on donne au soufflet trois tablettes A, B, C (fig. 50), reliées entre elles par une peau que

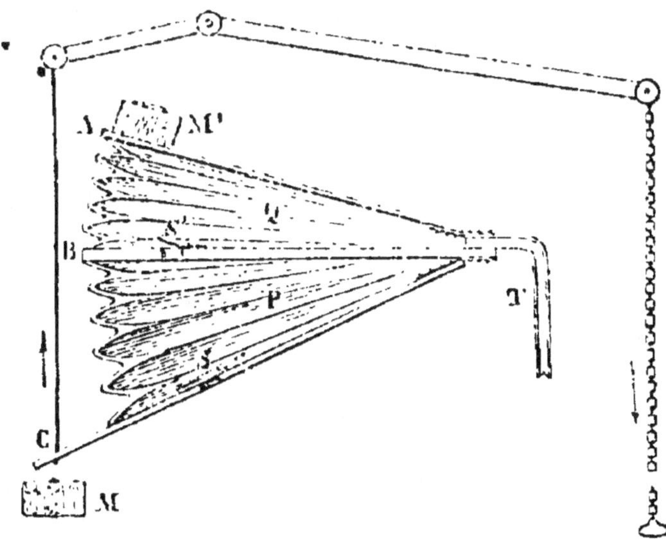

Fig. 50.

soutiennent des arcs flexibles. Les deux tablettes inférieures portent chacune une soupape, S, S', s'ouvrant de bas en haut. La tablette inférieure, que manœuvre une chaîne par l'intermédiaire d'un levier, porte un poids M, qui la fait baisser quand on cesse de peser sur la chaine. La tablette supérieure porte également un poids M′, destiné à comprimer et à chasser l'air emmagasiné en-dessous. Par sa tablette moyenne, le soufflet est divisé en deux chambres, une inférieure, l'autre supérieure, qui seule est en rapport avec le foyer par la tuyère T.

On tire la chaine; la tablette inférieure se relève; l'air contenu dans la chambre inférieure se comprime; il ferme la soupape S, il ouvre, au contraire, la soupape S′, et passe dans la chambre supérieure en soulevant la tablette A et son poids M′. Mais alors ce poids M′ agit sur l'air, le comprime et le chasse avec force par la tuyère. Pendant que cela se passe, le forgeron cesse d'appuyer sur la chaine. Le poids M entraine la tablette inférieure, la soupape S s'ouvre par la poussée de l'air extérieur, et celui-ci s'introduit dans la chambre inférieure ; de sorte que cette chambre s'emplit pendant que l'autre se vide en partie. En pesant de nouveau sur la chaine, on amène donc une autre provision d'air dans la chambre supérieure avant que la première soit épuisée, et le vent, quoique à certains moments ralenti, est du moins continu.

3. Machines soufflantes. — Les machines soufflantes de l'industrie sont très-variées; nous en décrirons une fréquemment utilisée. — Dans un grand corps de pompe A (fig. 51) fermé de part et d'autre, va et vient un piston plein P, que meut une tige C mise elle-même en mouvement par une machine à vapeur, une chute d'eau, etc. Le corps de pompe se trouve divisé en deux chambres de capacité, variable suivant la position du piston. Chacune de ces chambres communique d'un côté avec l'air extérieur par un orifice armé d'une soupape c′ et c‴ s'ouvrant de dehors au dedans, et de l'autre avec un canal **D**, amenant dans le fourneau l'air refoulé. Aux entrées dans ce canal sont des soupapes c'' et c s'ouvrant de l'intérieur du corps de pompe à l'extérieur. Des quatre soupapes c, c', c'', c''' il y en a toujours deux d'ouvertes et deux de fermées alternativement suivant une même diagonale. Quand le

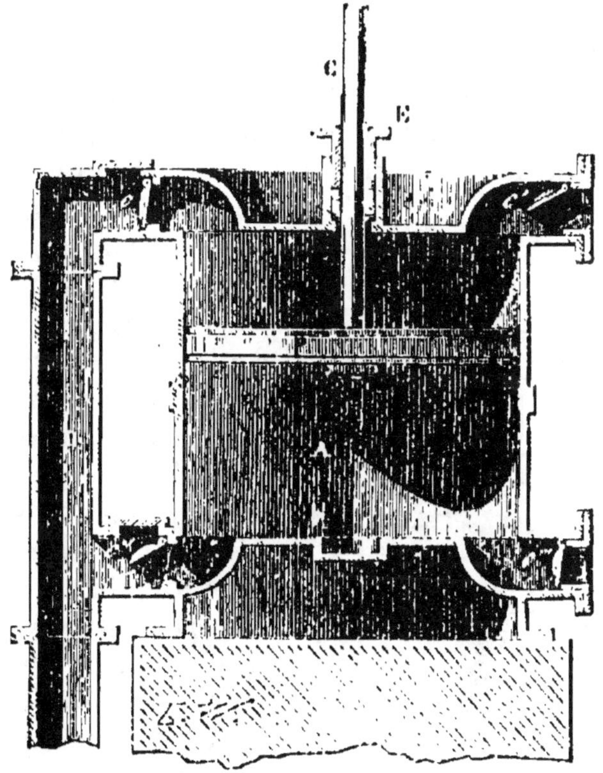

Fig. 51.

piston descend, l'air comprimé du canal **D** fait fermer c pendant que l'air extérieur fait ouvrir c' et pénètre dans l'espace laissé en arrière du piston. En même temps que la chambre supérieure s'emplit, la chambre inférieure se vide; car l'air, comprimé par la descente du piston, ferme c''' et ouvre c'' pour pénétrer dans le tuyau D. Quand le piston remonte c' et c'' se ferment, c et c''' s'ouvrent, la chambre inférieure se remplit et la chambre supérieure se vide.

4. Principe d'Archimède appliqué aux gaz. — A cause de leur mobilité moléculaire et de leur poids, les liquides font éprouver aux corps immergés une poussée de bas en haut qui les allège d'une quantité égale au poids du liquide déplacé. Comme les liquides, les gaz possèdent la mobilité moléculaire, ils sont en outre pesants. Le principe d'Archimède leur est donc applicable. Aussi : *Un corps plongé dans un gaz éprouve, de sa part, une poussée de bas en haut égale au poids du gaz dont il occupe la place.*

5. Baroscope. — Cette poussée des gaz de bas en haut sur les corps immergés se démontre expérimentalement avec le *baroscope.* Aux deux extrémités d'un fléau de balance, on équilibre à l'air libre, d'une part une grosse boule creuse B, et

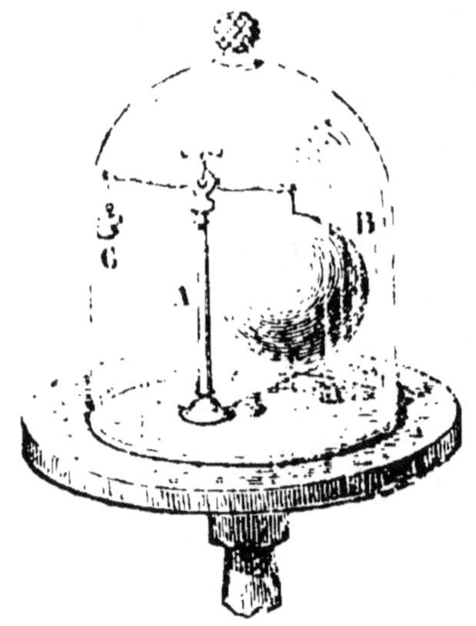

Fig. 52.

d'autre un corps massif C, de bien moindre volume (fig. 52). L'équilibre étant bien établi, on recouvre l'appareil d'une cloche où l'on fait le vide avec la machine pneumatique. Aussitôt le fléau penche du côté de la grosse boule. Pour quel motif? — A l'air libre, les deux objets perdaient de leur poids par suite de la poussée de bas en haut; mais la grosse boule en perdait davantage, parce qu'elle déplaçait un plus grand volume d'air. Malgré cette plus grande perte de poids, la boule équilibrait le corps C. Maintenant que l'air est enlevé, la boule reprend ce qu'elle perdait d'abord, le corps C également; et le fléau penche du côté de l'objet qui, perdant à l'air le plus, gagne maintenant le plus, c'est-à-dire du côté de la grosse boule.

6. Montgolfières. — C'est à la poussée de bas en haut de l'air atmosphérique qu'est due l'ascension des ballons. Deux fabricants de papier de la ville d'Annonay, dans l'Ardèche, les frères Montgolfier, conçurent les premiers l'idée de s'élever dans l'atmosphère à l'aide d'un grand globe de toile imperméable, rempli d'air chaud. La chaleur augmente le volume de l'air, il le dilate. De cette dilatation résulte une diminution de poids à volume égal. — Supposons un ballon à air chaud ou montgolfière de 10 mètres de diamètre. Ce ballon, bien gonflé, a un volume de 565 mètres cubes. L'air chaud dont il est plein ne pèse, par exemple, que 1 gramme par litre, tandis que l'air froid dont il occupe la place, pèse 1 gr., 3 décig. Le poids total de l'air chaud est alors de 565 kilogrammes, et celui de l'air froid déplacé de 734 kilogrammes. L'air chaud sollicité de haut en bas par son propre poids, de bas en haut par la poussée de l'air froid qu'il déplace, tend donc à s'élever avec une force égale à la différence de ces deux poids, c'est-à-dire à 169 kilogrammes. Alors si le poids de la toile, des cordages, de la nacelle, de l'aéronaute et de ses instruments, n'atteint pas cette valeur de 169 kilogrammes, le ballon s'élèvera, parce que son poids total sera moindre que la poussée de l'air froid. Après l'ascension du ballon, arrive sa descente, amenée par le refroidissement graduel de l'air qui le gonfle. En se refroidissant, cet air se contracte, laisse entrer l'air extérieur ; et le ballon, peu à peu plus lourd, redescend lentement. Pour maintenir plus longtemps le ballon en l'air, on allume quelquefois du feu à la partie inférieure, librement ouverte. Tant que le feu brûle, l'air se conserve chaud et maintient le ballon suspendu.

7. **Aérostats.** — Les ballons à air chaud ne sont plus employés par les aéronautes ; car, à moins d'un volume énorme, ils ne peuvent emporter qu'une charge faible, le poids de l'air chaud ne différant pas assez de celui de l'air froid. Ils présentent, en outre, le danger d'être incendiés par le feu qu'il faut entretenir au-dessous pour maintenir l'air chaud, quand le voyage aérien doit durer quelque temps. A la toile doublée de papier des montgolfières on a substitué du taffetas vernissé ; et l'air chaud a été remplacé par l'hydrogène, gaz quatorze fois environ plus léger que l'air. Les ballons ainsi construits se nomment *aérostats* (fig. 53). Un réseau de cordages enveloppe l'aérostat dans sa partie supérieure. De ce réseau partent d'autres cordes auxquelles se rattache une grande corbeille d'osier, appelée *nacelle*. L'aéronaute emporte avec lui un baromètre, une ancre et du lest, c'est-à-dire des sacs pleins de sable. Le baromètre lui indique s'il monte ou s'il descend. Il monte si la colonne barométrique baisse, il descend si la colonne monte. Le même instrument sert encore à calculer la hauteur à laquelle l'aérostat est parvenu.

8. **Usage du lest.** — La partie supérieure de l'aérostat est munie d'une soupape que l'aéronaute ouvre ou ferme à volonté, au moyen d'un cordon qui pend à sa portée. Lorsqu'il veut descendre, il ouvre la soupape ; une

Fig. 53.

partie de l'hydrogène s'échappe pour faire place à de l'air, et le ballon, devenu plus lourd, descend lentement. C'est alors que le lest peut être d'une grande utilité. Si le ballon, en arrivant dans le voisinage de la terre, se trouve au-dessus d'un lieu dangereux, d'un fleuve, d'une forêt, d'un précipice, l'aéronaute doit remonter un peu pour aller plus loin opérer sa descente en un endroit propice. Il remonte en rejetant hors de la nacelle une partie de sa provision de sable. Le ballon allégé s'élève aussitôt. C'est de la sorte que l'aéronaute, tant qu'il a du lest à sa disposition, peut choisir le lieu de sa descente. L'ancre, fixée à une longue corde, est alors jetée. Elle mord sur le sol, fournit un point d'appui, et permet d'amener graduellement la nacelle jusqu'à terre.

9. Résultat des ascensions aérostatiques. — Les ascensions aérostatiques ne sont pas simplement des spectacles émouvants pour la foule ; la science les utilise pour pénétrer un peu avant dans l'épaisseur de l'océan atmosphérique et augmenter la somme de nos connaissances. Or des vérités ainsi recueillies, les plus importantes sont celles-ci :

La température décroit rapidement à mesure que l'on s'élève, résultat déjà constaté par l'ascension de hautes montagnes. La loi de cette diminution de température n'est pas encore bien connue ; cependant, tant qu'on ne dépasse pas 3 à 4 mille mètres de hauteur, on peut l'évaluer, en moyenne, à 1° en moins pour 180 mètres d'élévation en plus. Par delà, le refroidissement, après s'être un peu ralenti, s'accélère encore ; et tout porte à croire que, dans les régions les plus élevées de l'atmosphère, il règne un froid continuel, comme nos hivers les plus rigoureux ne nous en offrent jamais des exemples. En 1804, Gay-Lussac, parvenu à une hauteur de 7000 mètres, constata une température de 10° environ au-dessous de zéro, pendant qu'à la surface du sol le thermomètre marquait 27° au-dessus de zéro. En 1850, MM. Barral et Bixio atteignirent à peu près la même hauteur et observèrent une température encore plus basse. En 1862, MM. Glaisher et Coxwell parvinrent à la hauteur de 10000 mètres, la plus grande élévation que l'homme ait jamais atteinte. Le baromètre était descendu à 25 centimètres et le thermomètre marquait 27° au-dessous de zéro.

En second lieu, l'humidité de l'air décroît avec une grande rapidité. Vers 7000 mètres, terme de l'ascension de Gay-Lussac, la sécheresse est telle que le parchemin se tord, se crispe comme devant le feu. Il n'y a donc que les parties les plus basses de l'atmosphère qui soient accessibles à la vapeur d'eau et par conséquent aux nuages. Les régions supérieures sont dans une éternelle sérénité. Là jamais ne montent les vapeurs du sol; là jamais ne gronde le tonnerre et ne se forment la neige, la grêle, la pluie.

Dans les hautes régions de l'air ne parvient aucun bruit de la terre; il y règne un perpétuel et morne silence, qui porte le découragement dans l'âme. Le sol cesse d'être visible; ou plutôt, plaines, vallées, montagnes, tout se confond en un rideau brumeux où le regard ne saisit aucun détail. Le ciel lui-même change d'aspect, il devient d'un bleu sombre. Un froid pénétrant vous transit; le malaise, le vertige vous gagnent. A 8850 mètres Glaisher perdait connaissance; à 10000, Coxwell ne pouvait plus se servir de ses mains. La respiration devient haletante, la circulation précipitée. Gay-Lussac constatait à son pouls 120 pulsations à la minute, au lieu de 66 qu'il donnait habituellement. Les lèvres se gercent, les yeux s'injectent de sang, les oreilles bourdonnent ; tout enfin annonce que la vie est grandement en péril dans ces solitudes glacées.

QUESTIONNAIRE.

1. Expliquer le jeu du soufflet ordinaire. — 2. Quelle est la structure du soufflet de forge ? — Comment ce soufflet donne-t-il un jet d'air continu ? — 3. Décrire une machine soufflante. — 4. Énoncer le principe d'Archimède appliqué aux gaz. — 5. Comment démontre-t-on la perte de poids éprouvée par les corps plongés dans l'air ? — 6. Quels sont les inventeurs des ballons à air chaud ? — De quoi se compose une montgolfière ? — Pourquoi l'air chaud est-il plus léger que l'air froid ? — Quel poids peut élever une montgolfière outre son propre poids ? — 7. Avec quel gaz gonfle-t-on les aérostats ? — Quels sont les avantages des aérostats sur les ballons à air chaud ? — Comment l'aéronaute reconnait-il qu'il monte ou qu'il descend ? — 8. Quel est l'usage du lest ? — Quel est l'usage de l'ancre ? — 9. Quels sont les résultats constatés dans les ascensions aérostatiques au sujet de la température, au sujet de l'aridité de l'air ? — Quelle est la plus grande hauteur à laquelle l'homme soit parvenu ? — Qu'éprouve-t-on à de grandes hauteurs dans l'atmosphère ?

DEUXIÈME PARTIE.

CHALEUR.

CHAPITRE PREMIER.

DILATATION DES CORPS PAR LA CHALEUR. — THERMOMÈTRE.

1. Chaleur et froid. — Un corps possédant toujours la même température, peut nous paraître chaud ou froid suivant les circonstances. L'eau d'un puits profond, par exemple, conserve d'un bout à l'autre de l'année une température invariable ; cependant cette eau nous paraît froide en été et chaude en hiver. L'air, dans lequel nous sommes constamment plongés, est cause, par ses variations de température, de ces impressions inverses. Il est plus chaud que l'eau de puits en été, il est plus froid en hiver. En plongeant la main de l'air froid de l'hiver dans cette eau, celle-ci nous paraît chaude ; en la plongeant de l'air chaud de l'été dans la même eau, celle-ci nous semble froide. Ainsi, une température réellement toujours la même peut être tour à tour, suivant les circonstances, qualifiée de froide ou de chaude. Le froid n'a donc pas d'existence propre, ce n'est pas quelque chose d'opposé à la chaleur. Un corps n'est froid que relativement à un autre corps plus chaud; ou pour mieux dire, tous les corps sont chauds, seulement à des degrés divers, et nous les qualifions de chauds ou de froids suivant qu'ils sont plus chauds ou moins chauds que notre corps mis en contact avec eux. La chaleur est partout, et le froid n'est qu'un mot servant à désigner des degrés de chaleur relativement inférieurs. Refroidir, ce n'est pas ajouter du froid qui, par lui-même, n'est rien ; c'est soustraire de la chaleur. Avec plus de chaleur, un corps s'échauffe ; avec moins de chaleur, il se refroidit. Quant à la chaleur, elle résulte d'un mouvement trépidatoire excessivement rapide des molécules des corps, mouvement que l'esprit conçoit, mais que la vue ne peut saisir.

2. Dilatation et contraction. — En gagnant de la chaleur, un corps, qu'il soit solid, cliquide ou gazeux, augmente de volume, s'allong esuivant toutes ses dimensions; enfin il se *dilate*. En perdant de la chaleur. il diminue de volume, il se raccourcit suivant toutes ses dimensions; enfin il se *contracte*. Ces effets inverses, résultant d'un grain ou d'une perte en chaleur, s'appellent *dilatation* et *contraction*. Nous allons en donner des exemples pour les divers états de la matière.

3. Pyromètre à cadran. — Une tringle en fer

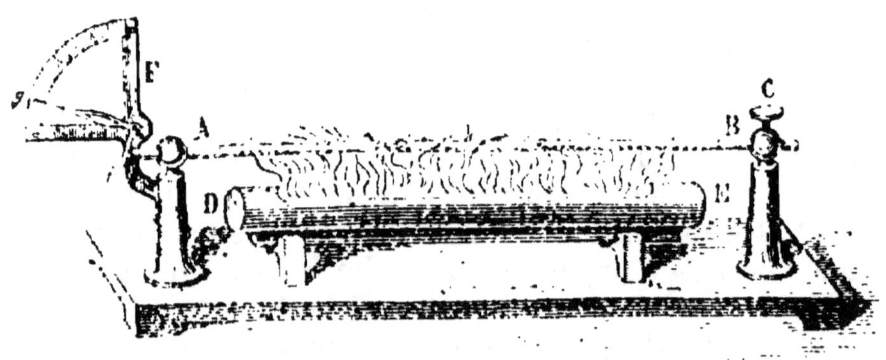

Fig. 54.

AB (fig. 54), est fixée solidement au support de droite

par une vis de pression C. Elle glisse librement dans le trou du support de gauche, et s'appuie, par son extrémité, contre la courte branche d'un levier coudé *gef*, mobile autour du point *e*. La longue branche ou l'aiguille du levier peut parcourir les divisions d'un quart de cercle gradué. Au début, la tringle étant froide, l'aiguille est horizontale et correspond au 0 du quart de cercle. Sous la tringle est une auge DE pleine d'alcool, dans lequel on met tremper des flocons de coton pour servir de mèche. On allume l'alcool. La tringle s'échauffe et s'allonge ; mais, comme son ex-trémité B est fixée par la vis de pression, toute l'aug-mentation en longueur se porte du côté de A. La tringle pousse donc devant elle la petite branche du levier, et l'aiguille *g* remonte plus ou moins haut sur les divisions du quart de cercle.

On éteint l'alcool. La tringle se refroidit ; elle se raccourcit, se contracte ; et l'aiguille, à mesure que l'extrémité de la tringle recule, redescend peu à peu par son propre poids.

En recommençant l'expérience avec une tringle de même longueur, mais d'une autre nature, avec une tringle de cuivre, par exemple, on reconnaitrait que l'aiguille *g* monte plus haut sur le cadran. Les diffé-rentes substances ne se dilatent donc pas également ; le cuivre, en particulier, se dilate plus que le fer.

4. **Anneau de S'Gravesande.** — L'expérience précédente prouve que les corps solides s'allongent par une augmentation de chaleur et se raccourcissent par une diminution de chaleur. Mais là ne consistent pas en entier les effets de la dilatation et de la con-traction. Le corps qui s'échauffe, s'agrandit dans tous les sens ; il augmente de volume. Le corps qui se ré-froidit, s'amoindrit dans tous les sens ; il diminue de

volume. Pour le constater, on emploie l'anneau de S'Gravesande (fig. 55). L'appareil comprend une sphère

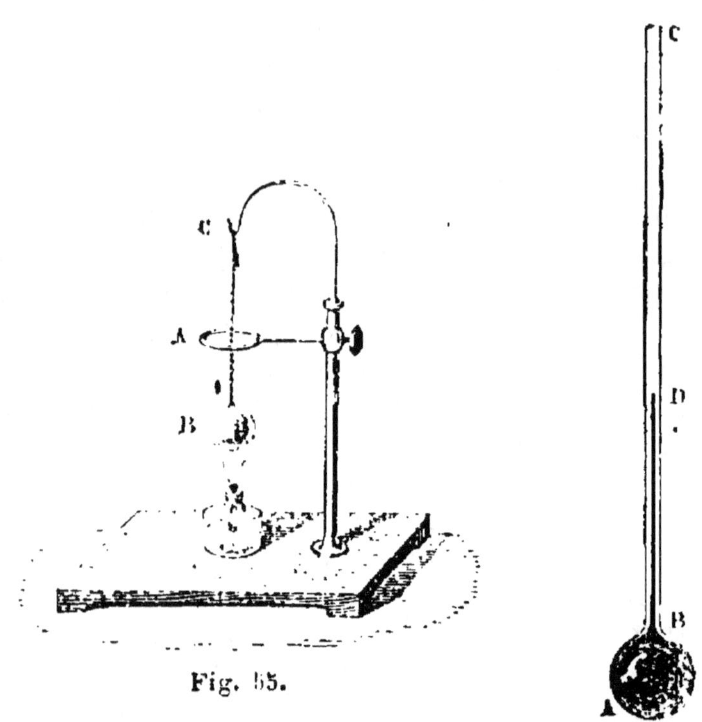

Fig. 55.

Fig. 56.

en métal B et un anneau A, dans lequel la sphère peut passer à froid, mais tout juste. Si l'on chauffe la sphère avec une lampe à alcool, elle ne peut plus passer à travers l'anneau; quand elle est refroidie, elle y passe sans difficulté.

5. Dilatation et contraction des liquides. — Un ballon à long col AC (fig. 56) est rempli d'un liquide coloré. Au début le liquide s'élève en D par exemple. Si l'on chauffe, le niveau descend d'abord un peu, parce que le premier coup de feu fait dilater le vase et augmente sa capacité ; mais bientôt la chaleur se propage dans le liquide, et celui-ci monte jusqu'à déverser par l'orifice C. En laissant le ballon se refroidir, on voit le niveau redescendre graduellement, et revenir enfin en D, son point de départ, à la condition, bien entendu, que l'on n'ait pas fait déverser le liquide en le chauffant.

6. Dilatation et contraction des gaz. — Les gaz sont encore plus aptes que les liquides à se dilater et à se contracter. Un ballon A, (fig. 57) plein d'air ou de tout autre gaz, porte, en guise de col, un tube étroit par deux fois plié sur lui-même. Une petite colonne de mercure ou *index* D, sépare l'air intérieur de l'air extérieur. Si l'on chauffe très-modérément le ballon avec la main, cela suffit pour chasser l'index en avant et d'une quantité considérable par l'effet de la dilatation de l'air; si on le refroidit, en le plongeant dans de l'eau froide, l'index recule en suivant le gaz qui se contracte.

7. Applications. Cerclage des roues de voiture. — Une roue de voiture se compose de diverses parties. C'est d'abord un morceau de bois tourné, appelé moyeu, qui en occupe le centre et reçoit dans le canal qui le traverse l'axe de fer appelé essieu. Des bâtons, appelés rais ou rayons, s'emboîtent par un bout dans le moyeu, et par l'autre dans des pièces de bois, formant le bord de la roue et nommées jantes. Tout

Fig. 57.

8.

cela est fort compliqué et demande cependant une grande solidité. Pour assembler toutes ces pièces et leur donner la solidité voulue, le charron prend un cercle en fer un peu plus étroit que la roue en bois, de telle sorte qu'il est impossible, dans les conditions actuelles, d'y faire entrer la roue. Il chauffe ce cercle qui se dilate et s'élargit en tous sens ; et, pendant qu'il est encore chaud, le charron y enchâsse la roue sans aucune difficulté, grâce à la dilatation du métal. Puis le fer est refroidi avec de l'eau. La contraction du collier de fer est tellement énergique, que les jantes se resserrent sous une pression irrésistible, et que toutes les pièces de la roue sont désormais fixées l'une à l'autre très-solidement. Il est bien entendu qu'en outre de ce service, le cercle de fer en rend un autre : celui de préserver les jantes du frottement contre le sol et de les empêcher de s'user trop vite.

8. **Clous à river.** — Pour assembler exactement de fortes pièces en fer, comme celles dont se composent les chaudières à vapeur, pour les river l'une à l'autre, on emploie des clous à grosse tête que l'on enfonce tout rouges de feu dans des trous préalablement préparés. Pendant que les clous sont encore rouges, on façonne l'extrémité qui dépasse en une tête semblable à la première ; et les deux pièces sont assemblées par un énergique martelage. Cela fait, les clous se refroidissent ; ils se contractent, et par leur raccourcissement achèvent de rapprocher les pièces à river.

9. **Rails. Grilles.** — On tient compte de la dilatation dans la construction des chemins de fer. Les barres en fer, ou rails, qui, placées bout à bout, forment les lignes sur lesquelles roulent les wagons, ne se touchent pas à leur jonction. Un léger intervalle est

laissé d'un rail au suivant pour laisser un libre jeu à la dilatation pendant les chaleurs de l'été. Sans ces intervalles, les rails dilatés se pousseraient l'un l'autre avec une force irrésistible et seraient arrachés de la voie. Dans le passage de l'hiver à l'été, une ligne de rails de 100 kilomètres s'allonge d'environ 70 mètres.

Supposons que l'on place des barreaux à une fenêtre pendant les chaleurs de l'été, et que chaque barreau soit solidement scellé au mur par ses deux bouts. En hiver, le fer se raccourcit, et alors il arrive de deux choses l'une : ou bien la maçonnerie cède aux tiraillements des barreaux et se disjoint, ou bien elle résiste et les barreaux se cassent. Si la grille était posée pendant l'hiver, les barreaux, en s'allongeant pendant l'été, prendraient une forme courbe. Pour empêcher les barreaux d'une grille de se rompre en hiver, de se courber en été, il faut donc que l'une de leurs extrémités, au lieu d'être inébranlablement scellée au mur, puisse jouer assez pour obéir à la contraction et à la dilatation.

10. Toitures en zinc. — Les lames en zinc employées pour toiture arracheraient leurs clous ou se déchireraient en se contractant l'hiver, tandis qu'elles se plisseraient, se courberaient en se dilatant l'été, si elles étaient clouées sur tout leur contour à leur support de planches. Pour éviter ces déformations, on ne les cloue que par un seul côté, et on laisse les bords libres se recouvrir simplement l'un l'autre.

11. Tuyaux de conduite. — Les tuyaux de fonte servant à la conduite des eaux ou du gaz de l'éclairage, au lieu d'être invariablement soudés, s'emboîtent à frottement l'un dans l'autre, afin que les variations de température n'aient d'autre effet que de faire avancer ou reculer plus ou moins l'extrémité de l'un dans la cavité du tuyau voisin. Sans cette précaution, les variations de longueur amenées par les changements de température produiraient tôt ou tard la rupture des tuyaux.

12. Flacons à l'émeri. — Certains flacons, spécialement ceux qu'on emploie en chimie, sont fermés avec un bouchon de verre qui s'adapte exactement au goulot. On les dit *Flacons à l'émeri*, parce que le bouchon et le goulot ont été travaillés de manière à s'ajuster avec précision l'un à l'autre, avec une poudre très-dure appelée émeri. Or, parfois le bouchon adhère tellement au goulot, qu'il est impossible de l'enlever. Une faible dilatation vient à bout de ce que ne pourrait faire la violence. On chauffe légèrement le goulot à la flamme d'une lampe, mais sans attendre que la chaleur se soit propagée jusqu'au bouchon. L'ouverture s'élargit un peu, et le bouchon, non dilaté encore, s'enlève sans difficulté. Si l'on attendait trop, le goulot et le bouchon se dilateraient également, et la difficulté resterait la même.

13. Redressement de murs par la contraction du fer. — Rien mieux que l'opération suivante, ne donnerait une idée de l'énorme puissance développée par un corps qui se contracte. — Au Conservatoire des arts et métiers, à Paris, deux murailles latérales d'une galerie s'étaient inclinées en dehors, surchargées par le poids du plafond qu'elles soutenaient, et compromettaient la solidité de l'édifice. Pour les ramener à la verticale, on imagina de les faire traverser dans le haut par de fortes barres de fer, se terminant en dehors des murailles par des vis recevant de larges écrous. Les barres mises en place et armées de leurs écrous furent portées au rouge. A mesure qu'elles s'allongeaient, on serrait les écrous. Cela fait sur toute la longueur de la galerie en même temps, on laissa les barres se refroidir. Comme elles étaient invinciblement retenues en dehors de la maçonnerie par les écrous, les barres ne pouvaient se raccourcir qu'en rapprochant les murailles. C'est ce qu'elles firent. Les murs, entrainés peu à peu par la contraction du fer, malgré le faix immense qu'ils supportaient, reprirent la position verticale.

14. Pendule compensateur.

— Par l'action de la chaleur la tige du balancier d'une horloge s'allonge; les oscillations pendulaires deviennent plus lentes, et les rouages retardés dans leur marche font avancer l'aiguille du cadran moins vite qu'il ne convient. Avec le froid, un effet inverse se produit: la tige du balancier devient plus courte, les oscillations deviennent plus rapides et l'horloge avance. Pour éviter ces irrégularités, on fait usage d'un pendule, dit *compensateur*, ui conserve une longueur invariable par l'antagonisme des dilatations et des contractions de deux métaux différents. La figure 58 représente un pendule compensateur des plus simples. Les deux traverses AA″, EE′ sont reliées par deux tiges en fer F, F″. La traverse inférieure EE′

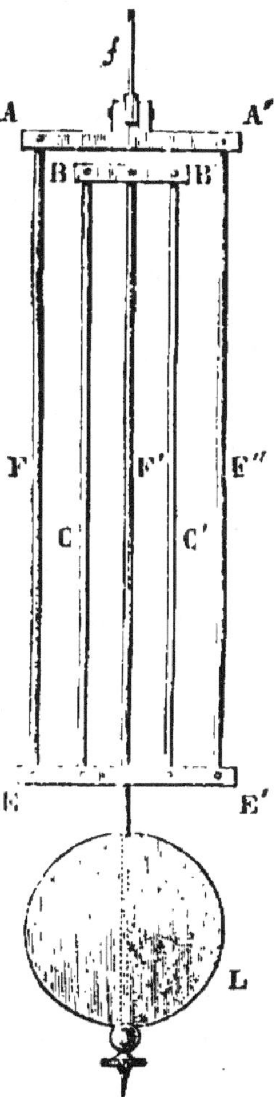

Fig. 58.

porte en outre deux tiges en cuivre C,C'; la traverse BB', qui joint supérieurement ces deux tiges porte à son tour une tige en fer F', à laquelle la masse lenticulaire L du pendule est fixée. La tige F' passe par un trou de la traverse EE', et peut y glisser librement. Examinons quel sera l'effet de la dilatation de ces diverses tringles associées. — Les tiges en fer F,F'' en se dilatant, poussent la traverse EE' que rien n'arrête, et allongent le pendule. Il en est de même de la tige F', qui glisse librement dans la traverse EE'. La dilatation des tringles de fer a donc pour effet d'augmenter la longueur du pendule. Mais les tringles en cuivre C et C', arrêtées en bas par la traverse EE' et libres de pousser devant elles la traverse BB', qui les relie dans le haut, ont pour effet de raccourcir le pendule. De la sorte les tringles en fer tendent à allonger le pendule quand elles se dilatent; les tringles en cuivre tendent à le raccourcir. Les premières sont plus longues que les secondes, mais le fer se dilate moins que le cuivre, comme nous l'a appris le pyromètre à cadran; on peut donc disposer les longueurs respectives des tringles en fer et des tringles en cuivre de manière que les dilatations agissant en sens inverse, se compensent mutuellement et laissent au pendule une longueur constante. Autant faut-il en dire quand les deux métaux se contractent.

15. Thermomètre à mercure. — L'application la plus importante de la dilatation des liquides est le thermomètre ou instrument destiné à mesurer la température des corps. Le liquide employé de préférence est le mercure. Pour construire un thermomètre à mercure, on emploie un tube très-étroit, d'un diamètre comparable à celui d'un cheveu et pour ce motif appelé *tube capillaire*. L'une des extrémités est renflée

en un petit réservoir B (fig. 59), l'autre s'évase en un
entonnoir A. On remplit cet entonnoir de mercure
pur et sec; mais cela ne suffit pas, à cause
de la finesse du canal, pour que le liquide
descende lui-même et vienne occuper le réservoir B. On chauffe à la lampe ce réservoir. L'air qu'il contient se dilate et s'é-
chappe, en partie, à travers le mercure de
l'entonnoir. On cesse de chauffer. L'air qui
reste se refroidit, se contracte, et à mesure
que, dans son retrait, il laisse un espace
libre, le mercure s'y précipite par son poids
et par la pression de l'air extérieur. Quand
le réservoir et une partie du canal sont
remplis, on chauffe encore jusqu'à ce que,
par sa dilatation, le mercure occupe tout le
thermomètre. A ce moment, on ferme l'o-
rifice en fondant le verre à la flamme d'une
lampe d'émailleur. Le mercure refroidi recule, en se contractant, vers le réservoir et
laisse dans le tube un espace vide.

Pour graduer l'instrument, on le plonge
dans de la glace en voie de se fondre. La
colonne mercurielle descend et finit par de-

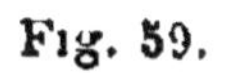

Fig. 59.

venir stationnaire en un certain point du tube thermométrique. En ce point on marque 0. C'est le zéro
de l'échelle des températures. Il ne faut pas se mé-
prendre sur la dénomination zéro donnée à ce point
du thermomètre. Quand on dit que la température
d'un corps est zéro, cela ne signifie pas que ce corps
n'est pas chaud, qu'il ne possède pas de chaleur; cela
veut dire que ce corps a la même température que la glace
au moment de sa fusion. Or, la glace fondante possède
une certaine température évidemment; elle est plus

chaude, par exemple, que la glace qui ne fond pas encore; elle est beaucoup plus chaude que le mercure congelé dont le contact désorganise la peau comme le ferait un fer rouge. Ainsi *zéro* du thermomètre n'est pas synonyme de *rien*; cette notation indique une certaine température, la température de la glace fondante, à partir de laquelle on évalue les autres, plus basses ou plus élevées.

On plonge ensuite le thermomètre dans de l'eau bouillante, et au point où s'arrête le mercure on marque 100. Enfin l'intervalle entre le point de la glace fondante et celui de l'eau bouillante est divisé au compas en 100 parties égales. On porte une de ces parties au-dessus de la division 100 autant que le permet le tube, sans dépasser toutefois le nombre 360, point d'ébullition du mercure. Au delà le thermomètre ne peut plus servir évidemment, car le mercure en ébullition briserait l'instrument. On porte aussi une de ces divisions au-dessous de 0, et l'on s'arrête quand on l'a répétée une quarantaine de fois; parce que, à ce degré de température, le mercure se congèle et par suite ne peut plus remplir ses fonctions thermométriques. Les divisions du thermomètre se nomment *degrés*, et l'instrument lui-même s'appelle thermomètre *centigrade*, c'est-à-dire à cent degrés, parceque l'on divise en cent parties égales l'intervalle compris entre les points correspondant aux températures fixes qui servent à la graduation, savoir la température de la glace fondante et celle de l'eau bouillante. Tantôt les degrés sont gravés sur le tube de verre lui-même, tantôt ils sont inscrits sur une planchette à laquelle le thermomètre est fixé. On distingue les divisions au-dessus du zéro par le signe + qui se prononce plus, et les divisions au-dessous de zéro par le signe — qui se prononce moins. Le signe °, placé au haut d'un nombre se lit *degré*. En nous servant de cette notation, on voit que les limites du thermomètre à mercure sont + 360°, température à laquelle le mercure bout; et — 40°, température à laquelle le mercure se congèle. Rarement un thermomètre à mercure renferme son échelle entière; il n'en contient d'ordinaire que la partie moyenne.

16. Thermomètre à alcool. — Pour évaluer de basses températures, on se sert du thermomètre à alcool, liquide que l'on n'a pu congeler encore même avec les froids les plus violents que la science sache produire. Le thermomètre à alcool ne diffère pas, quant à la forme, du thermomètre à mercure, et ne peut servir au-dessus de + 78°, point d'ébullition de l'alcool; mais il descend au-dessous de zéro sans limites encore connues. Le liquide qu'il contient est d'ordinaire coloré en rouge pour rendre la lecture plus facile.

QUESTIONNAIRE.

1. Quelle est l'origine de la chaleur ? — Le froid a-t-il une existence propre ? — Qu'est-ce que s'échauffer ? — Qu'est-ce que se refroidir ? — 2. Que faut-il entendre par dilatation et par contraction ? — 3. Décrire le pyromètre à cadran. — Tous les corps se dilatent-ils également par l'action de la chaleur ? — 4. Quelle expérience fait-on avec l'anneau de S'Gravesande ? — 5. Comment se démontrent la dilatation et la contraction des liquides ? — Pour quel motif le niveau du liquide baisse-t-il d'abord un peu dans le tube aux premières atteintes de la chaleur? — 6. Comment se démontrent la dilatation et la contraction des gaz ? — 7. Expliquer le rôle de la contraction du fer dans le cerclage des roues de

9

voiture. — 8. Comment agissent les clous à river ? — 9. Pourquoi laisse-t-on un léger intervalle entre deux rails consécutifs ? — De combien s'allonge, de la saison d'hiver à la saison d'été, une ligne de rails de 100 kilomètres ? — Quelle précaution faut-il prendre au sujet des grilles des fenêtres ? — 10. Comment se posent les toitures en zinc ? — 11. Comment sont assemblés les tuyaux de conduite ? — 12. Quand le bouchon d'un flacon à l'émeri résiste, comment l'enlève-t-on ? — 13. De quelle manière peut-on redresser des murs par la contraction du fer ? — 14. En quoi consiste le pendule compensateur ? — 15. Quel tube emploie-t-on pour construire un thermomètre ? — Pourquoi l'appelle-t-on tube capillaire ? — Comment le remplit-on de mercure ? — Quelles sont les deux températures fixes choisies pour la graduation du thermomètre ? — Expliquer comment se fait la graduation. — Le zéro du thermomètre signifie-t-il zéro chaleur ? — Y a-t-il de la chaleur dans la glace ? — Qu'appelle-t-on degrés du thermomètre ? — Pourquoi le thermomètre est-il qualifié de centigrade ? — Entre quelles limites peut servir le thermomètre à mercure ? — 16. En quoi consiste le thermomètre à alcool ? — Entre quelles limites peut-il servir ?

CHAPITRE II.

CONDUCTIBILITÉ.

1. Bons conducteurs et mauvais conducteurs. — Un morceau de charbon peut être impunément saisi avec les doigts par l'une de ses extrémités, pendant que l'autre est tout embrasée; mais on ne saisirait pas sans brûlure, par le bout froid en apparence, une tige de fer, même assez longue, rougie à l'autre bout. La chaleur ne se distribue donc pas avec la même facilité dans tous les corps ; elle se propage aisément dans le fer, elle ne pénètre le charbon qu'avec difficulté. En d'autres termes, le fer *conduit* bien la chaleur, le charbon la *conduit* mal. A ce point de vue on classe les corps en deux catégories : ceux qui se laissent facilement pénétrer par la chaleur ou qui la conduisent bien, et ceux qui se laissent difficilement pénétrer par la chaleur ou qui la conduisent mal. Les premiers sont appelés *bons conducteurs*, tel est le fer ; les seconds sont appelés *mauvais conducteurs*, tel est le charbon.

2. Appareil d'Ingenhouz. — Pour comparer les divers corps solides sous le rapport de leur faculté à conduire la chaleur, on emploie un appareil consistant en une cuvette rectangulaire en laiton, qui, sur l'un de ses flancs, porte, implantées dans la paroi, diverses substances façonnées en baguettes de même grosseur (*fig.* 60) . On plonge à la fois ces baguettes dans un bain de cire fondue, et on les retire aussitôt. Chacune d'elles se trouve ainsi revêtue d'un mince enduit de cire d'égale épaisseur pour toutes. On remplit alors la cuvette d'eau chaude. La chaleur de l'eau se propage dans les baguettes, plus loin pour les unes, moins loin pour les autres, et amène la fusion de la cire. La baguette sur laquelle la fusion s'est effectuée le plus loin est celle qui conduit le mieux la chaleur ;

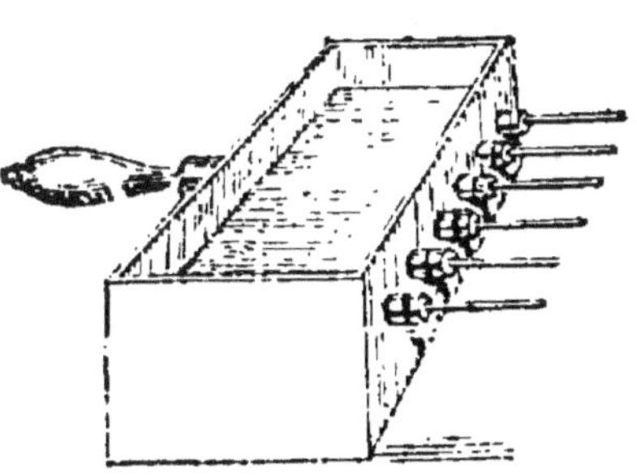

Fig. 60.

la baguette où la fusion s'est arrêtée le plus tôt est celle dont la conductibilité est la plus faible. On trouve de la sorte que les métaux, spécialement l'argent, le cuivre, l'or, conduisent mieux la chaleur que les substances non métalliques ; et que parmi ces dernières, les plus mauvais conducteurs sont le verre, le charbon, le bois, le soufre, la brique.

3. Mauvaise conductibilité des liquides. — On verse avec précaution de l'alcool sur de l'eau ; à cause de sa moindre densité l'alcool surnage. On l'enflamme et l'on produit ainsi au-dessus de la couche d'eau un foyer actif dont la haute température se transmettrait de haut en bas dans un corps conducteur. Cependant l'eau s'échauffe à peine, elle conduit donc mal la chaleur. Pareil résultat se constaterait avec les autres liquides, non compris le mercure de nature métallique.

4. Comment les liquides s'échauffent. — A cause de leur faible conductibilité, les liquides ne peuvent s'échauffer quand le foyer de chaleur agit à la partie supérieure. Mais si le foyer est placé à la partie inférieure, il s'établit dans la masse liquide des courants dont l'effet est de répartir uniformément la chaleur. La couche inférieure, en rapport avec le foyer, s'échauffe, se dilate, devient plus légère et monte, aussitôt remplacée par de l'eau plus froide et plus lourde, qui vient s'échauffer à son tour au contact du foyer. Il se produit ainsi dans le vase un courant d'eau chaude qui monte et un courant d'eau froide qui descend. Ces courants peuvent être rendus sensibles au moyen d'un peu de sciure de bois, dont les parcelles, en suspension dans l'eau, accusent les mouvements de celle-ci par leurs propres mouvements (*fig.* 61). Le courant descendant apparait vers les

parois du vase, parce que c'est là que le liquide est le
plus froid à cause du contact de
l'air environnant; le courant ascendant se fait dans la partie
centrale, abritée par les couches
extérieures contre le refroidissement. A la faveur de ces courants inverses, toutes les parties
du liquide gagnent à tour de rôle
le fond du vase et participent
également à la chaleur du foyer.
C'est donc par suite d'un mouvement qui en mélange toutes
les parties et les expose l'une
après l'autre à l'action du foyer,

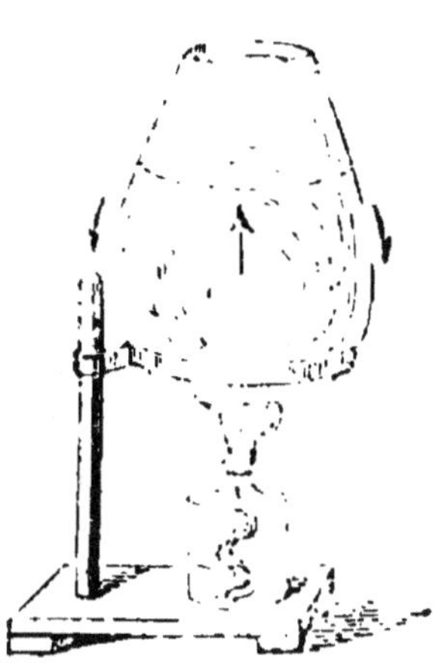

Fig. 61.

que l'eau finit par s'échauffer dans toute sa masse,
malgré sa très-faible conductibilité.

**5. Mauvaise conductibilité des gaz. — Expé-
rience de Rumford.** — L'air et les autres gaz se comportent comme l'eau. Très-faibles conducteurs de la
chaleur, ils ne s'échauffent dans toute leur masse qu'à
la faveur de courants. Si ce mouvement est rendu
impossible, la propagation de la chaleur à travers les
gaz est des plus faibles, comme le constate la singulière expérience suivante.

Rumford, à qui l'on doit de belles recherches sur
la chaleur, faisait placer un fromage à la glace au
milieu d'un plat. Sur ce fromage, on versait la mousse
bien écumeuse obtenue avec des blancs d'œufs battus;
puis, on recouvrait le tout d'un four bien chaud pour
faire prendre rapidement cette mousse. On obtenait
ainsi une omelette soufflée brûlante, au milieu de laquelle, sans avoir rien perdu de sa fraîcheur, se trou-
vait le fromage glacé. La cause de cette singularité

est tout entière dans la faible conductibilité de l'air. C'était l'air emprisonné dans l'écume des œufs qui préservait le fromage de l'ardeur du four, arrêtait la chaleur au passage et l'empêchait de pénétrer plus avant.

6. Faible conductibilité des matières filamenteuses et des matières pulvérulentes. — Une substance conduisant mal la chaleur peut servir à deux usages qui semblent d'abord s'exclure l'un et l'autre, et qui cependant reconnaissent les mêmes principes. On peut l'employer, en effet, à garantir un corps du froid, comme à le garantir de la chaleur ; à empêcher un corps de se refroidir, comme à l'empêcher de s'échauffer. Il s'agit d'arrêter, dans le premier cas, la chaleur du corps qui pourrait se déperdre ; dans le second cas, la chaleur étrangère qui pourrait arriver. De part et d'autre, il n'y a qu'un moyen efficace : c'est d'opposer à la chaleur un obstacle qu'elle ne puisse franchir, pas plus dans un sens que dans l'autre, c'est-à-dire une enveloppe très-mauvaise conductrice.

Les matières pulvérulentes et les matières filamenteuses sont les plus remarquables parmi celles qui conduisent mal la chaleur, parce que, à leur faible conductibilité, elles joignent la conductibilité, plus faible encore, de l'air emprisonné entre leurs particules, leurs filaments.

7. Conservation du feu sous les cendres. — Si, le soir, les tisons à demi consumés sont ensevelis sous la cendre, ils se retrouvent le lendemain encore embrasés. La cendre, en les mettant à l'abri de l'air, en arrête la combustion ; mais elle fait mieux : tout en les empêchant de se consumer, elle les conserve avec presque toute leur chaleur primitive ; aussi sont-ils le lendemain aussi ardents que la veille. Ce résultat est dû à l'obstacle que la cendre, comme matière pulvérulente, oppose à la déperdition de chaleur. Sous cette enveloppe poudreuse, le charbon se maintient ardent, parce qu'il ne peut transmettre sa chaleur au dehors, un corps mauvais conducteur s'y opposant.

8. Habitations des climats arctiques. — Dans l'extrême nord de l'Europe, où l'hiver est si rigoureux, des maisons construites en maçonnerie, comme le sont les nôtres, seraient inhabitables, parce que la pierre n'opposerait à l'issue de la chaleur intérieure, qu'un obstacle insuffisant, et permettrait un refroidissement trop rapide. Pour ces habitations boréales, il faut des matériaux propres à conserver la chaleur des appartements aussi bien que la cendre conserve la chaleur des tisons qu'elle recouvre. A cet effet, la maçonnerie est remplacée par des murs en planches épaisses formant double cloison, et l'intervalle est rempli avec de la mousse, de la paille et même des cendres. C'est à la faveur de cette enceinte multiple de matériaux éminemment mauvais conducteurs, que la chaleur d'un poêle, toujours allumé, se conserve dans l'habitation, quand sévit au dehors le froid le plus intense. Les misérables peuplades du Groënland se construisent pour demeure d'hiver une hutte de neige, substance conduisant très-mal la chaleur à cause de sa structure pulvérulente. Une lampe alimentée avec de l'huile de poisson suffit pour chauffer ces étranges habitations.

9. Conservation de la glace. — Glacières. — En été, pour préserver de la chaleur les préparations glacées, on les renferme dans un vase contenu dans un autre plus grand ; et l'intervalle séparant les deux vases est rempli avec de la laine, du coton, ou toute autre matière filamenteuse. On le voit, ce qui défend du froid dépend aussi de la chaleur, puisque les habitations des contrées polaires et les vases destinés à conserver la glace en été, sont disposés suivant le même principe. C'est de part et d'autre une double enveloppe, garnie d'un matelas de matériaux mauvais conducteurs. Dans le premier cas, ce matelas arrête la chaleur intérieure et l'empêche de se dissiper au dehors ; dans le second cas, il arrête la chaleur extérieure et préserve de la fusion la glace contenue dans le vase central.

La glace, qui pour les pays chauds est presque un objet de première nécessité, est quelquefois transportée de fort loin sous un soleil brûlant. Les États-Unis, par exemple, expédient chaque année aux Indes et en Chine de grandes quantités de glace. Les navires qui ont le transport traversent les mers les plus chaudes ; et cependant la marchandise arrive à destination à la faveur de substances non conductrices, sciure de bois, paille, copeaux, dont on a soin d'envelopper les blocs de glace, entassés à fond de cale.

Les glacières, où se conserve jusqu'à la fin de l'été la glace recueillie pendant l'hiver, consistent en une fosse profonde, dont les revêtements sont en brique. Une épaisse couche de paille tapisse, en outre, les parois de la fosse. On remplit la glacière pendant les grands froids. Les blocs sont fortement tassés, puis arrosés d'eau, qui se congèle et fait du tout une masse compacte. On superpose alors une couche de paille et de planches chargées de pierres. Enfin un toit de chaume abrite la glacière contre la chaleur extérieure.

10. Doubles fenêtres. — Les diverses substances pulvérulentes ou filamenteuses doivent en grande partie leur mauvaise conductibilité à l'air emprisonné dans leurs intervalles vides. Il est alors évident que l'air seul peut être employé comme obstacle à la propagation de la chaleur, s'il est convenablement mis dans l'impossibilité de se renouveler, de se mélanger avec l'air libre de l'atmosphère. Voici un cas où cette propriété de l'air est mise à profit. — La chaleur d'un appartement se déperd en grande partie par les fenêtres, parce que les carreaux de vitre n'opposent à l'issue de la chaleur qu'un obstacle imparfait. Pour obtenir une barrière plus efficace sans nuire au jour de l'appartement, on place deux fenêtres à l'ouverture, l'une en dehors, l'autre en dedans de la maçonnerie. On obtient ainsi, dans l'intervalle qui sépare les deux châssis vitrés, une couche d'air immobile, une sorte de mur transparent que la chaleur de l'intérieur ne peut plus traverser.

11. Vêtements. — Couvertures. — On dit d'une étoffe qu'elle est chaude, de telle autre qu'elle est froide. Que faut-il entendre par là? Une fourrure, une étoffe, ont-elles une chaleur propre qu'elles nous communiquent? Demandons-nous à la laine, au duvet, au coton, un supplément de chaleur émané de leur substance? Nullement. Aucune de ces matières n'a par elle-même de la chaleur et ne peut nous en fournir. Leur rôle se borne à empêcher la déperdition de la chaleur qui nous est propre, de cette chaleur naturelle dont la cause réside dans l'exercice même de la vie. Nos vêtements, nos couvertures, sont de mauvais conducteurs interposés entre notre corps, qu'échauffe la chaleur vitale, et l'air froid extérieur, qui par son contact abaisserait notre température. Ils sont pour nous ce qu'une pelletée de cendres est pour les tisons de l'âtre. Ils ne donnent rien, mais ils nous empêchent de perdre; ils ne nous réchauffent pas, mais ils nous conservent la chaleur naturelle.

Au point de vue d'une réelle utilité, la valeur d'un vêtement dépend donc de sa faible conductibilité pour la chaleur. Mais de toutes les susbtances, l'air est celle qui conduit le plus mal la chaleur. Aussi, est-ce pour ainsi dire avec de l'air que nous nous habillons. Effectivement, nos étoffes de laine, de coton, etc., ne sont, en quelque sorte, que des réseaux propres à emprisonner de l'air dans leurs innombrables mailles, de même qu'une éponge mouillée emprisonne de l'eau. Cette couche d'air maintenue tout autour du corps, nous protège d'autant plus efficacement contre le froid, qu'elle est plus épaisse et plus gênée dans ses mouvements. Aussi n'est-ce pas l'étoffe la plus lourde et la plus compacte qui tient le plus chaud, mais bien l'étoffe souple, moelleuse, qui s'imbibe aisément d'air et le garde captif dans son épaisseur, comme le font l'ouate et le duvet. Entre le corps et les vêtements se trouve, en outre, retenue par ceux-ci, une enveloppe d'air dont il faut tenir compte, car elle constitue une doublure naturelle que rien ne pourrait remplacer. Pour bien remplir son rôle, cette doublure d'air exige une certaine épaisseur qu'on obtient avec des vêtements d'une ampleur suffisante sans être exagérée, car alors l'air se renouvellerait avec trop de facilité, et, changeant de rôle, deviendrait une cause de refroidissement.

Les couvertures de nos lits, les matelas, les édredons ne sont encore que des barrières opposées à la déperdition de la chaleur naturelle. Les plumes légères, la laine, le coton qui les composent, retiennent abondamment de l'air dans leur masse floconneuse, et forment ainsi une enceinte sans conductibilité que la chaleur ne peut franchir.

12. Duvet des oiseaux aquatiques. — Les conditions d'une mauvaise conductibilité pour la chaleur sont admirablement réalisées dans le plumage des oiseaux. Les plumes retiennent entre leurs rangs pressés et leurs innombrables menus filaments, un grand volume d'air dont le déplacement est impossible. Ce n'est pas encore assez pour les oiseaux aquatiques, surtout ceux des régions froides. Les plumes extérieures sont alors fortes, très-exactement appliquées l'une sur l'autre et lustrées avec un vernis onctueux que l'eau ne peut mouiller. Sous cette enveloppe résistante, s'en trouve une seconde composée de ce qu'il y a de plus délicat, de plus moelleux, de plus douillet. Ce vêtement intérieur est un duvet si fin, si divisé et subdivisé, que ne pouvant le comparer à aucun autre, on lui a donné un nom spécial, celui d'*édredon*.

13. Nids des oiseaux. — Pour bâtir la charpente, l'extérieur de leurs nids, les oiseaux emploient les méthodes et les matières les plus variées. L'un entrelace des bûchettes, l'autre tisse de fines racines; celui-ci feutre des mousses et des lichens, celui-là devient maçon et gâche de la terre; en voici qui se font charpentiers, et du bec forent un trou dans la tige des arbres; en voici d'autres qui grattent le sol et se creusent des conques dans le sable. Tout leur est bon pour le dehors du nid; chacun, suivant sa spécialité, emploie les matériaux les plus divers et les met en œuvre d'une façon différente. Mais pour l'intérieur, c'est autre chose: comme d'un commun accord, ils ne le composent qu'avec un petit nombre de matériaux choisis entre mille. Dans le matelas destiné à la jeune couvée ils ne font entrer que le coton, la bourre, la laine, les plumes, le duvet, c'est-à-dire les corps les plus mauvais conducteurs de tous. Pour entretenir dans le nid la chaleur nécessaire à leurs petits nus et frileux, ils ont pour guide mieux que la science; ils ont la providentielle inspiration de l'instinct, qui dévoile au pinson les secrets de la chaleur et conseille à l'hirondelle de matelasser de duvet le nid de terre maçonné sous le rebord du toit.

QUESTIONNAIRE.

1. Qu'est-ce qu'un corps bon conducteur de la chaleur ? — Qu'est-ce qu'un corps mauvais conducteur ? — 2. En quoi consiste l'appareil d'Ingenhouz ? — Parmi les corps solides, quels sont les meilleurs conducteurs ? — Quels sont les plus mauvais conducteurs ? — 3. Comment démontre-t-on la mauvaise conductibilité des liquides ? — 4. Comment les liquides s'échauffent-ils ? — De quelle manière peut-on rendre visibles les courants d'une masse liquide qui s'échauffe ? — Où se trouvent les courants descendants et les courants ascendants ? — 5. Dire l'expérience de Rumford sur la mauvaise conductibilité des gaz. — 6. Pourquoi un corps qui défend du froid peut-il également défendre de la chaleur ? — Sous quel rapport sont remarquables les matières pulvérulentes ou filamenteuses ? — 7. Pourquoi le feu se conserve-t-il sous les cendres ? — 8. Comment sont construites les habitations de l'extrême nord de l'Europe ? — En quoi sont bâties les huttes du Groënland ? — 9. Comment, pendant l'été, préserve-t-on de la chaleur les préparations glacées? — Dire la disposition d'une glacière. — 10. En quoi consistent les doubles fenêtres ? — Comment empêchent-elles la déperdition de la chaleur? — 11. Une étoffe nous fournit-elle de la chaleur ? — Quel est réellement son rôle ? — Quelles conditions doit remplir un vêtement pour bien protéger du froid ? — L'air intervient-il dans l'efficacité

d'un vêtement ? — 12. Que présente de remarquable le plumage des oiseaux aquatiques ? — Qu'est ce que l'édredon ? — 13. Qu'y a-t-il à remarquer dans la structure du nid des oiseaux ?

CHAPITRE III.

CHALEUR RAYONNANTE

1. Rayonnement de la chaleur. — Le passage de la chaleur d'un corps plus chaud vers un autre plus froid peut s'effectuer de deux manières : au contact par l'effet de la conductibilité, à distance par l'effet du *rayonnement*. Si nous appliquons la main sur un poêle chaud, la chaleur se transmet à nous directement par conductibilité ; mais, si nous tenons la main à distance, nous éprouvons encore une sensation de chaleur, moindre il est vrai, et d'autant moindre que la main est plus éloignée du calorifère. Toujours est-il que nous recevons de la chaleur du poêle en nous tenant à distance. La chaleur se transmet donc d'un corps à un autre malgré l'intervalle qui les sépare ; elle est lancée dans toutes les directions par le corps chaud. C'est ce qu'on nomme *rayonnement de la chaleur*.

2. La chaleur se propage dans le vide. — Au centre d'un ballon de verre, se trouve l'ampoule d'un thermomètre V (*fig.* 62). Le col de ce ballon est un tube AB de 80 centimètres de longueur environ. L'appareil, en entier rempli de mercure, est renversé dans une cuvette pleine de même liquide, comme pour l'expérience de Toricelli. Le mercure descend et reste suspendu à une hauteur moyenne de 76 centimètres, en laissant derrière lui un vide, une chambre barométrique, dont fait partie le ballon. Alors avec la flamme d'une lampe, on fond le tube en A (*fig.* 62) et on le détache. Le thermomètre se trouve de la sorte au centre d'une enceinte où est fait le vide le plus rigoureux que nous sachions obtenir, le vide barométrique. Cependant, si l'on plonge le ballon ainsi préparé dans de l'eau chaude (*fig.* 63), on voit le thermomètre monter immédiatement. La chaleur se transmet donc d'un corps à un autre à travers le vide. Par conséquent, lorsque nous éprouvons l'action de la chaleur à distance devant un foyer, ce n'est pas à cause de l'air qui nous transmettrait la chaleur de proche en proche, mais à cause d'une émission,

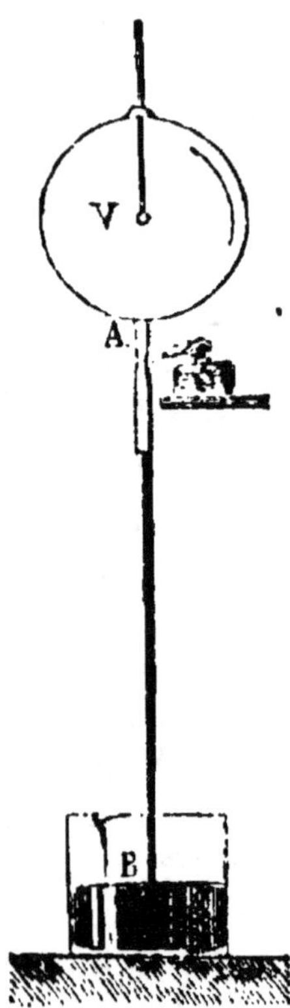

Fig. 62.

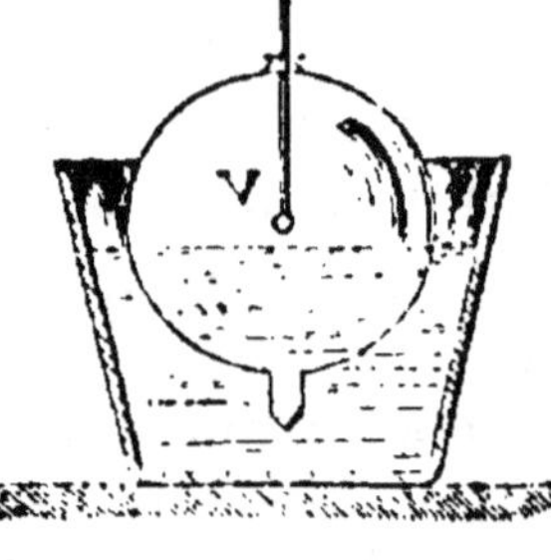

Fig. 63.

d'un rayonnement direct vers nous. Une preuve, d'un ordre plus élevé, démontre encore que la chaleur, pour se propager à distance, n'a besoin ni du concours de l'air ni de rien de pareil. La Terre reçoit la chaleur du Soleil, éloigné de 38 millions de lieues. L'immense intervalle qui nous sépare de cet astre ne renferme rien de comparable même aux matières les plus subtiles

que nous connaissions, et cependant la chaleur
solaire traverse ces espaces et parvient jusqu'à
nous.

3. Chaleur lumineuse et chaleur obscure. —
La chaleur rayonnée par un corps peut être lumineuse
ou obscure. Elle est *chaleur lumineuse*, quand la lumière l'accompagne ; telle est la chaleur du soleil,
telle est aussi la chaleur que rayonnent la flamme, les
charbons allumés, les métaux incandescents. Elle est
chaleur obscure, quand la lumière ne l'accompagne pas;
telles sont la chaleur émise par l'eau chaude et celle
que rayonnent les divers objets terrestres tant qu'ils
ne sont pas chauffés au point d'être lumineux.

**4. Corps athermanes et corps diatherma-
nes.** — On dit d'un corps qui se laisse traverser par
la lumière qu'il est *transparent*, et d'un autre qui l'arrête au passage qu'il est *opaque*. Le bois est opaque
pour la lumière, l'eau est transparente. Il y a pareillement des corps transparents pour la chaleur et des
corps opaques. Les premiers, au lieu de l'arrêter et de
se l'approprier pour s'échauffer eux-mêmes, lui laissent continuer son trajet ou ne lui présentent qu'un
obstacle plus ou moins insuffisant, comme le font le
verre, l'air, l'eau, pour la lumière. Les seconds s'opposent à sa propagation, l'arrêtent au passage et la
gardent pour eux, de même qu'un écran non diaphane arrête la lumière. Les corps transparents pour
la chaleur rayonnée sont appelés corps *diathermanes*.
Cette expression, empruntée au grec, signifie que la
chaleur peut traverser le corps. Elle est pour la chaleur ce que le mot *diaphane* ou *transparent* est pour
la lumière. Les corps opaques pour la chaleur s'appellent corps *athermanes*, c'est-à-dire non susceptibles
d'être traversés par la chaleur. Cette expression

correspond au terme *opaque* employé pour la lumière.

Une même substance peut être athermane pour la chaleur obscure et diathermane pour la chaleur lumineuse ; elle peut arrêter plus ou moins complètement la première et laisser passer l'autre. Tel est le verre. En se plaçant derrière les carreaux d'une fenêtre où donne le soleil, on éprouve la même impression de chaleur que si l'on recevait directement les rayons solaires, sans l'interposition de ces carreaux. Une lame de verre n'arrête donc pas la chaleur lumineuse, la chaleur du soleil. Elle arrête assez bien, au contraire, la chaleur obscure, par exemple, celle d'un poêle très-chaud mais non incandescent ; car la main, approchée du calorifère, en reçoit bien moins de chaleur du moment qu'elle est abritée derrière une large lame de verre. Parmi les substances transparentes pour la chaleur lumineuse et opaques pour la chaleur obscure, les plus importantes à considérer sont le verre, l'eau et l'air.

5. **Chambre de Saussure.** — Cette remarquable propriété du verre de laisser passer la chaleur ou de lui barrer le passage suivant qu'elle est lumineuse ou obscure, peut encore se vérifier au moyen de la *Chambre de Saussure.* C'est une petite caisse en bois, peinte en noir à l'intérieur, et dont une paroi est formée par trois lames de verre, placées l'une devant l'autre à une petite distance. Si l'on expose au soleil le côté vitré de la caisse, en peu de temps la température de l'appareil s'élève à 80°, 100° et au delà. L'eau peut y devenir bouillante ; des aliments pourraient cuire dans cette étrange four chauffé par le soleil. — Les lames de verre superposées sont cause de cette élévation de température. La chaleur solaire les traverse sans difficulté en arrivant, parce qu'elle est alors

lumineuse ; mais une fois qu'elle a pénétré dans l'appareil et qu'elle est devenue obscure en échauffant les parois noircies, elle ne peut plus les franchir pour se dissiper au dehors. Elle ne peut davantage se déperdre par les autres faces de la caisse, parce que le bois est mauvais conducteur. La chaleur, entrant toujours et ne sortant plus, s'accumule donc dans l'intérieur de l'appareil jusqu'à produire la température d'une étuve.

6. Cloches des jardiniers. — Serres. — Pour maintenir une plante à une température plus chaude que celle de l'air extérieur, les jardiniers la couvrent d'une cloche en verre. La chaleur solaire traverse la cloche, devient obscure en échauffant le sol et ne peut plus se dissiper au dehors que difficilement. Elle s'accumule donc sous la cloche, et avec l'eau de l'arrosage elle produit une atmosphère humide et tiède, favorable à la végétation.

Les serres, où, sous notre climat bien différent du leur, fleurissent l'hiver les plantes des pays chauds, sont encore une application de la non-transparence du verre pour la chaleur obscure. Une serre est comparable à la chambre de Saussure. Sa façade, tournée vers le midi, est entièrement vitrée. A travers cette cloison de verre pénètrent librement la chaleur et la lumière nécessaires à la prospérité des plantes. En outre, comme le verre s'oppose à l'issue de la chaleur obscure, la chaleur s'accumule à l'abri du vitrage à mesure qu'elle devient obscure en échauffant les plantes. Aussi, la température de la serre, même sans calorifère placé à l'intérieur, est-elle bien plus élevée que celle du dehors. Deux façades vitrées, mises l'une devant l'autre comme dans nos doubles fenêtres, rendraient la température plus chaude encore, en augmentant, par elles-mêmes et par l'air interposé, la difficulté que devrait surmonter la chaleur obscure pour se dissiper. Trois façades pareilles produiraient un effet plus grand; mais, avec cette superposition d'obstacles posés à l'issue de la chaleur obscure, la serre deviendrait une étuve à la manière de la chambre de Saussure, et les plantes périraient brûlées.

7. L'air, diathermane pour la chaleur lumineuse. — Comme le verre, l'air est diathermane pour la chaleur lumineuse, spécialement pour celle que rayonne le soleil. Il faut bien qu'il en soit ainsi, car si l'atmosphère arrêtait la chaleur des rayons solaires, ceux-ci nous arriveraient, lumineux il est vrai, mais refroidis. Ce serait alors l'atmosphère, surtout dans ses hautes régions, et non la terre, qui profiterait de la chaleur du soleil; et la température irait en augmentant avec la hauteur au-dessus du sol. Mais c'est précisément le contraire qui a lieu : l'observation démontre que la température décroît à mesure que l'altitude augmente. L'air n'arrête donc pas la chaleur lumineuse; il ne s'échauffe que très-difficilement par l'action directe des rayons du soleil. Cela nous donne l'explication de l'abaissement rapide de température qu'on observe dans les hautes régions de l'atmosphère. Bien que ces régions soient un peu plus rapprochées du soleil que la surface du sol, elles sont extrêmement froides, parce que la chaleur solaire qui les traverse passe sans s'arrêter et sans produire d'effet.

8. L'air, athermane pour la chaleur obscure. — Des exemples variés nous ont prouvé que l'air possède à un haut degré la propriété d'opposer à la chaleur obscure un obstacle bien difficile à franchir. Il suffit de se rappeler, à ce sujet, la curieuse expérience de Rumford et la couche d'air comprise entre les deux châssis vitrés des doubles fenêtres. L'atmosphère permet donc à la chaleur lumineuse du soleil d'arriver aisément jusqu'à nous ; mais elle empêche cette même chaleur, devenue obscure en pénétrant les corps terrestres et les échauffant, de revenir avec trop de facilité sur ses pas et de se déperdre, la nuit, plus vite que ne le comportent les conditions de la vie, en rayonnant vers les étendues qui nous entourent. Sous ce rapport, l'atmosphère est pour la terre ce que le vitrage est pour la serre.

9. Pouvoir émissif. — Placé dans une enceinte dont la température est moindre que la sienne, un corps se refroidit en rayonnant de la chaleur. De la rapidité de son refroidissement, on peut juger de son *pouvoir émissif* ou *pouvoir rayonnant*, c'est-à-dire de la facilité plus ou moins grande avec laquelle il émet, il rayonne de la chaleur. Imaginons donc, dans un même appartement, des cubes en fer-blanc recouverts de diverses substances, tous remplis d'eau également chaude et munis chacun d'un thermomètre. Tous rayonnent de la chaleur, tous se refroidissent, qui plus vite, qui moins vite, et au bout d'un certain temps, les thermomètres, au début au même degré, au degré de l'eau chaude dont on a rempli les cubes, marquent des températures fort différentes, parce que le refroidissement ne s'est pas fait avec la même facilité. Dans le cube enduit extérieurement de noir de fumée, le refroidissement est plus avancé que dans le cube tapissé de papier blanc ; et dans celui-ci, il est plus avancé que dans un troisième où le brillant du fer-blanc a été laissé nu. Le pouvoir rayonnant est donc plus fort pour le noir de fumée que pour le papier ; et pour le papier, il est plus fort que pour le fer-blanc.

En général, on trouve que les métaux polis ont un pouvoir émissif très-faible; que les métaux ternis, rayés, en ont un plus grand; et que les matières non métalliques à couleur sombre, le noir de fumée, par exemple, en possèdent un plus grand encore. Le poli, le brillant affaiblissent le pouvoir émissif; le défaut de poli, d'éclat, l'augmentent. Ce principe donne lieu à diverses applications. Veut-on conserver longtemps un liquide chaud dans un vase, il faut que le vase soit en métal poli, car alors le refroidissement est le moindre possible à cause de la faible émission de chaleur. Veut-on, au contraire, laisser la chaleur rayonner et le corps se refroidir, il faut des surfaces ternies, sans éclat, sans poli, car alors l'émission de chaleur acquiert toute son activité. Un poêle en fonte chauffe plus rapidement qu'un poêle en faïence. Sombre et sans poli, la fonte rayonne aisément la chaleur; brillante et polie, la faïence la rayonne avec difficulté.

10. **Pouvoir absorbant.** — Reprenons, dans un ordre inverse d'idées, l'expérience du paragraphe précédent. Les cubes en fer-blanc, recouverts chacun d'une couche de matière différente, sont remplis d'eau froide et placés ensemble dans une étuve. Dans chacun, le liquide s'échauffe, et le thermomètre monte, mais inégalement vite pour les divers cubes. Au bout de quelque temps, on reconnaît que le thermomètre plongé dans l'eau du cube enduit de noir de fumée marque une température plus élevée que celui du cube tapissé de papier, plus élevée surtout que celui du cube dont les faces métalliques et brillantes sont à nu. Donc la faculté de s'échauffer au moyen de la chaleur rayonnante qui leur arrive, faculté qui prend le nom de *pouvoir absorbant*, n'est pas la même pour tous les corps. Les uns se laissent aisément pénétrer par la

chaleur rayonnante et s'échauffent avec facilité ; ce sont les matières ternes, mates, le noir de fumée surtout. Les autres admettent difficilement dans leur masse la chaleur rayonnante qui leur arrive, ils s'échauffent avec lenteur; ce sont les matières polies, brillantes, et surtout les métaux possédant tout leur éclat. Le pouvoir absorbant et le pouvoir rayonnant marchent donc de pair. Un corps qui rayonne facilement, qui se refroidit vite, se pénètre aussi de chaleur et s'échauffe facilement. Un corps qui se refroidit avec lenteur, s'échauffe avec la même lenteur. Les applications que l'on peut tirer de cette loi peuvent se résumer ainsi. Si l'on veut qu'un corps s'échauffe avec rapidité, il faut le recouvrir d'une matière douée d'un grand pouvoir absorbant, de noir de fumée par exemple ; si l'on veut le garantir de la chaleur, il faut le recouvrir d'une matière à faible pouvoir absorbant, par exemple d'un métal poli.

11. Pouvoir réflecteur. — La chaleur rayonnante

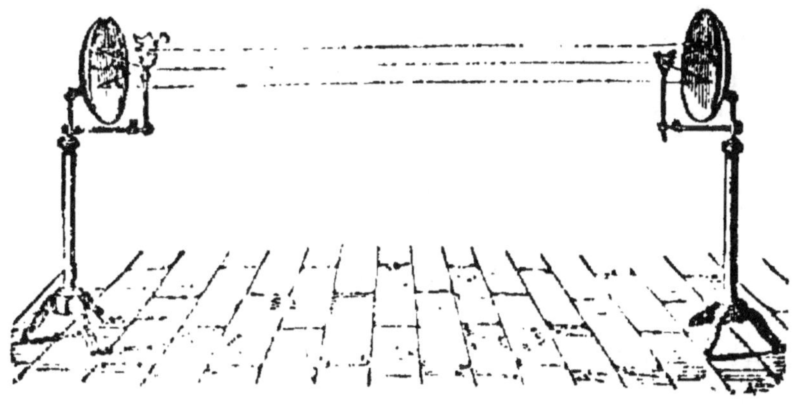

Fig. 61.

qu'un corps n'absorbe pas est réfléchie, c'est-à-dire renvoyée de la même façon qu'un mur renvoie la balle élastique lancée contre lui. Il y a évidemment d'autant plus de chaleur réfléchie par un corps qu'il y en a moins d'absorbée. Le *pouvoir réflecteur* ou la propriété de réfléchir la chaleur, est donc en raison inverse du pouvoir absorbant. Ce sont alors les corps brillants, les métaux polis surtout qui réfléchissent le mieux la chaleur. On fait à ce sujet la belle expérience que voici. Deux grands miroirs concaves en cuivre sont placés en face l'un de l'autre à plusieurs mètres de distance (*fig.* 64); devant l'un des miroirs, on place un panier en fil de fer plein de charbons ardents; devant l'autre, un morceau d'amadou. La chaleur des charbons rayonne vers le premier miroir, s'y réfléchit, arrive sur le second miroir où elle éprouve une nouvelle réflexion et se concentre ainsi sur l'amadou, qui prend feu. Les lignes droites allant d'un miroir à l'autre indiquent les directions suivies par la chaleur dans cette expérience. Dans la construction des cheminées, il convient de tenir compte de la réflexion de la chaleur. Les parois latérales, convenablement inclinées, doivent être revêtues de faïence blanche ou d'autres matériaux polis qui réfléchissent dans l'appartement la chaleur du foyer.

QUESTIONNAIRE.

1. Qu'appelle-t-on rayonnement de la chaleur? — 2. Comment démontre-t-on que la chaleur rayonnante se propage dans le vide? — Comment nous arrive la chaleur du soleil? — 3. Qu'est-ce que la chaleur lumineuse? — Qu'est-ce que la chaleur obscure? — 4. Qu'appelle-t-on corps athermanes et corps diathermanes? —

Quelles sont les expressions correspondantes au sujet de la lumière ? — Citer des substances diathermanes pour la chaleur lumineuse et athermanes pour la chaleur obscure. — 5. De quoi se compose la chambre de Saussure ? — Comment la chaleur s'y accumule-t-elle ? — 6. Expliquer le rôle des cloches des jardiniers. — Comment agit la façade vitrée d'une serre ? — 7. Qu'arriverait-il si l'air était athermane pour la chaleur lumineuse ? — Pourquoi la température décroit-elle rapidement dans les hauteurs de l'air ? — 8. Citer des expériences établissant que l'air est athermane pour la chaleur obscure. — Quel rôle remplit cette propriété de l'air relativement à la température de la terre ? — Sous ce rapport à quoi peut-on comparer l'atmosphère ? — 9. Qu'appelle-t-on pouvoir émissif ? — Quels sont les corps qui ont le plus grand et le plus faible pouvoir émissif ? — Comment peut-on comparer les corps sous le rapport de leur pouvoir émissif ? — De quelle manière peut-on accélérer ou ralentir le refroidissement d'un corps ? — 10. Qu'est-ce que le pouvoir absorbant ? — Comment classe-t-on les corps d'après leur pouvoir absorbant ? — Comment peut-on accélérer ou ralentir l'échauffement d'un corps ? — 11. Qu'appelle-t-on pouvoir réflecteur ? — Quels sont les corps dont le pouvoir réflecteur est le plus grand ? Dire l'expérience des deux miroirs concaves. — Comment tient-on compte de la réflexion de la chaleur dans la construction d'une cheminée ?

CHAPITRE IV.

FUSION. — SOLIDIFICATION.

1. Fusion des corps. — Par une élévation suffisante de température, les corps solides entrent en fusion, c'est-à-dire deviennent liquides. Les uns se liquéfient à une basse température : tel est le mercure, qui devient fluide à 40 degrés au-dessous de zéro; aussi est-il toujours un métal coulant dans nos pays, à moins de le refroidir par des moyens artificiels. Telle est encore la glace, qui entre en fusion à zéro. D'autres exigent une chaleur moyenne: le suif qui se fond à 33°, l'huile d'olive, qui devient liquide à 10° ; plus haut se trouvent le plomb, fusible à 320°; l'étain, fusible à 255°. Ce sont là des températures très-chaudes pour nous. Ce n'est rien encore cependant par rapport à la température qu'exige le fer, de 1500° à 1600°; par rapport surtout à la température qu'exige le platine, métal dont la fusion nécessite la plus violente chaleur que nous sachions produire. Chaque substance a un point de fusion qui lui appartient en propre et ne varie jamais. Ainsi la glace entre en fusion à zéro, jamais plus tôt jamais plus tard, à la condition qu'elle ne soit pas mélangée avec une autre substance; l'étain se liquéfie à 235°, et l'activité du foyer ne peut ni avancer ni retarder ce point de fusion. C'est à cause de cette invariabilité que l'on a pris la température de la glace fondante pour le point de départ de l'échelle du thermomètre.

2. La température reste invariable pendant toute la durée de la fusion. — On met sur le feu un vase plein de glace et muni d'un thermomètre; une fois la fusion commencée, on reconnaît que le thermomètre se maintient invariablement au même point, à zéro, tant qu'il reste une parcelle de glace à fondre. Vainement on activerait le foyer, on ne ferait que rendre la fusion plus rapide sans faire monter le thermomètre. Même résultat avec tout autre corps, par exemple avec du suif. Le thermomètre monte d'abord à 33°, et, arrivé à ce point, il reste stationnaire quelle que soit la violence du feu. Mais alors la fusion se fait, et tant qu'elle dure, le thermomètre se maintient à 33°. Une fois la glace en entier fondue, une fois le suif en entier fondu, le thermomètre monte, mais pas plutôt.

3. Chaleur latente et chaleur sensible. — Puisque la température ne s'élève pas au-dessus de zéro dans le vase plein de glace en fusion, on ne peut manquer de se demander ce que devient la chaleur, car le foyer sur lequel est le vase en fournit abondamment. — Eh bien cette chaleur sert à résoudre la glace en liquide, à la transformer en eau qui n'est pas plus chaude que la glace elle-même. Ainsi employée, elle cesse à l'instant d'être chaleur ordinaire, chaleur chaude, si l'on peut se servir de cette expression ; elle est pour nous et pour le thermomètre comme si elle n'existait pas. La chaleur est une force, une puissance ; et comme toute force, elle ne peut produire à la fois deux effets dont chacun exige sa valeur entière. Employée à liquéfier un corps, à séparer ses molécules, à les maintenir à la distance nécessaire pour la fluidité, la chaleur ne peut en même temps produire ses effets ordinaires, ses effets thermométriques, par la raison toute simple que ce qui fait un travail ne peut en même temps en faire un autre.

La chaleur nécessaire pour donner à un corps solide la manière d'être liquide et le maintenir dans cet état sans en élever la température, s'appelle *chaleur latente*, qui veut dire chaleur cachée ; celle qui produit la température d'un corps sans en modifier l'état, prend le nom de *chaleur sensible*. Il faut donc dans les effets de la chaleur distinguer deux cas différents. Dans le premier cas, la chaleur change l'état d'un corps sans en modifier la température; elle fait passer ce corps de l'état solide à l'état liquide, ou de l'état liquide à l'état gazeux, mais elle n'impressionne pas nos organes et n'a pas d'influence sur le thermomètre. C'est la chaleur latente. Dans le second cas, elle élève la température d'un corps sans en modifier l'état, elle impressionne nos organes et fait monter le thermomètre ; c'est la chaleur sensible.

4. Chaleur de fusion de la glace. — Mélangeons un kilogramme de glace à zéro et réduite en menus morceaux, avec un kilogramme d'eau chauffée à 79° Toute la glace se fondra et les deux kilogrammes d'eau auront la température zéro. Evidemment la fusion de la glace s'est opérée aux dépens de la température de l'eau chaude; et puisque celle-ci, pour effectuer la fusion, s'est refroidie jusqu'à zéro, on voit *qu'un kilogramme de glace à zéro, pour se réduire en eau également à zéro, exige une quantité de chaleur latente égale à celle de la chaleur sensible qu'il faut pour échauffer de 79 degrés un kilogramme d'eau.*

5. Effet produit sur le fer par cette quantité de chaleur. — Pour bien saisir l'importance du résultat où nous venons d'arriver, permettons-nous une courte digression sur un autre sujet. Dans un appareil disposé de manière à utiliser du mieux possible la chaleur d'une lampe à alcool, nous mettons à tour de rôle un kilog. d'eau, puis un kilog. de mercure, un kilog. d'huile, un kilog. de plomb, etc. Tous ces corps ont au début même température, 10 degrés par exemple; et nous nous proposons de les chauffer au même point, à 60 degrés. La lampe à alcool, d'abord équilibrée dans une balance, est allumée et mise dans l'appareil avec le kilogramme d'eau; nous la laissons brûler jusqu'à ce que la température de l'eau se soit élevée à 60 degrés. La lampe est alors éteinte et pesée. Elle pèse moins, ce qui manque est le poids du combustible brûlé. On recommence la même expérience avec les autres corps, et l'on trouve que pour produire la même élévation de température dans le kilogramme d'huile, il faut brûler moins de combustible que pour l'eau, moins encore pour le kilogramme de mercure. Les différences sont d'ailleurs très-frappantes. Ainsi quand l'eau exige 1000 parties en poids de combustible, l'huile en exige 300, le mercure 33, le plomb 31, le fer 113. Il est évident que la chaleur dépensée est proportionnelle au poids de combustible brûlé ; par conséquent, à poids égal les corps de nature différente exigent des quantités différentes de chaleur pour élever leur température d'un même nombre de degrés. En particulier, quand l'eau exige 1000 en chaleur, le fer n'en exige que 113 ou 8, 8 fois moins pour s'échauffer également ; ou bien encore la chaleur qui élève l'eau de 1° élève un poids égal de fer de 8°, 8 En passant ainsi en revue les diverses substances, on trouverait que de tous les corps l'eau est celui qui s'échauffe le plus difficilement.

Supposons maintenant que la chaleur latente nécessaire à la fusion d'un kilogramme de glace, soit employée à l'état sensible pour élever la température, non de 1 kilogramme d'eau, mais de 1 kilogramme de fer. Pour le kilogramme d'eau, l'élévation de température serait de 79 degrés ; pour le kilogramme de fer, elle sera 8,8 fois plus grande ou de 675 degrés, ce qui est environ la température du fer rouge. Ainsi chaque kilogramme de glace qui se fond aux rayons du soleil absorbe pour se liquéfier et sans devenir plus chaud, autant de chaleur que 1 kilogramme de fer chauffé au rouge dans une forge.

6. Lenteur de fusion de la neige. — La glace et la neige, qui n'est qu'une variété de la première, sont donc tout à la fois très-faciles et très-difficiles à fondre. Très-faciles, en ce sens qu'elles arrivent bientôt à leur point de fusion, qui est le zéro de l'échelle des températures ; très-difficiles, parce que, une fois le point de fusion atteint, elles doivent accumuler des quantités extraordinaires de chaleur latente pour se résoudre en eau. Le rôle de l'eau à la surface des continents exige précisément la réunion de ces deux propriétés pour ainsi dire contradictoires. Les hautes chaînes de montagnes sont les réservoirs où s'amassent les neiges, dont la fusion alimente toute l'année les principaux cours d'eau. Si la neige, pour se liquéfier, exigeait une température un peu élevée, jamais, aux rayons d'un soleil sans chaleur, elle ne fondrait sur les hauteurs qu'elle couvre ; et les plaines seraient privées de leur principal élément de fécondité, c'est-à-dire des cours d'eau qui les arrosent. Si d'autre part, la neige se liquéfiait sans difficulté, elle fondrait toute à la fois aux premières chaleurs. Il ne descendrait plus alors des montagnes des filets d'eau, des sources, des ruisseaux, mais des torrents diluviens, des cataractes furieuses, qui épuiseraient en quelques jours la provision des eaux continentales et ravageraient tout sur leur trajet. Il est donc de la plus haute importance que la neige entre en fusion à une très-faible température, et ne fonde cependant qu'avec une grande lenteur. Ces deux conditions se trouvent admirablement remplies : car, d'une part, la fusion de la neige commence dès que la température s'élève au zéro thermométrique, ce qui se présente souvent, même sur les pics les plus élevés ; et d'autre part, elle se fait avec une lenteur prudente, puisque, avant de se convertir en eau, la neige doit accumuler dans sa masse et rendre latente une quantité de chaleur capable de porter au rouge un poids égal de fer. Partout, quand on pénètre au fond des choses, se retrouve ainsi la trace de l'ordre providentiel qui régente l'univers.

7. Mélanges réfrigérants. — Un corps, pour se fondre, n'a pas toujours besoin de l'intervention d'un foyer de chaleur : il lui suffit d'être mis dans un liquide capable de le dissoudre, c'est-à-dire de séparer ses molécules. Le sel de cuisine se fond dans l'eau, sans qu'il soit nécessaire de chauffer ; le sucre en fait autant. Il y a mieux : deux corps solides, convenablement choisis, peuvent se liquéfier mutuellement, une fois mélangés. Prenons, par exemple, de la glace pilée et mélangeons-la avec du sel de cuisine en poudre. Par leur action mutuelle, les deux substances solides, sel et glace, entrent en fusion sans le secours d'un foyer de chaleur. Mais il faut ici, comme toujours, la chaleur latente nécessaire au changement d'état ; il en faut à la glace, il en faut au sel. Que doit-il arriver, puisque la fusion s'opère et que la chaleur nécessaire n'est fournie par rien d'étranger au mélange ? Il arrive que le mélange prend en lui-même, aux dépens de sa chaleur sensible, aux dépens de sa température, la chaleur que réclame impérieusement la fusion. Cette chaleur, de sensible qu'elle était, devient latente, ne compte plus pour la température; employée à une autre chose qu'à tenir chaud, elle est comme perdue. Le mélange se refroidit donc tout en se fondant Le refroidissement obtenu de la sorte atteint une quinzaine de degrés au-dessous de zéro. D'une manière générale, toutes les fois que deux corps solides peuvent se liquéfier mutuellement, ou qu'un corps solide se dissout dans un liquide, il y a abaissement de température, à cause de la transformation d'une partie de la chaleur sensible en chaleur latente, indispensable à la fusion. C'est sur ce principe que sont fondés les mélanges propres à refroidir, ou les *mélanges réfrigérants*.

Le plus simple d'entre eux et le plus employé parce qu'il est le moins coûteux, est celui qu'on obtient avec de la glace et du sel de cuisine. Cela nous rend compte de l'emploi de la glace recueillie en hiver et conservée dans des caves spéciales ou glacières, pour faire des boissons glacées dans la chaude saison. Cette glace n'entre pas elle-même dans les préparations glacées; elle sert tout simplement à faire, avec du sel de cuisine, des mélanges réfrigérants, dans lesquels on plonge les vases contenant les préparations qu'il faut congeler.

Les mélanges propres à refroidir sont fort nombreux. Citons-en un autre, serait-ce uniquement pour montrer qu'on peut faire de la glace en été sans recourir à la glace elle-même. Si l'on arrose avec de l'acide chlorhydrique quelques poignées d'une matière saline appelée sulfate de soude, cette matière entre en fusion et le mélange se refroidit assez pour congeler de l'eau contenue dans un vase qu'entoure ce mélange.

8. Solidification. — Par un accroissement de chaleur, tout corps solide peut devenir liquide; inversement, par une diminution de chaleur, tout corps liquide peut devenir solide. Retiré de dessus le feu, le plomb fondu se refroidit et se solidifie. Aux premières atteintes de l'hiver l'huile se fige, durcit; si le froid devient plus vif, l'eau se prend en glace; ainsi de tous les liquides. Si de rares exceptions à cette règle se présentent, il ne faut les attribuer qu'à l'insuffisance du refroidissement. Tel est le cas de l'alcool, qu'on n'a pu solidifier encore, mais qui prend un peu de consistance à une centaine de degrés au-dessous de zéro, et finirait certainement par devenir solide avec des moyens plus énergiques de production de froid. La solidification d'un corps s'effectue exactement à la même température qui provoquerait la fusion de ce corps s'il était solide. L'eau devient glace à 0°, de même que la glace devient eau à 0°. La cire fond à 62°, elle redevient solide au même degré thermométrique.

9. **La température reste la même pendant toute la durée de la solidification.** — Le passage de l'état liquide à l'état solide présente quelques circonstances d'un haut intérêt. — Dans un mélange réfrigérant de glace et de sel marin, mettons côte à côte deux éprouvettes contenant, l'une de la glace à 0°, l'autre de l'eau liquide à 0° aussi. Chacune des éprouvettes est munie d'un thermomètre. Dans ces conditions, nous verrons le thermomètre de l'éprouvette où se trouve la glace, s'abaisser rapidement et atteindre la température du mélange réfrigérant, par exemple 12° au-dessous de zéro, tandis que celui de l'éprouvette occupée par l'eau se maintient fixe à 0°. En même temps cette eau se congèle, et quand elle est en entier convertie en glace, le thermomètre qui l'accompagne commence à baisser pour atteindre la température du mélange réfrigérant, comme l'a fait depuis longtemps celui de la première éprouvette. Cela prouve d'abord que, tant qu'elle n'est pas en entier solidifiée, l'eau ne peut se refroidir au-dessous de son point de congélation. D'où provient cet étrange retard ? L'eau s'échaufferait-elle par cela même qu'elle se congèle ? Y aurait-il ici quelque source de chaleur

qui nous échappe, puisque, en devenant glace, l'eau résiste à l'action réfrigérante du mélange et se maintient à 0° lorsqu'elle devrait descendre à une douzaine de degrés plus bas ?

10. Retour de la chaleur latente à l'état de chaleur sensible. — Et en effet, cette source de chaleur existe ; en voici l'origine. L'eau ne devient et ne se maintient liquide qu'à la faveur d'une quantité considérable de chaleur latente. Si l'état liquide cesse pour faire place à l'état solide, la chaleur latente de liquéfaction, dont le rôle est alors nul, se dégage et reparait avec ses caractères ordinaires en devenant chaleur sensible. On conçoit alors que le dégagement graduel de cette chaleur sensible puisse empêcher le liquide de se refroidir au-dessous de son point de congélation en lui restituant sans cesse la chaleur que lui enlève le mélange réfrigérant. Mais, une fois la congélation terminée, il n'y a plus de chaleur sensible dégagée, et la glace formée se refroidit désormais sans entraves.

11. Chaleur dégagée par une brusque solidification. — Quand la solidification se fait d'une manière brusque, la chaleur dégagée peut être dans bien des cas constatée par le toucher. En voici un exemple. On fait dissoudre dans de l'eau bouillante autant d'alun que possible, et l'on remplit un ballon de verre de cette liqueur toute chaude. On chauffe ensuite le ballon jusqu'à parfaite ébullition. A ce moment, pendant que les vapeurs se dégagent en abondance par le goulot, on bouche très-exactement le ballon avec un bon bouchon graissé de suif, et on le retire aussitôt de dessus le feu pour le laisser refroidir dans un endroit tranquille. Quelque temps encore, le liquide continue à bouillir tout seul ; enfin, il est parfaitement refroidi. On reprend alors le ballon. Rien de remarquable ne s'y voit ; le contenu en est fluide, clair et froid comme de l'eau ordinaire. Si on le débouche, aussitôt un fait singulier se passe : le liquide se congèle brusquement, se prend en un bloc solide presque de la dureté de la pierre ; et, chose plus singulière encore, pendant cette brusque solidification, le ballon et son contenu s'échauffent jusqu'à communiquer à la main une chaleur très-prononcée. On avait entre les mains un objet froid, on a maintenant un objet presque brûlant. De la chaleur s'est brusquement produite, sans foyer, rien qu'en débouchant le vase. Ce fait s'explique par le retour de la chaleur latente à l'état de chaleur sensible. Le liquide devient solide, et par suite, il dégage, à l'état sensible, la chaleur latente employée à la fusion de l'alun dans une très-petite quantité d'eau.

12. Accroissement de volume éprouvé par certains corps en se solidifiant. — La plupart des corps occupent, devenus solides, moins de place qu'ils n'en occupaient à l'état liquide ; ils se contractent. D'autres, au contraire, en petit nombre, tiennent plus de place à l'état solide qu'à l'état liquide, en d'autres termes se dilatent. Telle la fonte, cette matière à bas prix qui nous rend de si grands services pour faire les poêles, les tuyaux de conduite, les grilles, et une foule d'objets. Elle est d'autant plus précieuse qu'en se dilatant par la solidification, elle prend · avec une exacte fidélité l'empreinte des moules où on l'a coulée. Telle est encore, telle est surtout l'eau. En se congelant, elle augmente des 88 millièmes de son volume primitif. Or, dans un espace clos dont les parois s'opposent à l'expansion du contenu, cet accroissement de volume de la glace amène une poussée qu'on évalue à plus de 1000 kilogrammes par centimètre carré de surface pressée. C'est ce qu'on nomme *force expansive* de la glace.

13. Effets de la force expansive de la glace. — Les carafes pleines d'eau se brisent quand il gèle. Il se forme d'abord dans le col un tampon de glace qui le bouche solidement; puis, si la congélation se propage dans toute la masse liquide, la glace, qui n'a plus l'espace nécessaire pour se dilater, exerce de dedans en dehors une poussée qui fait éclater la carafe. Les tuyaux de conduite des fontaines sont fendus, les bassins en maçonnerie sont crevassés, si leur contenu vient à geler. Des canons en bronze remplis d'eau et solidement bouchés, se déchirent comme de minces tuyaux quand on les expose à la rigueur du froid. Les rochers les plus durs, s'ils emprisonnent de l'eau dans leurs fentes, se brisent par la gelée et démontrent toute l'exactitude de cette expression populaire: il gèle à pierre fendre. Certaines pierres qu'on fait entrer dans les constructions s'imbibent d'eau à leur surface. S'il survient du froid, la glace formée dans les interstices réduit en poudre la couche extérieure. Cela se répétant chaque hiver, les constructions faites avec ces pierres sont en peu d'années profondément détériorées. Il faut donc éviter l'emploi de ces matériaux qu'on nomme *pierres gélives*. On explique de la même manière l'effet meurtrier de la gelée sur les plantes. Le tissu poreux des végétaux est naturellement imprégné de liquide. S'il vient à geler, l'expansion de la glace déchire ce tissu et la plante périt.

14. Maximum de densité de l'eau. — Comme tous les corps, l'eau se contracte en se refroidissant et par suite augmente de poids sous un même volume. Mais sa contraction s'arrête à une certaine température voisine du point de congélation. Plus bas l'eau commence à se dilater, et sa dilatation se poursuit jusqu'au moment où la glace se forme. C'est à 4° au-dessous de zéro que se fait cette interversion dans le changement de volume. A partir de ce point, l'eau augmente de volume soit qu'elle s'échauffe soit qu'elle se refroidisse. C'est donc à $+ 4°$ que l'eau occupe le moindre volume et par conséquent pèse le plus ou bien possède son maximum de densité. C'est enfin à cette température que le poids d'un centimètre cube d'eau pure représente le gramme.

QUESTIONNAIRE.

1. Qu'est-ce que la fusion ? — Qu'est-ce que le point de fusion d'un corps ? — Qu'a de remarquable le point de fusion d'un corps ? — 2. Que marque le thermomètre pendant toute la durée de la fusion d'un corps ? — 3. A quoi est employée la chaleur du foyer pendant la fusion ? — Qu'appelle-t-on chaleur latente et chaleur sensible ? — Pourquoi la chaleur latente est-elle sans action sur nos organes et sur le thermomètre ? — La chaleur est-elle toujours chaude ? — 4 Comment mesure-t-on la chaleur latente nécessaire à la fusion de la glace ? — A quoi est-elle égale ? — 5. La même quantité de chaleur chauffe t-elle également des poids égaux de substances différentes ? — Comment le prouve-t-on ? — Quel est le corps le plus difficile à échauffer ? — Quel effet produirait sur le fer la chaleur de fusion de la glace à poids égal ? — 6. Pourquoi la fusion de la neige est-elle si lente ? — Que présente de remarquable la fusion de la neige au point de vue de l'ordre général ? — 7. Qu'est-ce qu'un mélange réfrigérant ? — Citer le plus employé. — D'où provient son action refroidis-

saute ? — A quoi sert la glace conservée dans les glacières ? — 8. A quelle température se fait la solidification d'un corps ? — 9. Quelle température indique le thermomètre pendant toute la durée de la solidification ? — Dire l'expérience que l'on peut faire à ce sujet. — 10. Pourquoi la température est-elle stationnaire pendant la solidification ? — Que devient la chaleur latente quand un liquide se solidifie ? — 11. Citer un exemple d'un dégagement très-sensible de chaleur au moment de la solidification ? — 12. Que présentent de remarquable la solidification de la fonte et celle de l'eau ? — Qu'appelle-t-on force expansive de la glace ? — Quelle est sa valeur par centimètre carré ? — Quelle est l'augmentation de volume de l'eau qui se congèle ? — 13. Dire quelques effets de la force expansive de la glace. — Que sont les pierres dites gélives ? — 14. A quelle température l'eau possède-t-elle son maximum de densité ? — Que faut-il entendre par là ? — A quelle température doit être l'eau pure pour peser 1 gramme par centimètre cube ?

CHAPITRE V.

FORMATION DES VAPEURS. — LIQUÉFACTION.

1. Évaporation et vaporisation. — Le passage d'un liquide à l'état gazeux ou sa transformation en vapeur, s'effectue de deux manières : par *évaporation* et par *vaporisation*. Tantôt les vapeurs se forment uniquement à la surface du liquide, qui reste dans un complet repos ; il y a alors évaporation. Tantôt les vapeurs se forment au fond de la masse liquide, animées d'un mouvement tumultueux appelé *ébullition*, et viennent, en grosses bulles, crever à la surface. Ce dernier mode de génération des vapeurs se nomme *vaporisation*. De l'eau exposée à l'air s'évapore; de l'eau mise sur le feu dans un vase et chauffée jusqu'à bouillir se vaporise. L'évaporation s'effectue à toute température, mais d'autant plus activement que cette température est plus élevée. La glace elle-même émet des vapeurs. Pour chaque liquide, la vaporisation se fait à une température déterminée.

2. Froid produit par l'évaporation. — Nous venons de voir que la glace, pour se fondre, et plus généralement qu'un corps, pour passer de l'état solide à l'état liquide, nécessite une quantité considérable de chaleur qui dès lors cesse d'être chaude, n'exerce aucune influence sur la température, et borne son rôle à produire et à maintenir l'état liquide. Cette chaleur, nous l'avons appelée chaleur latente. Pareille chose se passe quand une substance liquide passe à l'état gazeux. Ainsi les vapeurs qui s'exhalent de l'eau en évaporation ne se forment et ne se maintiennent qu'à la faveur d'une proportion considérable de chaleur; et cependant elles ne sont pas plus chaudes que l'eau d'où elles proviennent, car cette chaleur est uniquement employée à produire le changement d'état, et non à accroître la température, en un mot, elle est latente. Toute évaporation amène donc un refroidissement, parce que les vapeurs, pour se former, prennent aux objets voisins la chaleur qui leur est nécessaire et la rendent latente. La chaleur latente d'un kilogramme de vapeur d'eau équivaut à la chaleur sensible nécessaire pour chauffer environ 5 kilogrammes et demi d'eau de 0° à 100°.

3. Exemples. — Qui ne connait les frissons qu'on

éprouve au sortir d'un bain même chaud ? La mince couche d'eau dont le corps est couvert en est cause. Son évaporation nous enlève une partie de notre chaleur naturelle; les vapeurs, formées aux dépens de notre température, emportant avec elles, à l'état latent, une partie de notre chaleur propre. Les frissons cessent dès que, le corps étant essuyé ou replongé dans l'eau, l'évaporation cesse elle-même.

Pour avoir de l'eau fraîche, on emploie, en Espagne, des vases en terre poreuse, nommés *alcarazas*. L'eau suinte légèrement à travers la paroi de ces vases, dont le dehors est ainsi dans un état continuel d'humidité. Cette humidité extérieure, dont on a soin de favoriser l'évaporation, en suspendant le vase dans un courant d'air, rafraichit l'eau de l'intérieur, à laquelle elle prend la chaleur nécessaire pour passer à l'état de vapeur. Il est clair qu'une carafe enveloppée d'un linge mouillé et suspendue à un courant d'air, produirait le même résultat.

La prudence nous commande, lorsque nous sommes en transpiration, de ne pas nous dépouiller d'une partie de nos vêtements, et surtout de ne pas nous exposer à des courants d'air. En cet état, nous sommes comme l'alcarazas, comme la carafe entourée d'un linge humide ; nous pouvons donc donner lieu à une évaporation active, dont le résultat sera un refroidissement, toujours dangereux, quelquefois mortel.

Le froid produit par l'évaporation est d'autant plus vif, que le liquide employé se réduit plus facilement en vapeurs. Ainsi l'éther, incomparablement plus volatil que l'eau, produit, versé dans le creux de la main, une impression de fraicheur des plus marquées, tant il enlève rapidement la chaleur à la main pour se réduire en vapeurs. D'autres liquides, plus volatils encore, amèneraient un froid insupportable et glaceraient la main. Au contraire, l'huile ordinaire, très-peu volatile, n'amène pas d'impression de froid. Ne produisant pas de vapeur, elle ne soustrait pas de chaleur aux corps avec lesquels elle est en contact.

4. **Congélation de l'eau dans le vide.** — Un large vase A, à demi-plein d'acide sulfurique concentré, est placé sur la platine de la machine pneumatique (fig. 65). Une capsule en cuivre mince et peu profonde repose par trois pieds sur les bords de ce vase. Elle est pleine d'eau. Le tout est recouvert d'une cloche. Si l'on fait le vide, l'évaporation, que l'air par sa pression n'entrave plus, devient très rapide; en outre, l'acide sulfurique absorbe les vapeurs à mesure qu'elles se forment, de sorte que la capacité de la cloche est toujours apte à en recevoir de nouvelles. Par suite de cette formation continuelle de vapeurs, qui lui prennent sa chaleur sensible et la rendent latente, l'eau de la capsule finit par se prendre en une lame de glace.

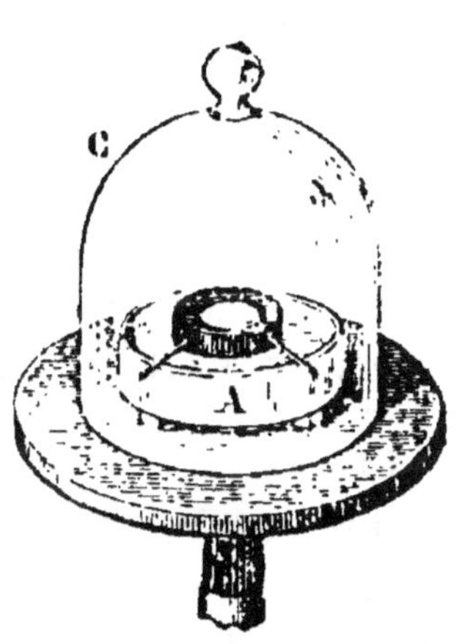

Fig. 65.

5. **Expériences diverses.** — Dans une capsule, reposant sur un coussinet d'ouate, on met du sulfure de carbone ou de l'éther, et l'on souffle sur le liquide pour l'évaporer rapidement. L'humidité de l'air se condense sur la paroi extérieure de la capsule et s'y prend en une pellicule de glace. — On arrive à solidifier le mercure par l'évaporation rapide de l'acide sulfureux liquide. Le mercure congelé supporte le choc d'un maillet de bois, et peut être aplati à la manière du

plomb. Son contact désorganise à l'instant la peau à peu près comme le ferait le contact du fer rouge. — Le froid le plus intense que l'on sache produire est obtenu par l'évaporation du protoxyde d'azote liquéfié au moyen d'une puissante pression. Ce liquide est si volatil, que les métaux qu'on y plonge à froid produisent le même frémissement que le fer rouge dans l'eau. Versé dans la main, il produit à l'instant une cuisante brûlure. À son contact, le mercure est soudainement congelé. Mélangé avec de l'acide carbonique solide et de l'éther, il abaisse la température à un point où l'alcool devient visqueux suffisamment pour couler avec difficulté quand on renverse sens dessus dessous le tube qui le contient.

6. **Ébullition.** — Quand un liquide est chauffé jusqu'à son point d'ébullition, de petites bulles de vapeur apparaissent d'abord sur la paroi la plus chaude, sur le fond, en rapport direct avec le foyer. Elles montent à travers le liquide, gagnent des couches où la température est moindre et se condensent sans pouvoir atteindre la surface. De cette disparition soudaine des premières vapeurs résulte un frémissement, une sorte de *chant du liquide*, précurseur de l'ébullition. Mais la température monte encore un peu, et des bulles plus nombreuses, plus grosses, plus chaudes, partent du fond du vase, se renouvellent sans cesse, s'élèvent à travers les liquides qu'elles mettent en mouvement tumultueux et viennent crever à la surface. On dit alors que le liquide est en *ébullition*. Les divers liquides entrent en ébullition à des températures différentes, suivant leur nature. Ainsi l'acide sulfureux liquide bout à — 8°, l'éther à + 35°, le sulfure de carbone à + 48°, l'eau à + 100°, le mercure à + 360°, le soufre à + 400°.

Pendant toute la durée de l'ébullition la température se maintient la même, quelle que soit l'activité du foyer. L'eau bout lorsque sa température a atteint 100°. En ce moment, si l'on active le plus possible l'ardeur du foyer, l'eau se met à bouillir plus vite, mais sans s'échauffer davantage, sans dépasser 100°. C'est sur cette invariabilité de la température de l'eau en ébullition qu'est basé le point fixe supérieur de l'échelle thermométrique. Le même fait se reproduit avec tout autre liquide. Une fois le point d'ébullition atteint, il est impossible de chauffer davantage le liquide. La chaleur du foyer est alors employée au changement d'état; elle devient latente et elle est entraînée par les vapeurs, qui lui doivent leur manière d'être sans en recevoir un accroissement de température. Les vapeurs s'échappant d'un liquide en ébullition ont même température que le liquide lui-même ; mais outre la chaleur sensible qui leur donne cette température, elles possèdent une quantité considérable de chaleur latente, cause de leur état gazeux.

7. **Influence de la pression sur le point d'ébullition.** — L'atmosphère presse sur tous les corps ; elle presse donc sur l'eau qu'on fait bouillir, à raison d'une centaine de kilogrammes par décimètre carré de surface. Il est évident que cette pression de l'air doit opposer aux vapeurs une résistance, qu'elle doit entraver leur sortie du liquide, et par conséquent, retarder leur point d'ébullition. Si la pression atmosphérique augmente, l'ébullition devient plus laborieuse, elle exige pour se faire une température plus élevée. Si la pression atmosphérique diminue, l'ébullition est plus facile, elle exige une température moindre. Ce dernier cas se constate dans tous les lieux élevés, où la pres-

sion de l'air est plus faible que dans la plaine. Au sommet du Mont-Blanc, à 4800 mètres au-dessus du niveau des mers, l'ébullition de l'eau se fait à 84°. Sur les flancs du volcan l'Antisana, dans l'Amérique du Sud, se trouve une métairie qui est le point habité le plus élevé de la terre. Son altitude est de 4101 mètres. L'eau y bout à 86°. A l'hospice du Saint-Gothard, élevé de 2075 mètres, elle bout à 92°; aux bains du Mont-Dore, élevés de 1040 mètres, elle bout à 96°. Enfin, au niveau des mers, elle entre en ébullition à 100°. Encore faut-il, dans ce dernier cas, que le baromètre accuse 760 millimètres de pression; s'il est plus haut, l'eau bouillira un plus tard; s'il est moins haut, l'eau bouillira un peu plus tôt. On voit ainsi que la détermination du point fixe supérieur du thermomètre exige de délicates précautions: il faut que l'ébullition de l'eau se fasse sous la pression atmosphérique de 760 millimètres, quand on veut obtenir la division 100°.

8. Ebullition de l'eau par le refroidissement de la vapeur qui la surmonte. — Une des expériences les plus frappantes que l'on puisse faire pour démontrer l'influence de la pression sur le point d'ébullition, est la suivante. — Un ballon de verre à demi plein d'eau, est chauffé sur un fourneau jusqu'à parfaite ébullition. Pendant que l'eau bout, on ferme le goulot du ballon avec un bon bouchon enduit de suif. L'appareil est aussitôt retiré de dessus le feu, si non il éclaterait. Le ballon est alors renversé sens dessus dessous, et l'extrémité de son col est plongée dans un vase V plein d'eau (fig. 66). Cette immersion a pour effet d'empêcher l'air extérieur d'entrer dans le ballon, ce qui pourrait arriver malgré le bouchon. — Actuellement le ballon contient, au-dessus de l'eau,

une atmosphère de vapeur sans mélange d'air, car
l'air contenu d'abord a été chassé par l'ébullition. Cette
atmosphère de vapeur est douée d'une certaine force

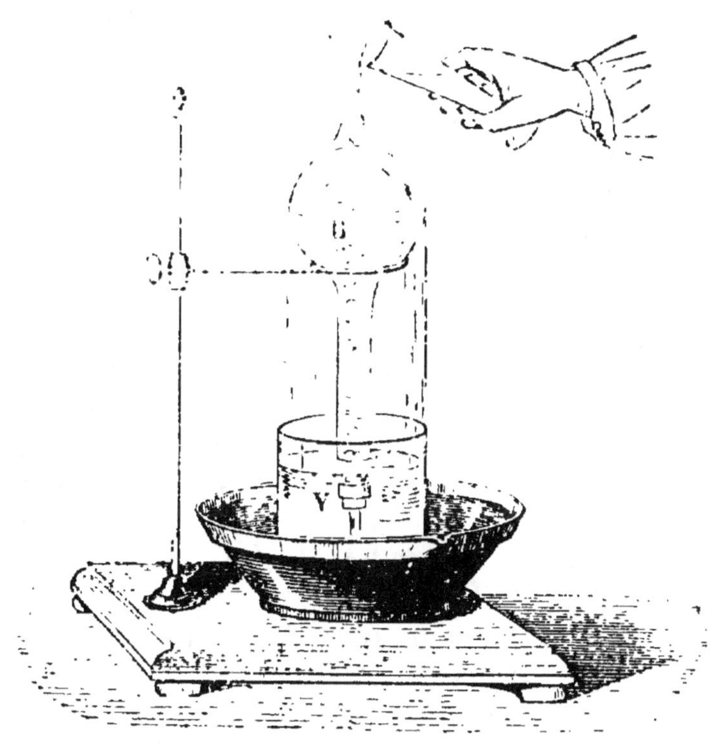

Fig. 66.

élastique ; elle presse donc sur le liquide et l'empêche
de bouillir. Si cette atmosphère diminuait de pression
l'ébullition se ferait, bien que l'eau ne soit plus à
100°. Or, pour amoindrir la force élastique de la
vapeur, il y a un moyen bien simple : c'est de refroidir cette vapeur. Versons par conséquent de l'eau
froide sur le haut du ballon. Une partie de la vapeur
se liquéfie par le refroidissement, et aussitôt le liquide
se met à bouillonner en tumulte aussi bien que s'il

était sur un foyer ardent. Mais de nouvelles vapeurs se forment, et le haut du ballon s'emplit d'une atmosphère dont la pression croissante arrête l'ébullition. Le liquide retombe alors au repos. Une seconde ablution d'eau froide diminue la force élastique de cette atmosphère en condensant en partie les vapeurs, et l'ébullition reprend de plus belle, pour s'arrêter encore, quand les vapeurs formées exercent une pression suffisante. Si l'eau froide arrive d'une manière continue, de façon que les vapeurs soient condensées à mesure qu'elles se forment, le contenu du ballon est dans une ébullition permanente, bien qu'il se refroidisse de plus en plus. Enfin, quand le liquide du ballon, son atmosphère de vapeurs et l'eau versée sur l'appareil ont même température, l'ébullition cesse, parce qu'il n'y a plus de condensation possible.

9. Marmite de Papin. — Chauffée dans un vase ouvert, l'eau ne peut dépasser la température correspondant à la pression qu'elle supporte, celle de 100°, si la pression atmosphérique est de 760 millimètres, car, dès qu'il est en ébullition, un liquide ne gagne plus en température. Mais en chauffant l'eau dans un vase exactement fermé, qui ne laisse aucune issue aux vapeurs, on peut lui faire acquérir la température que l'on veut et retarder indéfiniment son ébullition. Dans ce cas, en effet, les vapeurs accumulées dans la partie supérieure du vase, exercent elles-mêmes une pression qui augmente sans cesse avec la température et permet au liquide, en l'empêchant de bouillir, d'acquérir indéfiniment de la chaleur. Mais il faut que le vase soit d'une solidité à toute épreuve pour pouvoir résister à la force élastique énorme des vapeurs emprisonnées. La marmite de Papin remplit ces conditions. C'est un épais vase en

bronze A (fig. 67), contenant de l'eau et exactement
bouché par un couvercle solide que serre une vis VE
maintenue par un
étrier CG. En *s*, le
couvercle est percé
d'un orifice que
ferme une soupape
maintenue en place
par un levier D ,
auquel est suspen-
du un poids mobile
P. Ce poids est
placé plus ou moins
loin sur le levier
suivant la force
élastique que l'on
ne veut pas dépas-
ser. Arrivées à un
certain degré de
puissance, les va-
peurs de la mar-
mite peuvent, en

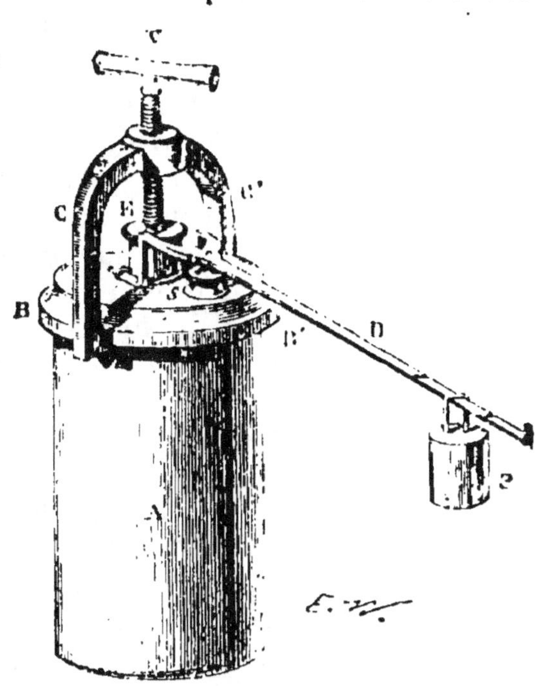

Fig. 67.

effet, soulever par leur pression la soupape *s* et s'écouler
au dehors ; mais pour cela il leur faut vaincre la résistance du levier, résistance plus grande si le poids est
appendu plus loin, plus faible si le poids est plus rapproché. On règle donc ce poids de manière à ne pas
dépasser 30, 40 atmosphères par exemple. Quand cette
pression sera obtenue, si la température s'élève encore,
la soupape s'ouvrira et les vapeurs s'écouleront dans
l'air. Dès lors la force élastique ne pourra dépasser la
limite qu'on s'est imposée. C'est ce qu'on nomme une
soupape de sûreté, parce qu'elle préserve l'opérateur
des terribles dangers d'une explosion, en laissant

11.

échapper à temps les vapeurs surabondantes. Dans la marmite de Papin, l'eau peut acquérir la température que l'on veut, 200° par exemple si la soupape est réglée pour 16 atmosphères, 270° si la soupape est réglée pour 27 atmosphères, etc. Dans cette eau aussi chaude qu'on le désire, les os se ramollissent, l'étain et le plomb entrent même en fusion. Mais il faut se rappeler qu'à ces hautes températures, la vapeur de l'eau est douée d'une puissance formidable, qui exige une prudence extrême et des vases d'une solidité exceptionnelle.

10. **Chauffage à la vapeur.** — Le retour des vapeurs à l'état liquide se nomme *condensation* ou *liquéfaction*. Pendant ce changement d'état, la chaleur latente, dont le rôle cesse dès que cesse l'état gazeux, redevient chaleur sensible et produit des effets thermométriques. Un kilogramme de vapeur d'eau renferme, à l'état latent, la même quantité de chaleur qu'il faudrait pour élever de 0° à 100° la température de cinq kilogrammes et demi d'eau ; de sorte que ce kilogramme de vapeur, outre la chaleur sensible qui lui donne sa température à partir de zéro, possède cinq fois et demi autant de chaleur qui échappe à nos sens. Par conséquent, si dans cinq kilogrammes et demi d'eau à zéro on fait arriver un kilogramme de vapeur à 100°, celle-ci, en se liquéfiant, abandonnera à l'eau froide sa chaleur latente redevenue sensible, et l'on obtiendra finalement en tout six kilogrammes et demi d'eau à la température 100°. Sur ce nombre, un kilogramme est évidemment donné par la vapeur elle-même, ramenée à l'état liquide, mais conservant sa température primitive.

L'industrie utilise fréquemment ce principe pour

chauffer de grandes masses d'eau sans les exposer directement à la chaleur d'un foyer. Imaginons, par exemple, une grande cuve en bois pleine d'eau froide qu'il faut porter à l'ébullition. A cet effet, on amène au fond de la cuve, au moyen d'un tuyau de conduite, la vapeur qui se forme dans une chaudière placée sur le feu, quelquefois à une assez grande distance. Un seul foyer avec sa chaudière peut ainsi chauffer l'eau à la fois dans de nombreuses cuves, plus ou moins distantes, et placées à des étages différents.

11. Distillation. — Chaque liquide se vaporise à une température déterminée qui lui est propre ; l'alcool à 78°, l'eau à 100°, etc. Si l'on chauffe graduellement un mélange de deux liquides vaporisables à des températures différentes, le plus facile à vaporiser entrera le premier en ébullition ; et, si ses vapeurs, au lieu de se répandre librement dans l'air, s'engagent dans un tube conducteur refroidi, elles s'y condenseront. On aura de la sorte opéré la séparation des deux liquides, dont l'un, moins vaporisable, reste dans le vase servant à chauffer le mélange, et dont l'autre, plus vaporisable, est recueilli à part à l'aide de la formation de ses vapeurs suivie de leur condensation. On donne à cette opération le nom de *distillation*. La distillation a pour but de séparer des substances inégalement volatilisables qui se trouvent mélangées. Un appareil distillatoire ou *alambic* se compose d'une *chaudière* C surmontée d'une espèce de dôme A nommé *chapiteau*, d'un *serpentin* S, et d'un *réfrigérant* R. C'est dans la chaudière qu'on chauffe le liquide soumis à la distillation. Les vapeurs formées se rendent dans le serpentin ou tube roulé en spirale. De l'eau froide sans cesse renouvelée remplit le réfrigérant et enveloppe le serpentin (fig. 68.)

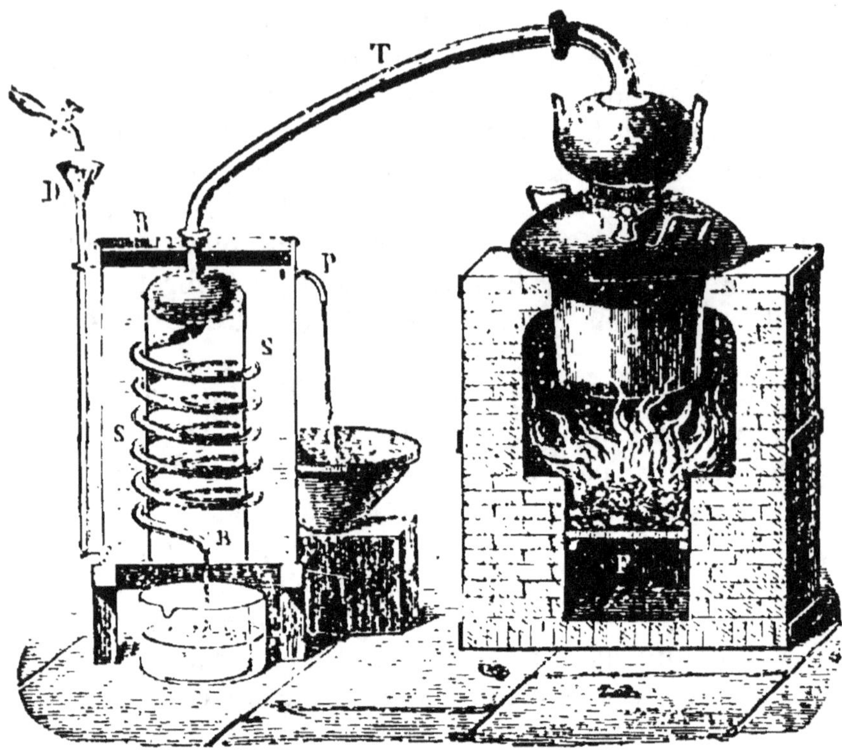

Fig. 68.

QUESTIONNAIRE.

1. Qu'est-ce que l'évaporation? — Qu'est-ce que la vaporisation? — 2. Comment l'évaporation est-elle une cause de refroidissement? — 3. Expliquer les frissons au sortir d'un bain. — Que nomme-t-on alcarazas? — Quel danger présente un courant d'air quand on est en transpiration? — Quels sont les liquides dont l'évaporation refroidit le plus? — 4. Comment s'opère la congélation

de l'eau dans le vide? — 5. Citer les expériences que l'on peut faire avec l'éther, le sulfure de carbone, l'acide sulfureux liquide, le protoxyde d'azote liquéfié. — Comment s'obtient le plus grand refroidissement que l'on sache produire? — Quel effet produit sur nous le contact d'un corps très-froid, du mercure congelé par exemple? — 6. Qu'est-ce que l'ébullition? — D'où provient le frémissement qui précède l'ébullition de l'eau? — Dire le point d'ébullition de quelques liquides remarquables. — Que présente de remarquable l'ébullition d'un liquide? — Pourquoi la température est-elle stationnaire pendant toute la durée de l'ébullition? — 7. Comment la pression atmosphérique modifie-t-elle le point d'ébullition? — Pourquoi sur les hautes montagnes l'eau bout-elle à une moindre température que dans la plaine? — A quelle température bout l'eau au sommet du Mont-Blanc? — Quelle précaution faut-il prendre pour obtenir le point fixe supérieur du thermomètre? — 8. Comment fait-on bouillir de l'eau en refroidissant l'atmosphère de vapeur qui la surmonte? — 9. Comment fait-on pour chauffer de l'eau au delà de 100°? — Décrire la marmite de Papin. — Quel est le rôle de sa soupape? — Quelle température peut acquérir l'eau dans la marmite de Papin? — 10. Quelle quantité de chaleur latente y a-t-il dans un kilogramme de vapeur d'eau? — Expliquer le principe du chauffage à la vapeur. — Qu'appelle-t-on condensation ou liquéfaction? — 11. Quel est le but de la distillation? — Quelles sont les parties essentielles d'un appareil distillatoire?

CHAPITRE VI.

FORCE ÉLASTIQUE DES VAPEURS.

1. Force élastique à la température de l'é-

bullition. — Par suite de leur état gazeux, les vapeurs de tout liquide sont douées de force élastique; elles exercent une pression plus ou moins considérable sur les parois des vases qui s'opposent à leur expansion. Cette force élastique augmente avec la température, mais plus rapidement. A la température de son ébullition, tout liquide émet des vapeurs dont la force élastique est égale à une atmosphère, c'est-à-dire équivaut à la pression de l'atmosphère ou bien au poids d'une colonne de mercure de 76 centimètres de hauteur. La raison en est évidente. Pour se dégager de la masse liquide et se répandre dans l'air, les vapeurs ont à vaincre la pression atmosphérique qui s'exerce à la surface du liquide; elles doivent donc posséder une force élastique équivalente. Aussi l'eau qui bout à 100°, l'alcool qui bout à 78°, l'acide sulfureux liquide qui bout à — 8°, émettent tous, à ces températures si différentes, des vapeurs de même force élastique, enfin des vapeurs d'une pression égale à celle de l'atmosphère.

2. Force élastique à des températures supérieures à celle de l'ébullition. — Considérons particulièrement la vapeur d'eau, la plus importante de toutes à cause de son emploi comme puissance motrice. A 100°, elle a la force élastique d'une atmosphère; à des températures supérieures, que l'on obtient en chauffant l'eau dans un vase clos, comme il a été dit au sujet de la marmite de Papin, sa force élastique augmente très-rapidement et acquiert une puissance énorme. Imaginons une chaudière close, très-solide, où la vapeur s'engendre; mettons la chaudière en rapport avec un manomètre destiné à mesurer la force élastique de la vapeur formée, puis élevons graduellement la température : nous observerons les forces élastiques contenues dans le tableau suivant :

Température.	Force élastique de la vapeur d'eau évaluée en atmosphères.
100°	1
121°	2
134°	3
144°	4
152°	5
160°	6
165°	7
171°	8
176°	9
180°	10
184°	11
188°	12
195°	14
201°	16

3. Mode d'emploi de la vapeur comme puissance motrice. — Le problème de l'emploi de la vapeur, comme puissance mécanique, a été pour la première fois résolu vers la fin du dix-septième siècle, par une des gloires de la France, l'infortuné Denis Papin, qui, après avoir fourni le point de départ de la machine à vapeur, source incalculable de bien-être, languit à l'étranger dans la misère et l'abandon. L'idée fondamentale de Papin, idée féconde qui devait centupler les forces de l'homme, est d'avoir songé à faire agir la vapeur sur un piston se mouvant dans un cylindre. Cette idée fut reprise et perfectionnée plus tard par James Watt, qui, d'abord pauvre ouvrier mécanicien dans une petite ville de l'Écosse, devint, par son génie et ses découvertes sur l'emploi de la vapeur, l'un des hommes les plus importants de son siècle.

Représentons-nous un gros cylindre creux en métal exactement fermé aux deux bouts. C'est là ce qu'on nomme le corps de pompe. Un piston, également en métal et de même calibre que le corps de pompe, peut glisser, aller et venir dans la cavité de ce dernier, s'il est convenablement poussé dans un sens ou dans l'autre. Par chacune de ses extrémités, le corps de pompe peut, tour à tour, recevoir de la vapeur de la chaudière ou laisser écouler dans l'air celle qu'il contient déjà. D'autre part, cette entrée et cette sortie de la vapeur sont réglées de telle sorte que, lorsque le corps de pompe reçoit d'un côté du piston la vapeur de la chaudière, il laisse écouler dans l'atmosphère celle qu'il renferme de l'autre côté, et réciproquement. Quand elle arrive à droite, la vapeur, trouvant de ce côté toute issue fermée, agit sur le piston par sa force élastique et le pousse à gauche, à la condition que la vapeur n'agisse pas en même temps en sens inverse; et c'est ce qui a lieu, car en ce moment la vapeur contenue dans le compartiment de gauche s'écoule en liberté dans l'air. Cela fait, la vapeur cesse d'arriver à droite, et celle qu'il y a déjà s'échappe au dehors; à gauche, au contraire, il en arrive. Le piston est donc chassé à droite par une poussée égale à la première. Au moyen de cette arrivée et de cet écoulement alternatif de la vapeur des deux côtés du piston, celui-ci est animé d'un mouvement de va-et-vient qui lui fait parcourir, dans un sens, puis dans l'autre, alternativement, toute la longueur du corps de pompe. Pour utiliser ce mouvement, on munit le piston d'une solide tige en métal qui pénètre dans le corps de pompe par un orifice percé au milieu de l'une de ses extrémités et tout juste suffisant pour livrer passage à la tige sans laisser échapper la vapeur. L'extrémité de la tige saillante au dehors est donc animée du même mouvement de va-et-vient que le piston. C'est elle qui se rattache à la machine qu'il faut faire mouvoir et lui communique sa force et son mouvement, transformé en mouvement révolutif par d'ingénieuses combinaisons.

4. Pression exercée sur le piston. — L'énergie de ce mouvement est très-facile à évaluer. Supposons que l'eau de la chaudière soit chauffée à 152°. La force élastique de la vapeur est alors de cinq atmosphères c'est-à-dire qu'elle presse comme le ferait par son poids une colonne de mercure de 5 fois 76 centimètres de hauteur, ou bien une colonne d'eau de 5 fois 10 mètres environ. La pression est ainsi de 500 kilogrammes à peu près pour chaque décimètre carré de surface. Si la surface du piston est de 20 décimètres carrés, ce piston éprouve donc, tour à tour à droite et à gauche, une pression de 10000 kilogrammes. Mais comme, lorsqu'une face du piston est en rapport avec la vapeur de la chaudière, l'autre est en rapport avec l'air, chose nécessaire pour l'écoulement de la vapeur qui ne doit plus agir, l'atmosphère presse sur cette dernière face et contre-balance une partie de la poussée supportée par la première. Le piston n'obéit donc, en réalité, qu'à une poussée de quatre atmosphères, c'est-à-dire, à cause de l'étendue de la surface, à une poussée représentée par un poids de 8000 kilogrammes à peu près.

5. Locomotive. — Parmi les innombrables applications de la vapeur, nous nous bornerons à en signaler deux des plus remarquables : la locomotive et les bateaux à vapeur. On appelle locomotive la machine à vapeur qui, sur les chemins de fer, entraîne à sa suite la file de wagons composant un convoi. La première locomotive qui ait rempli les conditions d'un emploi vraiment usuel, a été construite, en 1829, en Angleterre, par Robert Stephenson. Par une heureuse coïncidence, la première voie ferrée au service des voyageurs venait d'être établie entre Manchester et Liverpool. Un concours fut ouvert pour la meilleure machine propre à traîner des fardeaux sur cette voie. La locomotive de Stephenson, *la Fusée*, remporta le prix.

Une locomotive est presque en entier formée par la chaudière, portée sur six roues (fig. 69). Le foyer se trouve en arrière. La flamme et la fumée qui s'en dégagent traversent l'eau de la chaudière par une centaine de tubes en cuivre B, et vont se rendre dans la cheminée placée en avant. Cette disposition a pour but de mettre en rapport avec l'eau une grande étendue de surface chauffée, afin de produire rapidement et en abondance la vapeur nécessaire au jeu de la machine. De chaque côté de la chaudière se trouve un corps de pompe horizontal A, que la figure représente ouvert. La tige du piston est reliée par une *bielle* à un point de la grande roue voisine et met celle-ci en rotation. Après avoir agi sur le piston, la vapeur s'élance dans la cheminée du foyer et par son écoulement active beaucoup le tirage. La voiture qui vient immédiatement après la locomotive s'appelle le *tender*. Là se trouve les provisions de charbon pour entretenir le foyer, et la provision d'eau qu'une pompe, mise en mouvement par la locomotive même, injecte peu à peu dans la chaudière pour remplacer celle qui s'est vaporisée.

Il semble d'abord que les roues, mues par la vapeur, devraient tourner sur place, glisser sans avancer. Mais, à cause du poids considérable de la loco-

Fig. 49.

motive, il s'établit un tel frottement entre les roues et les rails, que le glissement est impossible et se trouve remplacé par un roulement en avant. Une locomotive à voyageurs pèse 22000 kilogrammes ; une locomotive à marchandises en pèse 37000. On en construit même qui pèsent 49000 kilogrammes. C'est à la faveur de ce poids énorme que le frottement devient assez énergique pour amener la progression. La puissance d'une locomotive n'équivaut pas, il s'en faut de beaucoup, au poids de la charge entraînée, car il suffit d'un effort de 4 kilogrammes environ pour remorquer sur la voie ferrée un poids de 1000 kilogrammes ou d'une tonne. Aussi, avec des pistons d'un diamètre médiocre, une locomotive à voyageurs peut-elle remorquer, à raison d'une douzaine de lieues par heure, un convoi dont le poids total atteint 150000 kilogrammes. Une locomotive à marchandises remorque, avec une vitesse de 7 lieues par heure, un poids total de 650000 kilogrammes.

6. **Bateaux à aubes.** — Papin, en possession de sa découverte féconde, le piston se mouvant dans un cylindre par la poussée de la vapeur, fit construire un bateau à palettes tournantes, pour démontrer, disait-il, par quel moyen le feu rend un ou deux hommes capables de plus d'effet que plusieurs centaines de rameurs. En mettant en pièces l'ingénieuse machine qui se passait des forces de l'homme et leur portait ombrage, des mariniers anéantirent les dernières espérances de l'inventeur. Fulton, au commencement de ce siècle, reprit les palettes tournantes de Papin et eut la gloire d'établir définitivement la navigation à vapeur. Un service par ce système fut établi entre New-York et Albany ; puis, en 1812, le premier bateau à vapeur apparut dans les mers de

l'Europe; il s'appelait la *Comète*. Les espérances de Fulton ont été largement dépassées: la navigation par la vapeur est aujourd'hui une des grandes puissances des nations.

Le bateau est mis en mouvement par deux genres de propulseurs: les *roues à palettes* et *l'hélice*. Le propulseur est mû lui-même par une machine à vapeur installée dans le bateau. Les roues à palettes sont les premières en date: Fulton les employait dans ses constructions. Elles consistent en deux grandes roues, disposées l'une à droite, l'autre à gauche du bateau, vers la région moyenne. Leurs aubes viennent tour

Fig. 70.

à tour choquer l'eau violemment et prennent ainsi appui sur le liquide pour pousser le bateau en avant (fig. 70).

7. Bateaux à hélice. — L'ingénieur suédois Éricson obtint le premier, en 1836, des résultats satisfaisants en employant l'hélice comme propulseur. L'hélice (fig. 71) se compose de trois ou quatre ailes à surface courbe, rappelant les ailes d'un moulin à vent ou mieux des segments de la lame spirale d'un tire-bouchon. L'hélice est complètement immergée

dans l'eau. Elle est à l'arrière du bâtiment et se meut
autour d'un axe parallèle à la
quille (fig. 72). A cause de la
forme-spirale de ses ailes,
l'hélice en tournant dans
l'eau, se comporte à peu
près comme un tire-bouchon
qui tourne dans le liège. Le
tire-bouchon progresse parce
que sa lame spirale trouve
appui dans la masse traversée; de même l'hélice progresse dans l'eau et pousse le

Fig. 71.

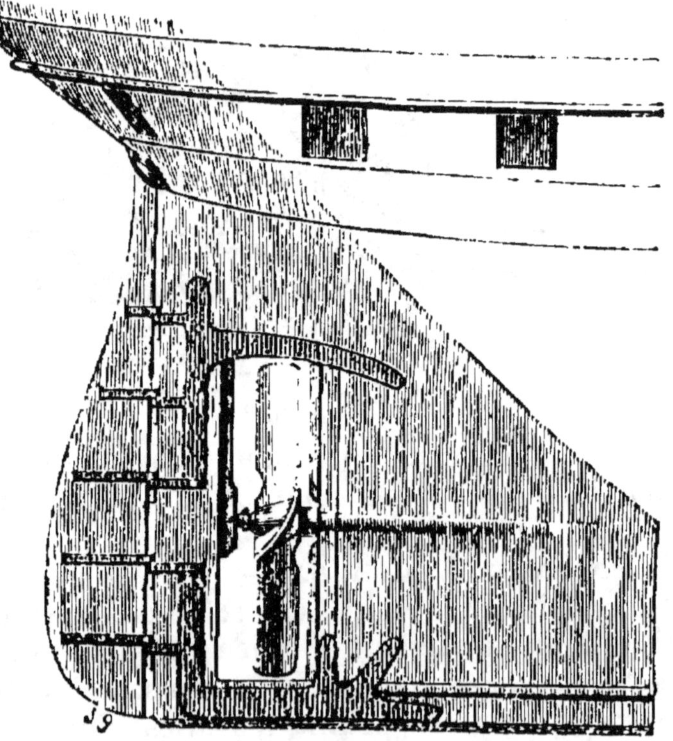

Fig. 72.

navire, en prenant appui sur l'eau violemment frappée.

D'après les relevés statistiques faits en 1863, l'ensemble des machines à vapeur fonctionnant en France seulement représente en puissance le travail de 1853670 chevaux de trait ou de 12975690 hommes de peine. Toute la population de l'empire apte à travailler, ne réaliserait pas cette puissance mécanique.

QUESTIONNAIRE.

1. Lorsqu'un liquide atteint son point d'ébullition, quelle est la force élastique de ses vapeurs ? — Pourquoi cette force élastique est-elle égale à une atmosphère ? — 2. Comment peut-on augmenter la force élastique de la vapeur ? — 3. A qui doit-on la première idée de l'emploi de la vapeur comme force motrice ? — Par qui a été perfectionnée l'idée fondamentale de l'inventeur ? — Dire la manière dont la vapeur agit dans le corps de pompe. — 4. Comment se calcule la pression exercée à tour de rôle par la vapeur sur chaque face du piston ? — 5. Quel est l'inventeur de la locomotive ? — Quelles sont les parties essentielles d'une locomotive ? — Que présente de remarquable le foyer ? — Où se rend la vapeur après avoir agi sur le piston ? — Pourquoi les roues motrices avancent-elles au lieu de tourner sur place ? — Quel effort faut-il en moyenne pour remorquer 1000 kilogrammes sur une voie ferrée ? — 6. Quel emploi Papin fit-il de son invention ? — Que devint son bateau à palettes tournantes ? — A qui doit-on les premiers bateaux à roues ? — 7. Qu'est-ce que l'hélice des bateaux à vapeur ? — Comment l'hélice fait-elle progresser un bateau ? — Quelle est l'importance des machines à vapeur en France ?.

CHAPITRE VII.

MÉTÉOROLOGIE.

1. Cause du vent. — Le vent est de l'air qui se déplace ; c'est un torrent atmosphérique qui, né d'un manque d'équilibre, se précipite dans de nouvelles régions. Sa principale cause est l'inégale distribution de la chaleur à la surface du sol. L'air est diathermane ; il ne s'échauffe que très-difficilement par l'action directe des rayons du soleil ; il s'échauffe très-bien, au contraire, au contact du sol échauffé lui-même par le soleil. Devenu plus léger par la dilatation, l'air chaud quitte le sol et s'élève dans l'atmosphère, tandis que l'air froid des contrées plus ou moins éloignées accourt prendre sa place. Il se produit ainsi un double courant : l'un supérieur, allant de la contrée chaude à la contrée froide ; l'autre inférieur, dirigé de la contrée froide vers la contrée chaude.

2. Expérience de Franklin. — Ouvrons la porte qui fait communiquer un appartement chauffé avec un autre qui ne l'est pas, et présentons une bougie allumée tantôt en haut de l'ouverture de la porte, tantôt en bas. Dans le premier cas, on voit la flamme de la bougie se diriger de l'appartement chauffé vers l'appartement froid ; dans le second cas, la flamme se dirige de l'appartement froid vers celui qui est chaud. Cette double direction de la flamme, en sens diamétralement opposé, accuse deux courants : l'un d'air chaud, à la partie supérieure de la porte, où la flamme est chassée de l'appartement chauffé vers celui qui ne l'est pas ; et l'autre d'air froid, à la partie inférieure de la porte, où la flamme se dirige de l'appartement froid vers celui qui est chaud. — Les mêmes faits se reproduisent entre deux régions voisines à inégale température. Il s'établit entre elles deux courants aériens, l'un inférieur dirigé de la région froide vers la région chaude; l'autre supérieur dirigé de la région chaude vers la région froide.

3. Brises de terre et de mer. — Les vents dus à des causes accidentelles, variables d'un jour à l'autre, d'une contrée à l'autre, sont dits *vents irréguliers*; ceux qui soufflent d'une manière constante ou par périodes régulières sont dits *vents réguliers*. Parmi ces derniers sont la brise et les alizés.

Sur toutes les côtes maritimes règne un vent remarquable par sa régularité, et qui, suivant l'heure de la journée, souffle de la mer à la terre, ou de la terre à la mer ; on lui donne le nom de brise. Le matin, vers les huit ou neuf heures, la brise commence à souffler de la mer à la terre, elle acquiert toute sa force vers trois heures de l'après-midi et s'apaise avant le coucher du soleil. Les navires à voiles profitent de ce vent, brise de mer, pour se rapprocher des côtes et entrer dans le port. Après le calme du soir, un nouveau mouvement se manifeste dans l'air, mais en sens inverse du précédent. Le vent souffle alors de la terre à la mer. Toute la nuit, il gagne en force jusque vers le lever du soleil ; puis il s'affaiblit et cesse quand la chaleur du jour commence à se faire sentir. C'est à la faveur de ce vent, nommé brise de terre, que les navires à voiles sortent du port.

La cause des deux brises réside dans l'inégalité du pouvoir absorbant et du pouvoir émissif du sol et de la mer pour la chaleur. Avec sa surface limpide, polie, miroitante, la mer est peu apte à s'échauffer par insolation, mais elle est aussi douée d'un faible pouvoir émissif. Au contraire, le sol, rugueux, inégal, de couleur sombre, s'échauffe et se refroidit avec facilité. Pendant le jour sous l'action des rayons solaires, la terre ferme s'échauffe donc plus que la mer et pendant la nuit elle se refroidit davantage. L'air qui s'échauffe ou se refroidit surtout au contact des corps en rapport avec lui, se trouve par conséquent à une température plus élevée sur la terre que sur la mer pendant le jour, et à une température moindre pendant la nuit. De là résultent l'afflux de l'air de la mer sur la terre, ou la brise marine pendant le jour, et l'afflux inverse ou la brise terrestre pendant la nuit.

4. **Alizés.** — On nomme *vents alizés* des vents qui, toute l'année, soufflent dans une invariable direction : nord-est pour notre hémisphère, sud-est pour l'hémisphère opposé. Christophe Colomb les observa le premier; et ses compagnons, saisis d'épouvante devant l'inexorable constance de ces vents qui les poussaient vers l'inconnu, se demandaient si jamais ils pourraient regagner leur patrie. Les alizés ont pour cause la rotation de la terre et la température élevée des étendues avoisinant l'équateur.

L'air chaud et plus léger de l'équateur s'élève et gagne les hautes régions atmosphériques, tandis qu'il est remplacé par l'air froid et plus lourd affluant du nord et du sud. Si la terre était immobile, il se produirait ainsi, pour les contrées équatoriales, un vent continuel soufflant du nord au sud dans l'hémisphère septentrional, et du sud au nord dans l'hémisphère méridional. Mais à cause de la rotation de la terre de l'ouest à l'est, la direction de ces vents continus est changée. En effet, la masse d'air froid se portant vers l'équateur est animée d'une certaine vitesse de rotation, commune à la fois à l'atmosphère et à la terre. Cette vitesse n'est pas la même partout, parce que le cercle décrit autour de l'axe n'a pas la même ampleur d'un bout du globe à l'autre ; elle est plus grande à l'équateur, là où le cercle parcouru est le plus grand, et elle va en diminuant peu à peu jusqu'aux pôles, où elle est nulle. Ainsi l'air des régions froides, animé de la vitesse de rotation de son point de départ, s'avance vers l'équateur avec une vitesse insuffisante pour suivre le mouvement général ; il est en retard par rapport à la terre tournant de l'ouest à l'est, et les mêmes effets se produisent que si la masse aérienne était elle-même animée d'un mouvement de translation inverse est-ouest sur la terre immobile. Cette direction est-ouest du remous de l'air en retard sur le mouvement général se combine, dans notre hémisphère avec la direction nord-sud suivant laquelle se fait l'afflux. De là résulte un vent à direction intermédiaire, c'est-à-dire un vent de nord-est. Dans l'hémisphère austral, l'air se déplace dans le sens sud-nord, et par suite de la rotation du globe produit de la même manière un vent du sud-est.

A ces courants inférieurs, amenant vers l'équateur l'air plus froid des régions du nord et du sud, correspondent des courants de retour, inverses et supérieurs, dus à l'ascension des couches d'air équatoriales. Les premiers sont les *alizés inférieurs*, les seconds sont les *alizés supérieurs*.

5. Vapeur atmosphérique. — Dans les conditions d'une température moyenne, une nappe d'eau laisse, en 24 heures, évaporer 1 litre d'eau environ par mètre carré de surface. Chaque kilomètre carré de la mer fournit donc à l'atmosphère en ce laps de temps 1000000 de litres d'eau. Les trois quarts à peu près de l'étendue du globe étant occupés par les eaux de la mer, l'atmosphère doit recevoir journellement, par l'évaporation des océans, près de 400000000 de fois un million de litres d'eau. A cela il faut ajouter les vapeurs fournies par le sol humide, par les diverses nappes d'eau douce, fleuves, lacs, marécages, enfin par la transpiration des animaux et l'exhalation des végétaux. Un arbre ne doit pas être de très-grande taille pour exhaler, par l'ensemble de ses feuilles, une dizaine de kilogrammes de vapeur d'eau en 24 heures. La transpiration invisible qui s'effectue à la surface de notre corps fournit à l'air environ un kilogramme d'eau par jour. Toutes ces évaluations approximativement faites, on est saisi d'étonnement devant la prodigieuse masse de vapeur sans cesse émise dans l'atmosphère. Mais l'évaporation est exactement contre-balancée par la chute des vapeurs en gouttes de pluie, en flocons de neige, en noyaux de grêle ; tantôt ici, tantôt ailleurs, sous une forme ou sous l'autre, retombent les vapeurs aériennes surabondantes.

6. Moyens de constater l'humidité atmosphérique. — Une foule de moyens se présentent de reconnaitre la présence constante de l'humidité dans l'atmosphère. Exposée à l'air une carafe pleine d'eau très-fraiche et dont on a eu soin de bien essuyer l'extérieur, se couvre rapidement, surtout en été, d'une couche d'humidité, qui en ternit la transparence et se convertit en gouttelettes ruisselantes. Ces gouttelettes d'eau proviennent de la vapeur contenue dans l'air, vapeur qui s'est condensée au contact de la carafe froide. Un vase plein d'un mélange réfrigérant se prête encore mieux à cette observation. Une capsule contenant un liquide très-volatil, sur lequel on souffle pour l'évaporer rapidement, se recouvre au dehors d'une pellicule de glace, provenant de la vapeur atmosphérique condensée d'abord et enfin congelée par le refroidissement que produit le liquide évaporé. Certaines substances, avides d'eau, s'emparent chimiquement de la vapeur ambiante. L'acide sulfurique concentré, abandonné à l'air, augmente de volume et s'affaiblit par l'absorption de l'humidité aérienne; la chaux vive s'éteint et tombe peu à peu en poussière; la potasse caustique se résout en liquide.

7. Hygromètre de Saussure. — Certains corps de nature animale, la peau, le parchemin, les cordes de boyau, se tendent, se raccourcissent dans une atmosphère sèche, se relâchent et s'allongent dans une atmosphère humide. Les cheveux surtout sont remarquables sous ce rapport. C'est sur ce principe que de Saussure a basé la construction d'un instrument propre à reconnaitre le degré d'humidité de l'air. On le nomme *hygromètre*, de deux mots grecs signifiant mesure

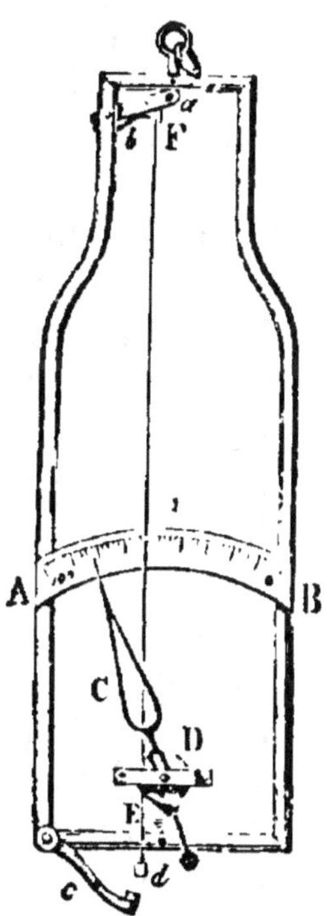

Fig. 73.

de l'humidité. L'extrémité supérieure d'un cheveu, de 3 décimètres environ de longueur, est fixée dans une pince *a* suivant l'axe d'un cadre en laiton (fig. 73). L'extrémité inférieure s'enroule sur une des gorges d'une poulie double D, et s'y fixe en un point. Sur la seconde gorge passe un fil de soie E dont l'extrémité libre porte un poids *d* d'une paire de décigrammes, destiné à maintenir le cheveu légèrement tendu. La poulie est armée d'une aiguille C, dont la pointe parcourt les divisions d'un arc de cercle AB, tantôt dans un sens tantôt dans l'autre, suivant que le cheveu s'allonge par l'humidité, ou se raccourcit par la sécheresse.

Deux points fixes sont à déterminer pour la graduation de l'hygromètre : le point d'humidité extrême ou de saturation, et le point de sécheresse absolue. Pour obtenir le premier, on suspend l'instrument dans une cloche dont les parois sont mouillées avec de l'eau et reposant sur une assiette pleine du même liquide. Peu à peu l'évaporation sature d'humidité l'atmosphère de .a cloche, et l'aiguille, mue par le poids *d* qui descend à mesure que le cheveu s'allonge, s'achemine lentement vers une extrémité de l'arc. Quand l'aiguille est devenue stationnaire, l'air de la cloche contient toute la vapeur qu'il peut contenir ; il est saturé. On marque 100° au point ainsi déterminé. L'hygromètre est alors suspendu dans une cloche sèche reposant sur une assiette pleine de chaux vive. Le peu d'humidité que l'air de la cloche contient est absorbé par la chaux, et l'aiguille de l'hygromètre, mise en mouvement par le cheveu qui se raccourcit, s'achemine vers l'autre extrémité de l'arc. Le point de sécheresse complète est obtenu quand l'aiguille cesse de se déplacer. Là où elle s'arrête, on marque 0. Les deux points extrêmes obtenus, on divise l'intervalle qui les sépare en 100 parties égales constituant les degrés de l'hygromètre. — Jamais, dans les conditions naturelles, l'aiguille n'atteint la division 0 ou le point de sécheresse absolue; jamais non plus, même pendant une forte pluie. elle n'atteint la division 100°, ou le point d'humidité extrême. En moyenne, elle se tient à la division 72°, qui correspond à la demi-saturation de l'air.

8. Brouillard. — En son état normal, la vapeur d'eau est invisible; mais lorsqu'un abaissement de température survient, elle éprouve un commencement de condensation et se résout en une fine poussière liquide, en une espèce de fumée visible qui prend le nom de brouillard. La vapeur aqueuse que nous exhalons à chaque expiration pulmonaire est vapeur invisible en été, à cause de la température extérieure assez élevée; elle est vapeur visible, fumée, brouillard en hiver, parce que la température extérieure est assez froide pour lui faire éprouver un commencement de condensation.

Une évaporation continuelle a lieu, tant à la surface du sol humide qu'à la surface des différentes nappes d'eau. Les couches inférieures de l'atmosphère s'imprègnent donc incessamment de vapeur. Si ces couches sont assez froides, les vapeurs y éprouvent un commencement de condensation et produisent un brouillard. Telle est la cause des brumes qui, dans les matinées de printemps et d'automne, couvrent les vallées où se trouvent des marécages ou des cours d'eau. Plus tard, quand le soleil est assez vif, ces brouillards se dissipent, parce que les vapeurs à demi condensées qui les forment, se redissolvent dans l'air par l'effet de la chaleur et deviennent invisibles.

9. Nuages. — Mais si les couches inférieures de l'atmosphère sont chaudes, elles s'élèvent dans les hautes régions emportant avec elles les vapeurs invisibles dont elles se sont imprégnées au contact du sol humide et des nappes d'eau. Cette masse d'air chaud et chargé de vapeurs rencontre, en s'élevant plus haut, des températures de plus en plus froides; il arrive ainsi un moment où les vapeurs ne peuvent plus être tenues en dissolution complète et se résolvent en un brouillard qui prend alors le nom de nuage. Un nuage n'est donc qu'un brouillard formé dans les hauteurs de l'air par la vapeur, d'abord invisible, qu'entraîne un courant ascendant d'air chaud.

Tous les nuages ne se composent pas de cette fine poussière liquide que nous appelons brume, vapeur visible. A des hauteurs un peu grandes, le refroidissement est assez énergique pour amener les vapeurs à l'état de glace. Des ascensions aérostatiques ont permis, en effet, d'observer, au milieu même de l'été, à 6000 mètres de hauteur, des nuages uniquement composés de très-fines aiguilles de glace. On appelle *cirrus* les nuages qui présentent cette singulière constitution. Vus d'ici-bas, ils ont tantôt l'aspect de légers flocons pareils à des touffes de laine crépue, tantôt celui de filaments déliés d'une blancheur éclatante, faisant un vif contraste avec le bleu foncé du ciel. De tous les nuages, ce sont les plus élevés : ils atteignent souvent 7000 mètres et plus de hauteur. Quand les cirrus prennent la forme de petits nuages arrondis, moutonnés, le ciel qui en est couvert est dit pommelé. C'est d'ordinaire un présage de changement de temps. — On donne le nom de *cumulus* à ces gros et magnifiques nuages blancs à contours arrondis qui s'entassent sur l'horizon pendant les chaleurs de l'été, comme d'immenses montagnes d'ouate. Leur apparition est signe d'orage. — On nomme *stratus* les nuages disposés par bandes étagées au bord de l'horizon au moment du coucher du soleil. Ce sont ces nuages qui, aux dernières lueurs du jour, surtout en automne, resplendissent des reflets des métaux en fusion et de la pourpre ardente de la flamme. Les stratus rouges du soir annoncent le beau temps, ceux du matin la pluie. — Enfin, on appelle *nimbus* un ensemble de nuages sombres, d'un gris uniforme et confondus l'un dans l'autre. Ces nuages se résolvent ordinairement en pluie.

10. Pluie. Serein. — Quand, à la suite d'un refroidissement survenu dans une certaine région de l'atmosphère, les vapeurs se liquéfient, alors elles se résolvent en gouttelettes de pluie qui tombent par leur propre poids. D'abord fort petites, ces gouttelettes augmentent de volume en route, soit par la condensation de nouvelles quantités de vapeur à leur surface, soit par la réunion d'autres gouttelettes pareilles. Elles nous arrivent donc, en général, d'autant plus grosses qu'elles viennent de plus haut. — En été, surtout dans les vallées profondes et humides, il tombe quelquefois, un peu après le coucher du soleil et sans qu'il y ait de nuages au ciel, une petite pluie extrêmement fine qu'on appelle *serein*. Cette pluie résulte de la condensation que la disparition du soleil provoque dans l'air de la vallée chargé d'humidité. Il ne manque à cette poussière liquide que de tomber d'une plus grande hauteur, à travers de l'air humide, pour devenir des gouttes de pluie.

11. Neige. — La neige doit, comme la pluie, son origine aux vapeurs atmosphériques. Lorsque le refroidissement de l'atmosphère est assez vif, les vapeurs se congèlent et se groupent en cristaux de neige, très-réguliers par un temps calme, mais déformés, brisés par leur choc mutuel quand souffle un vent trop fort. Ces cristaux, à formes très-variées et d'une admirable élégance, sont dérivés de l'hexagone. La figure 74 reproduit, sous une forte amplification, quelques-unes de leurs formes.

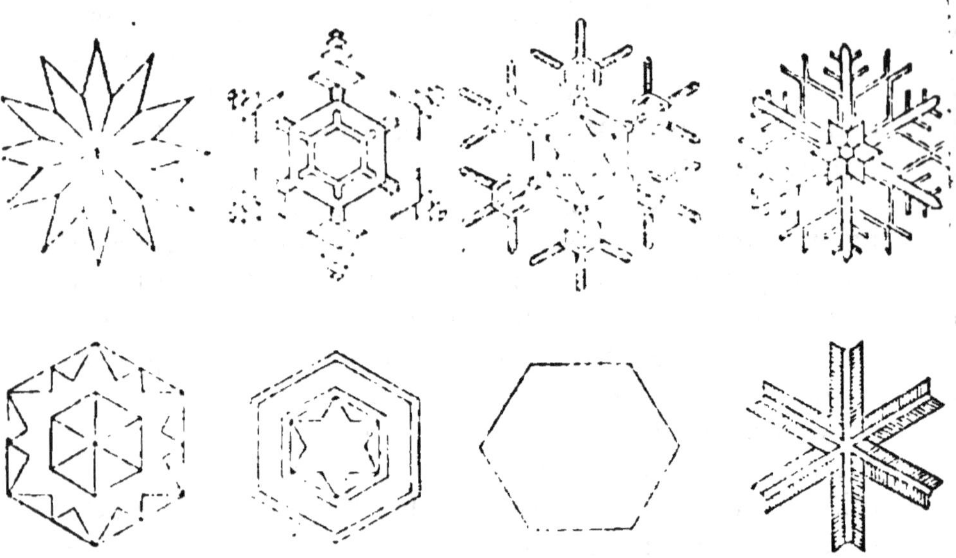

Fig. 74.

12. **Verglas**. — Si, pendant une pluie fine, il règne à la surface du sol une température inférieure au zéro thermométrique, la pluie se congèle en touchant la terre et couvre tous les objets et le sol lui-même d'un vernis de glace appelé *verglas*. Les arbres recouverts, jusque sur les moindres rameaux, d'une couche unie et transparente comme le verre, ont, en cet état, l'aspect d'immenses lustres de cristal.

13. **Grêle**. — Les vapeurs atmosphériques se condensent d'autres fois en noyaux de glace, durs et transparents, que l'on nomme grêlons. En général, les grêlons ont la grosseur d'un pois ou d'une noisette; d'autres fois, ils sont moins gros; mais aussi, dans quelques cas, heureusement fort rares, ils attei-

gnent la grosseur du poing. La grêle précède ou accompagne les pluies d'orage, mais ne vient jamais après. Les nuages qui la produisent sont d'une étendue et d'une épaisseur considérable; ils voilent le ciel d'une grande obscurité. La chute de la grêle est presque toujours accompagnée du tonnerre, et souvent précédée d'un bruit sourd particulier qu'on attribue au choc mutuel des grêlons chassés par la violence du vent. Ce bruit est parfois tellement fort, qu'on croirait entendre le galop retentissant d'un escadron de cavalerie sur le pavé d'une rue.

14. Rosée. —Tous les objets placés à la surface du sol et le sol lui-même se refroidissent pendant la nuit en déperdant par le rayonnement la chaleur que leur avait communiquée l'insolation. La valeur du refroidissement varie du reste d'un corps à l'autre suivant le pouvoir émissif. Or, on sait qu'au contact d'un vase plein d'un mélange réfrigérant, ou simplement d'eau fraîche, la vapeur contenue dans l'air se condense et se résout en gouttelettes. Pareille chose arrive au contact des corps refroidis par le rayonnement nocturne ; la vapeur de l'air ambiant se liquéfie et se dépose sur ces corps en formant ce qu'on appelle la *rosée*. La rosée ne tombe donc pas des nuages comme le fait la pluie ; elle provient directement de l'air qui enveloppe les objets sur lesquels elle se dépose. Avec un pouvoir émissif considérable, le refroidissement est plus vif et le dépôt de rosée plus abondant. Aussi les objets ternes, rugueux, de couleur sombre, comme la terre, l'écorce des arbres, les feuilles des plantes, etc., sont ceux qui se couvrent le mieux de rosée. Par un ciel couvert, la rosée est peu abondante et même nulle. Les nuages interposés dans l'atmosphère entravent le rayonnement vers les espaces célestes, cause du refroidissement nocturne ; ils ajoutent une enveloppe protectrice supplémentaire à celle de l'air et modèrent la perte de chaleur subie par les corps terrestres. Le refroidissement n'étant pas assez vif, l'air au contact des corps ne dépose pas son humidité. La rosée au contraire est abondante pendant les nuits sereines, parce que le rayonnement nocturne acquiert alors toute son intensité. Un abri produit, pour l'étendue qu'il recouvre, le même effet que les nuages. Sous un arbre feuillé, il n'y a pas de rosée ; il y en a tout autour sur le terrain à découvert.

15. **Gelée blanche.** — Si le refroidissement nocturne est suffisant pour amener la congélation, la rosée se dépose sous forme de petites aiguilles de glace, qu'on appelle *givre* ou *gelée blanche*. Sur la face intérieure des carreaux de nos fenêtres, il se dépose, pendant les nuits froides et sereines, une cristallisation en forme de palmes et de feuilles de fougère d'une exquise élégance. L'humidité de l'air de l'appartement, condensée et congelée sur les vitres refroidies par le rayonnement nocturne, produit ces admirables dessins de glace, comme l'humidité de l'air extérieur produit les houppes de givre sur les rameaux des arbres.

QUESTIONNAIRE.

1. Quelle est la principale cause du vent ? — Comment sont dirigés les deux courants inverses ? — 2. En quoi consiste l'expérience de Franklin ? — 3. Qu'appelle-t-on brise de terre et brise de mer ? — Quelle est leur cause ? — 4. Dans quelle direction soufflent les alizés ? — Comment ces vents sont-ils produits ? — Qui les a observés le premier ? — 5. Donner une idée de la quantité de vapeur

d'eau journellement émise dans l'atmosphère ? — 6. Comment peut-on constater la présence de la vapeur d'eau dans l'air ? — 7. En quoi consiste l'hygromètre de Saussure ? — Comment le gradue-t-on ? — Que signifie le zéro de l'hygromètre ? — Que signifie le degré 100? — A quel degré se tient en moyenne l'hygromètre ? — A quelle quantité de vapeur correspond ce degré ? — 8. Comment se forme le brouillard ? — Expliquer comment les vapeurs de l'exhalation pulmonaire sont tantôt invisibles et tantôt visibles? — D'où proviennent les brumes pendant les matinées froides ? — 9. Quelle est la nature des nuages? — Quelle est leur plus grande élévation ? — Qu'est-ce que les cirrus ? — Que présage un ciel pommelé ? — Qu'appelle-t-on cumulus, stratus, nimbus ? — 10. Comment se forme la pluie ? — Comment se forme le serein ? — 11. D'où provient la neige ? — Que présente de remarquable sa forme? — 12. Qu'est-ce que le verglas ? — 13. Dans quelles conditions apparait la grêle ? — 14. Expliquer la formation de la rosée ? — Tous les corps se couvrent-ils également de rosée ? — Pourquoi ne s'en forme-t-il pas pendant les nuits couvertes? — 15. Quelle est l'origine de la gelée blanche ? — Expliquer l'origine des cristallisations de glace à l'intérieur des vitres des appartements.

TROISIÈME PARTIE.

ÉLECTRICITÉ.

CHAPITRE Iᵉʳ.

ÉLECTRICITÉ DÉVELOPPÉE PAR LE FROTTEMENT.

1. Corps aptes à s'électriser directement. — Si l'on frotte vivement sur du drap bien sec certains corps, comme une baguette de verre, un morceau de résine, un bâton de cire d'Espagne ou de soufre, ces corps acquièrent la propriété passagère d'attirer les fétus de paille, les parcelles de papier, les barbes de plume et autres menus objets. Les anciens avaient reconnu cette propriété dans une espèce de résine fossile, l'ambre jaune, nommée *électron* par les Grecs. De ce mot vient l'expression d'électricité pour désigner la cause de l'attraction des corps légers par la résine, le soufre, le verre, etc., frottés. Parmi les expériences élémentaires que l'on peut faire sur l'électricité sans le secours des appareils d'un cabinet de physique, il n'en est pas de plus frappante que celle-ci. Par un temps très-sec, en hiver surtout, si l'on chauffe sur le poêle une bande de papier ordinaire et qu'on la frotte sur le genou, on reconnait qu'elle peut, après la friction, attirer les corps légers. Disposée sur la tête d'une personne, à une petite distance, elle attire les cheveux et les fait se dresser. Rapprochée du visage, elle produit une impression particulière comparable à celle qui résulterait du conctact d'une toile d'araignée. A l'approche du doigt, elle s'illumine tout à coup d'une lueur phosphorescente parfaitement visible dans l'obscurité, et donne une étincelle qui jaillit sur le doigt en pétillant.

2. Corps bons conducteurs et corps mauvais conducteurs. — Certains corps conduisent mal l'électricité ; ils l'entravent dans sa propagation et la gardent aux points frottés. Les autres la laissent se propager avec une facilité, sinon parfaite, du moins assez grande pour qu'il soit impossible de la maintenir en ces corps tant qu'ils sont en rapport avec le sol. Si le frottement les électrise, l'électricité développée se distribue aussitôt dans toute leur étendue, de là dans la main, dans le corps de l'opérateur, et finalement dans le sol, où elle se déperd. Les premiers sont appelés *mauvais conducteurs* de l'électricité. Ce sont, en particulier, le verre, la résine, le soufre, l'ambre, la gomme laque, la soie, l'air sec, le papier. Les seconds sont dits *bons conducteurs*. Les principaux sont: les métaux, le charbon, l'eau, les végétaux, les animaux, l'air humide, le sol. Tous les corps mauvais conducteurs s'électrisent directement, parce que l'électricité développée en un de leurs points s'y conserve quelque temps sans pouvoir se dissiper dans le sol. Les autres ne peuvent s'électriser, si l'on ne prend certaines précautions, parce que l'électricité developpée se déperd dans le sol, par l'intermédiaire de l'opérateur, à mesure que la friction en dégage. Si donc l'on se propose d'électriser un corps bon conducteur, il est de toute nécessité de *l'isoler*, c'est-à-dire d'interposer entre lui et le sol un corps mauvais conducteur qui empêche la déperdition de l'électricité, du verre, par exemple, ou de la cire d'Espagne, de la gomme laque, de la soie, indifféremment.

3. Corps isolants. Electrisation d'un corps bon conducteur. — Employé dans ce but, un corps mauvais conducteur porte le nom de corps *isolant*. Une expérience va nous démontrer son efficacité. Prenons une tige en laiton A (fig. 75). Si nous la te-

Fig. 75.

nions directement à la main, jamais trace d'électricité ne s'y manifesterait. L'électricité développée se transmettrait du métal bon conducteur à notre main, à notre corps, et aussitôt apparue se dissiperait dans le sol. Isolons la tige, c'est-à-dire emmanchons-la à une poignée de verre B, par laquelle l'appareil est saisi. Si maintenant on la frotte avec une peau de chat, avec un morceau de taffetas verni, la tige de métal s'électrise très-bien et attire les corps légers, comme le font, sans cette précaution, le verre, la résine et les autres mauvais conducteurs. La matière isolante, la poignée de verre s'oppose au passage de l'électricité développée par la friction; elle la maintient sur le métal et dès lors celui-ci acquiert les propriétés électriques.

L'expérience que voici achève la démonstration. Une personne monte sur un tabouret dont les pieds sont en verre. Sur pareil support, elle est électrique-ment isolée. Une seconde personne frappe la première avec une peau de chat, et bientôt il est possible de tirer de celle-ci des étincelles plus ou moins vives. A la condition d'être isolé, le corps de l'homme peut

donc aussi s'électriser par le frottement. Une atmosphère sèche est nécessaire à la réussite de pareilles expériences, car l'air humide conduit bien l'électricité et
la laisse déperdre à mesure qu'elle se développe.

4. **Deux espèces d'électricité.** — L'ensemble
des faits observés conduit à admettre deux espèces
d'électricité : l'une pareille à celle qui se développe sur
le verre frotté et nommée pour ce motif *électricité vitrée*, l'autre pareille à celle qui se développe sur la résine et nommée *électricité résineuse*. La première se
nomme aussi *électricité positive*, et la seconde *électricité négative*.

*Les électricités de même nom se repoussent, les électri-
cités de nom contraire s'attirent.* On le constate comme
il suit. Une petite bille en moelle de sureau A est
suspendue à un support par un fil isolant en soie E

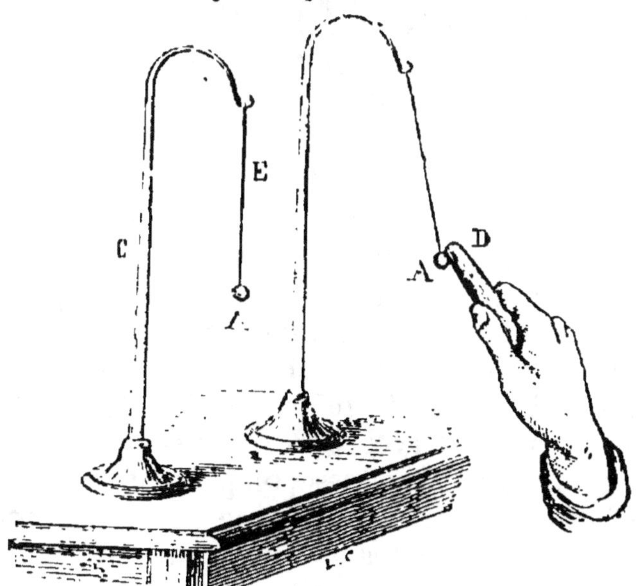

Fig. 76.

(fig. 76). C'est ce qu'on nomme un *pendule électrique*.

On frotte sur du drap une baguette de **verre**, et, une fois électrisée, on la présente à la bille de sureau. Celle-ci est attirée, elle abandonne sa position verticale pour venir au contact du verre D (fig. 76). Mais dès

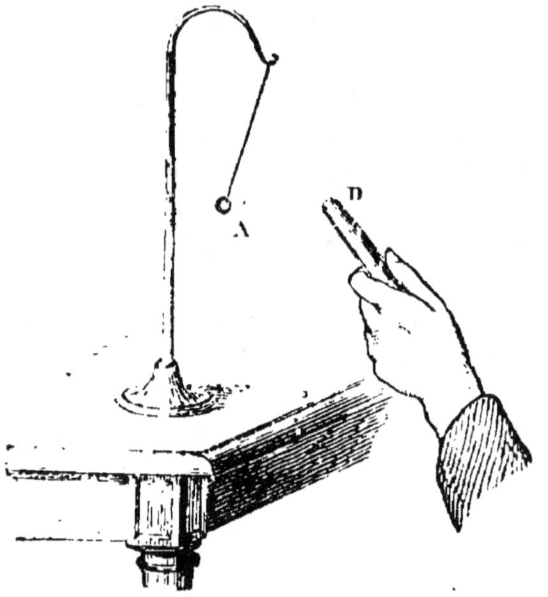

Fig. 77.

que le contact a eu lieu, elle se détache et fuit devant la baguette de verre si l'on cherche à l'atteindre (fig. 77). L'attraction première s'est changée en répulsion parce que, au moment du contact, le bâton de verre a communiqué à la bille une charge électrique de même nature. Maintenant qu'ils possèdent l'électricité de même nom, les deux corps se repoussent. Mais à la même bille que le verre repousse, on présente un bâton de résine frotté, il y a attraction parce que les deux corps possèdent des électricités de nom contraire.

5. Développement simultané des deux électricités. — Les deux électricités se développent toujours à la fois ; le corps frotté prend une électricité, le corps frottant prend l'autre. Un disque de verre A (fig. 78) est frotté contre un disque de bois recouvert de drap B. Les deux disques sont emmanchés à des poignées de verre P et P'. Après quelques frictions, on les présente à tour de rôle à un pendule électrique préalablement touché avec une baguette de verre frottée contre du drap à la manière ordinaire et par conséquent chargé d'électricité vitrée. Le disque de verre repousse le pendule, ce qui indique qu'il possède, lui aussi, l'électricité vitrée. Le disque de drap l'attire, et par conséquent il possède l'électricité résineuse.

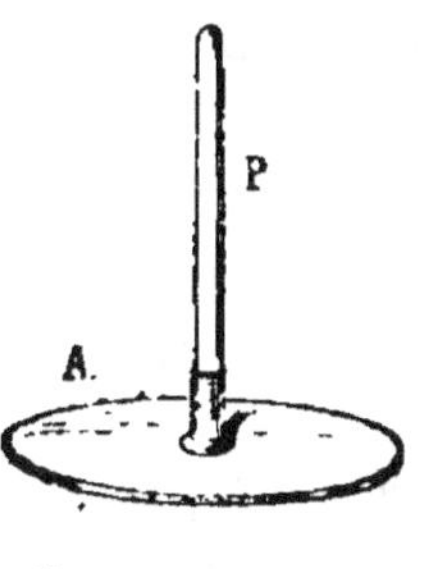

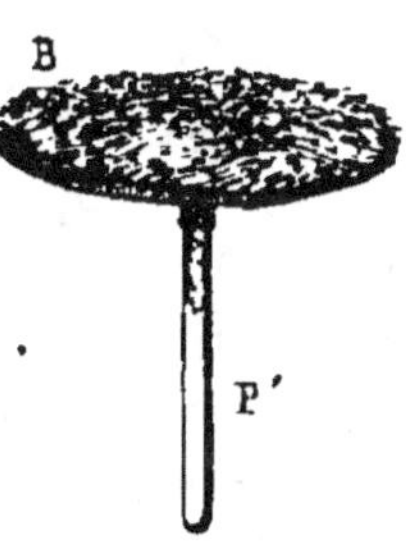

Fig. 78.

Une personne montée sur un tabouret isolant à pieds de verre s'électrise, quand elle est frappée par une autre avec une peau de chat. Son électricité est vitrée. L'électricité résineuse doit donc se développer en la personne qui frappe; mais comme celle-ci communique avec le sol, cette électricité contraire se dissipe aussitôt. Si les deux personnes montent chacune sur un tabouret isolant, et que l'une d'elles frappe l'autre avec une peau de chat, les deux électricités apparaissent à la fois : la personne frappée a l'électricité vitrée, la personne qui frappe a l'électricité résineuse. Si l'air est bien sec ainsi que la peau de chat, si les tabourets isolent bien, la charge électrique sur chacune des deux personnes est suffisante pour donner des étincelles à l'approche du doigt.

6. Électricité neutre. — Tous les corps contiennent en quantité indéfinie une espèce d'électricité dont rien ne trahit la présence, électricité inactive, latente, qu'on nomme *électricité neutre*. Par le frottement et divers autres moyens, cette électricité neutre se dédouble en électricité vitrée ou positive, et en électricité résineuse ou négative. Le dédoublement opéré, les propriétés électriques apparaissent. Autant l'électricité neutre est inactive, autant les deux électricités résultant de sa décomposition sont actives. Elles se recherchent, s'attirent, tendent à se réunir pour reconstituer de l'électricité neutre, et de cette tendance résulte leur activité. Une fois associées à l'état d'électricité neutre, elles retombent dans le repos.

La théorie de l'électricité peut se résumer en ces quelques propositions. Il y a partout, en quantité inépuisable, de l'électricité neutre, dont rien de sensible ne manifeste la présence. Elle résulte de l'association, à proportions égales, de l'électricité positive et de l'électricité négative. Électriser un corps, c'est décomposer son électricité neutre en ses deux électricités élémentaires, positive et négative. Tel est le motif pour lequel l'une n'apparaît pas sans l'autre. Une fois séparées, les deux électricités élémentaires reprennent leur activité, latente dans l'électricité neutre. L'électricité d'une espèce recherche l'électricité d'espèce contraire, pour reconstituer avec elle de l'électricité neutre. Les électricités de nom contraire s'attirent, les électricités de même nom se repoussent.

7. L'électricité se porte à la surface des corps bons conducteurs. — L'électricité dont un corps est chargé n'est pas distribuée dans la masse entière de ce corps, elle se trouve uniquement à la surface. — Une sphère creuse en métal A (fig. 79) est percée en C d'une ouverture. Elle est supportée par un pied isolant. On l'électrise. Alors avec un petit disque métallique disposé à l'extrémité d'une baguette isolante de gomme laque B, on touche un point quelconque de la surface extérieure de la sphère. Par ce contact le disque métallique prend à la sphère un peu de son électricité et devient apte à attirer le pendule électrique. Mais si le même disque est plongé par l'ouverture C dans l'intérieur de la sphère pour être mis en contact avec la face interne, on le retire sans électricité ; il n'exerce pas d'attraction sur le pendule. Le disque est électrisé s'il touche le dehors de la sphère ; il ne l'est pas s'il touche le dedans. L'électricité se trouve donc exclusivement à la surface

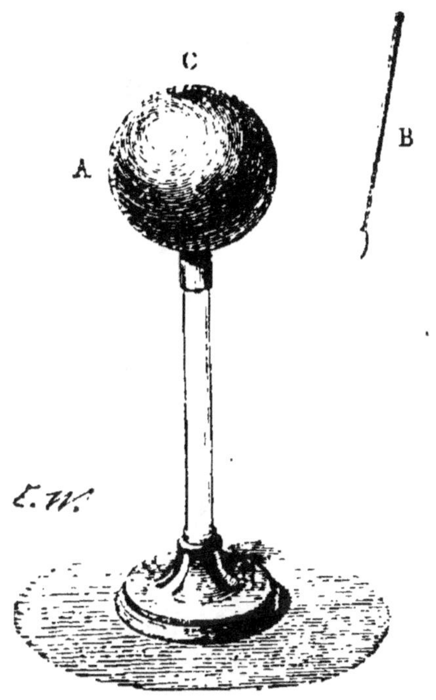

Fig. 79.

extérieure de la sphère. — Soit encore la sphère métallique A (fig. 80) isolée et électrisée. Deux hémisphères en métal B et B', emmanchés à des poignées de verre C et C', peuvent emboîter exactement la sphère. Au début, ces hémisphères sont à l'état neutre ; ils n'exercent aucune action sur le pendule. On les prend par leur manche de verre, on les applique un instant sur la sphère et on les retire. Cela fait, les hémisphères sont électrisés, ils attirent le pendule ; la sphère ne l'est plus, elle est sans action sur le pendule. — De ces expériences, il résulte que l'électricité est uniquement répandue à la superficie extérieure des corps

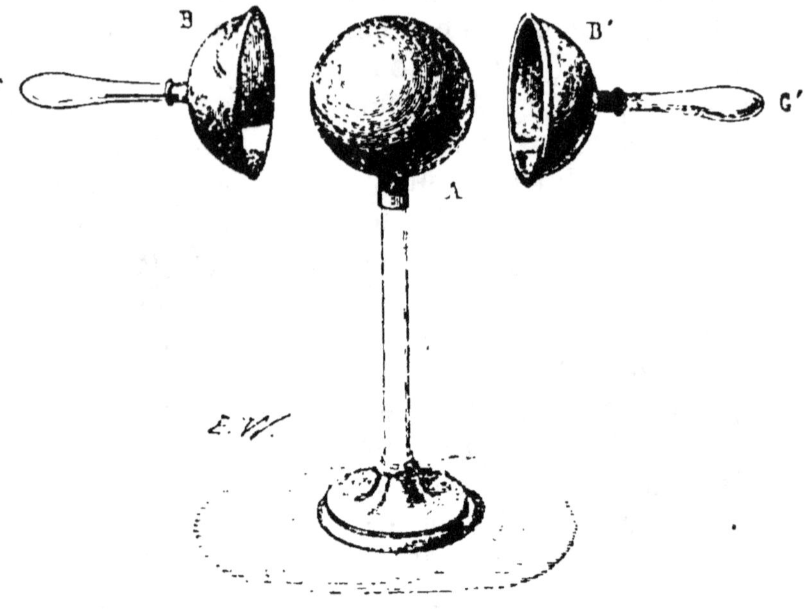

Fig. 80.

bons conducteurs. Elle y est retenue par l'air environnant, mauvais conducteur. Si cet obstacle n'existait
pas, l'électricité se propagerait plus loin, indéfiniment,
à cause de la répulsion qu'elle exerce sur elle-même.

**8. Distribution de l'électricité à la surface
des corps.** — En explorant les différents points de
la surface d'un corps électrisé avec le disque d'épreuve
que l'on présente ensuite au pendule, on reconnaît que
la charge électrique est la même en tous les points de
la surface lorsque le corps a la forme sphérique. —
Dans un corps de forme ovoïde, la charge la plus faible est dans la région la moins renflée; la charge la
plus forte est dans les régions les plus saillantes, aux
deux bouts. Si les deux bouts sont inégalement saill-
lants, le plus aigu possède la charge la plus forte. —

Sur un cube, la charge électrique est faible au milieu des faces, plus forte sur les arêtes, plus forte encore aux angles. — Sur un cône, la charge augmente de la base au sommet; et sur la pointe même, elle est si forte, qu'elle surmonte la résistance de l'air et que l'électricité s'écoule.

9. **Pouvoir des pointes.** — L'électricité se porte donc en plus grande abondance sur les arêtes, les aspérités, les angles, enfin sur toutes les parties saillantes. Sur une pointe aigüe, la charge devient telle, que l'électricité triomphe de l'obstacle de l'air et s'écoule. Et, en effet, si l'on surmonte un corps électrisé, la machine électrique par exemple, d'une pointe effilée, il est impossible de lui conserver son électricité. La machine se décharge par la pointe à mesure qu'elle se charge par son propre jeu. Dans l'obscurité, on voit ce dégagement d'électricité par une pointe former une aigrette lumineuse, épanouie si l'électricité est positive, un simple point lumineux si l'électricité est négative. On comprend alors combien il importe d'éviter les points saillants, les arêtes vives, dans tous les appareils destinés à développer ou à conserver de l'électricité. Les diverses parties doivent en être arrondies, de forme sphérique ou cylindrique,

---

QUESTIONNAIRE

1. D'où vient le mot électricité? — Quels sont les corps aptes à s'électriser directement par le frottement ? — Comment électrise-t-on une feuille de papier ? — 2. Qu'appelle-t-on bons conducteurs et mauvais conducteurs? — Citer les principaux ? — Qu'est-ce que isoler un corps ? — 3. Comment électrise-t-on un corps bon con-

ducteur ? — Le corps de l'homme peut-il s'électriser ? — Comment se fait cette expérience ? — 4. Dire les expériences faites avec le pendule électrique et prouvant l'existence de deux électricités ? — Quelle est la loi des attractions et des répulsions électriques? — 5. Par quelles expériences prouve-t-on que les deux électricités se développent à la fois? — 6. Qu'est-ce que l'électricité neutre? — Résumer la théorie de l'électricité ? — 7. Comment établit-on que l'électricité réside uniquement à la surface des corps bons conducteurs ? —8. La charge électrique est-elle la même en tous les points de la surface, quelle que soit la forme du corps? — En quels points l'électricité se porte-t-elle en plus grande abondance ? — 9. En quoi consiste le pouvoir des pointes ? — Quelles expériences fait-on sur l'écoulement de l'électricité par les pointes ? — Quelle précaution faut-il prendre relativement à la forme des appareils électriques ?

CHAPITRE II.

ÉLECTRICITÉ DÉVELOPPÉE PAR INFLUENCE.

1. Expérience sur l'électrisation par influence. — Un cylindre en laiton non électrisé CB (fig. 81), porté sur un pied isolant, est mis en face d'une machine électrique ou d'une sphère métallique A isolée et électrisée positivement par exemple. Il porte, appendus à sa face inférieure, des couples de petites balles de sureau. Les fils sont bons conducteurs ; ils sont en métal ou en lin. Dès que la sphère A et le cylindre CB sont suffisamment rapprochés, les balles de sureau de chaque couple s'écartent l'une de l'autre, et d'autant plus qu'elles sont situées plus près des extrémités du cylindre; seules, celles du milieu restent en repos.

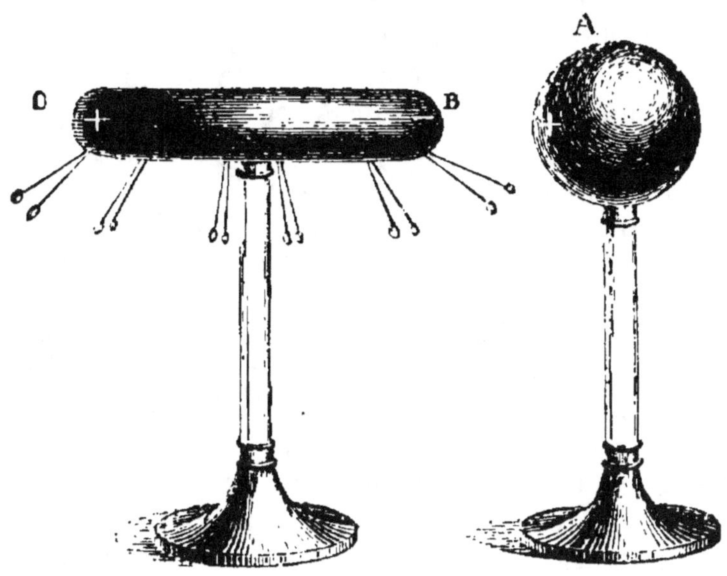

Fig. 81.

On voit, en outre, que les balles de l'extrémité la plus rapprochée de la sphère se portent vers cette sphère, tandis que les balles de l'autre extrémité se portent en sens inverse. Les balles de l'extrémité B sont attirées par la sphère; les balles de l'extrémité C sont repoussées. Si l'on approche une baguette de verre frottée contre du drap des balles de l'extrémité B, celles-ci sont attirées. Elles possèdent donc l'électricité contraire à celle du verre, l'électricité résineuse ou négative. Approchée des balles de l'extrémité C, la même baguette de verre produit une répulsion. Du côté C, il y a donc de l'électricité de même nom que celle du verre, de l'électricité vitrée ou positive. On déduit de là qu'à distance, par sa seule influence, l'électricité positive de la sphère A a décomposé l'électricité neutre du cylindre CB, en attirant à elle l'électricité négative et repoussant l'électricité positive. Le cylindre se trouve de la sorte électrisé dans ses deux moitiés ; négativement dans sa moitié tournée vers la sphère influente, positivement dans la moitié opposée. Le signe — (*moins*), symbole de l'électricité négative, et le signe + (*plus*), symbole de l'électricité positive, indiquent cette répartition électrique sur le cylindre de la figure. Les fils bons conducteurs ont propagé dans les billes de sureau l'une et l'autre des électricités du cylindre, et tel est le motif qui fait se repousser entre elles les billes d'un même couple. Elles se repoussent parce qu'elles possèdent la même électricité, négative pour les billes d'avant, positive pour les billes d'arrière. Enfin, comme la divergence des billes d'un même couple diminue à mesure que ce couple est plus près du milieu du cylindre, on voit que la charge électrique a sa plus grande valeur à chacune des extrémités du cylindre et qu'elle est nulle en son milieu ou à peu près.

2. **Retour à l'état neutre.** — Les deux électricités du cylindre CB sont maintenues séparées par l'action incessante de la sphère A, qui attire l'une et repousse l'autre. Si cette action s'amoindrit par un éloignement convenable de la sphère, on voit les balles de sureau diverger moins entre elles, signe manifeste d'une diminution dans la charge électrique des deux moitiés du cylindre. Enfin, lorsque la sphère est à une distance suffisante, son influence cesse et le cylindre retombe à l'état neutre par la recombinaison des deux électricités que rien ne maintient plus séparées.

3. **Électrisation permanente du corps influencé.** — Pour conserver au cylindre les propriétés électriques hors de l'influence de la sphère, il faudrait faire écouler l'une des électricités ; car, tant qu'elles seront en présence, elles se recombineront une fois que

la sphère n'exercera plus son action, et l'état neutre reparaîtra infailliblement. On y arrive comme il suit. Pendant que le cylindre est sous l'influence de la sphère, on le touche avec le doigt, en un point quelconque, en arrière, en avant, n'importe. L'électricité positive, repoussée par la sphère s'écoule dans le sol, tandis que l'électricité négative, retenue par l'attraction de la sphère, reste sur le cylindre. On peut alors éloigner la sphère après avoir retiré le doigt; le cylindre est désormais chargé d'électricité négative seulement. Il fournit des étincelles à l'approche du doigt, il attire les corps légers, enfin il reproduit tous les faits des corps électrisés par le frottement.

4. **Explication de l'étincelle électrique.** — On approche d'une machine électrique l'articulation du doigt, ou bien une tige métallique tenue à la main. Une étincelle jaillit entre la machine et le doigt ou la tige métallique. L'électricité positive de la machine décompose par influence l'électricité neutre du doigt, attire l'électricité de nom contraire et repousse dans le sol, par le corps de l'expérimentateur, l'électricité de même nom. Les deux électricités en présence, positive sur la machine, négative sur le doigt, s'attirent mutuellement, tendent à se combiner, et lorsque la distance est assez petite et leur accumulation suffisante, elles se précipitent soudainement l'une vers l'autre, malgré la résistance de l'air interposé, pour constituer de l'électricité neutre. De cette combinaison des deux électricités contraires naît l'étincelle. Celle-ci ne jaillit pas de la machine sur le doigt, pas plus que du doigt sur la machine; elle est produite par le concours des deux électricités contraires, issues à la fois de la machine et du doigt. — Si l'objet présenté à la machine est un corps mauvais conducteur, bâton de cire d'Es-

pagne, baguette de verre, etc., il n'y a pas d'étincelle, parce que, à cause de la mauvaise conductibilité, l'électricité de même nom ne peut s'écouler dans le sol et l'électricité de nom contraire aller au devant de l'électricité de la machine.

5. **Electrophore.** — L'électrophore est un des appareils les plus simples pour obtenir de l'électricité. Il se compose d'un disque de résine coulée dans un moule en bois CC′, et d'un plateau de bois P, recouvert d'une feuille d'étain et muni d'un manche en verre M (fig. 82). — On frotte le disque de résine avec une peau de chat. Le disque se charge d'électricité négative, qui se trouve retenue en place par la non-conductibilité de la résine, bien qu'aucune précaution ne soit prise pour éviter la communication avec le sol. Sur la résine suffisamment frottée, on applique le disque en bois recouvert d'étain. L'électricité négative de la résine agit par influence sur l'électricité neutre du plateau, et la décompose en électricité positive qui, attirée, se porte à la face inférieure du plateau, et en électricité négative qui, repoussée, se porte à la face supérieure. L'électricité positive de la face inférieure attirée par l'électricité négative de la résine, se combinerait avec elle, si les deux corps en contact,

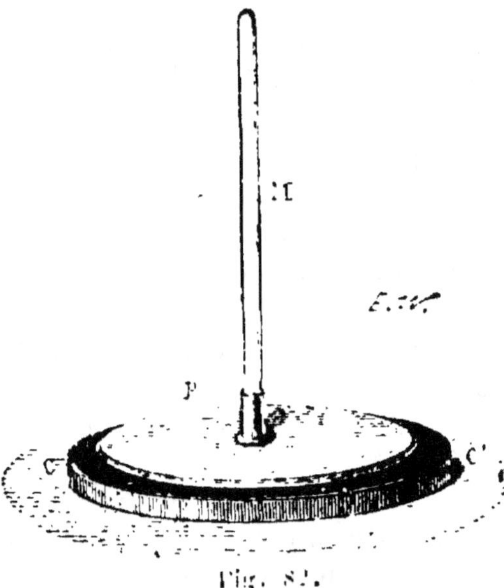

Fig. 82.

disque et plateau, étaient tous les deux bons conducteurs. Mais la non conductibilité de la résine s'oppose à cette combinaison; elle empêche l'électricité négative de quitter la résine pour se porter vers l'étain: elle empêche l'électricité positive d'abandonner l'étain pour se répandre sur la résine. Le plateau, par l'influence du disque de résine, se trouve donc chargé d'électricité négative en dessus, d'électricité positive en dessous. Si le plateau était alors soulevé par son manche en verre, ses deux électricités, circulant librement dans la feuille métallique dont il est revêtu, se recombineraient et le plateau reviendrait à l'état neutre. Mais avant de soulever le plateau, touchons-le avec la main. L'électricité négative s'écoule dans le sol, et il ne reste plus que l'électricité positive, retenue par l'électricité contraire de la résine. Soulevons enfin le plateau par son manche isolant. Son électricité positive, soustraite à l'action de l'électricité contraire de la résine, devient libre, se répand sur tout plateau et jaillit en étincelle à l'approche du doigt. — Pour recharger le plateau, il n'est pas nécessaire de recommencer les frictions, du moins d'assez longtemps; car dans ce mode d'électrisation, la résine ne perd rien, ne gagne rien : son électricité négative se borne à décomposer par influence l'électricité neutre du plateau, sans se porter elle-même sur l'étain, sans se combiner avec l'électricité contraire venue de ce métal. Il suffit : 1° d'appliquer le plateau sur le disque de résine ; 2° de le toucher avec la main; 3° de le soulever par son manche isolant pour obtenir une seconde étincelle, et ainsi de suite tant que la résine n'a pas perdu sa charge électrique par le contact prolongé de l'air plus ou moins humide.

6. **Machine électrique.** — La machine élec-

trique ordinaire est constituée par trois pièces principales, savoir : un plateau de verre mis en mouvement au moyen d'une manivelle ; des coussins qui frottent le plateau et le chargent d'électricité positive; des conducteurs isolés sur lesquels le plateau développe, par influence, de l'électricité pareille à celle dont il est lui-même chargé. Le plateau de verre CC (fig. 83) est fixé sur un axe métallique D que soutiennent deux montants en bois BB, solidement dressés sur une table. Il est mis en rotation au moyen d'une manivelle à poignée de verre E. Le plateau frotte entre quatre coussins *e*, *a*, *e'*, *a'*, disposés par paires en haut et en bas des montants en bois. Ces coussins sont rembourrés d'étain et frottés d'une composition de soufre et d'étain qu'on appelle *or mussif*. Deux conducteurs en laiton A et A' reposent sur la table par quatre pieds de verre. L'extrémité de ces conducteurs tournée du côté du plateau est armée d'une tige courbée en forme de fer à cheval *bb'* appelée *mâchoire*, qui embrasse le bord du plateau sans le toucher et porte à l'intérieur quelques pointes métalliques se terminant à une faible distance de la roue de verre. — Par le frottement, le plateau de verre acquiert l'électricité positive, et les coussins, l'électricité négative. Cette dernière s'écoule dans le sol par les montants en bois, et encore mieux par une chaîne métallique F partant des coussins. Quant à l'électricité positive du plateau de verre, elle décompose par influence l'électricité neutre des conducteurs; elle attire leur électricité négative et repousse leur électricité positive. L'électricité négative arrive aux mâchoires, s'accumule sur leurs pointes, s'écoule et se porte sur la roue. Dans l'obscurité on voit effectivement chacune de ces pointes surmontée d'un jet lumineux, signe du dégagement de l'électricité. Les conducteurs restent donc chargés d'é-

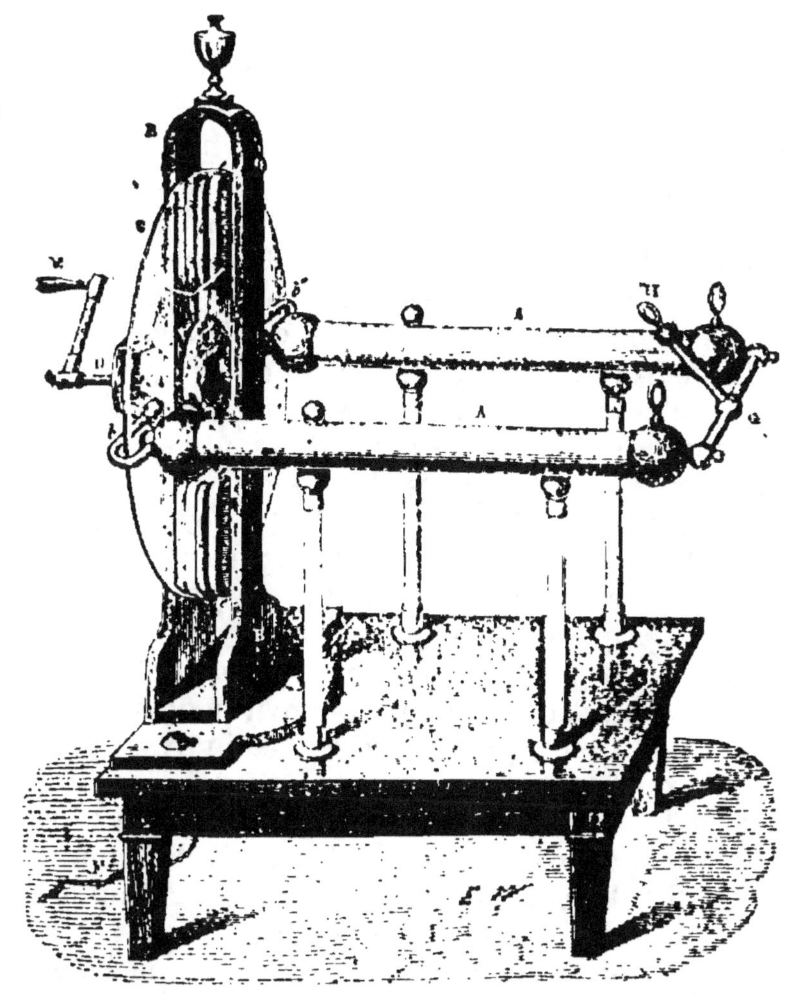

Fig. 83.

lectricité positive. En même temps, le plateau de
verre est ramené à l'état neutre par la combinaison
de son électricité positive et de l'électricité négative
écoulée par les pointes des mâchoires. Mais la rota-
tation continuant, de nouvelle électricité positive se

développe sur le plateau et par son influence augmente la charge des conducteurs. Cette charge toutefois ne peut s'accroître indéfiniment, bien que le plateau de verre continue à tourner. Il arrive un moment où la déperdition des conducteurs par l'air et par les supports, dont le défaut de conductibilité n'est jamais complet, est égale à la quantité d'électricité fournie dans un même temps par le jeu de la machine ; la limite de la charge est alors atteinte. On peut reculer cette limite en disposant des fourneaux allumés sur la table de la machine pour dessécher l'air environnant, et en frottant les conducteurs et leurs pieds de verre avec des linges secs et chauds pour en enlever les traces d'humidité. Ces précautions sont surtout nécessaires lorsque le temps est humide.

7. Electricité condensée. Bouteille de Leyde. — La bouteille de Leyde se compose d'un flacon en verre mince CC (fig. 84) rempli de feuilles d'or ou de clinquant A, A, constituant *l'armature intérieure*, et recouvert au dehors, jusqu'aux trois quarts environ de sa hauteur, d'une feuille d'étain B, B, qui forme *l'armature extérieure*. Une tige métallique A, maintenue dans le goulot par un bouchon enduit de gomme laque, plonge dans le flacon au milieu des feuilles métalliques formant l'armature intérieure. Elle se courbe en crochet au-dehors et se termine par un bouton ; au dedans, elle est terminée en pointe.

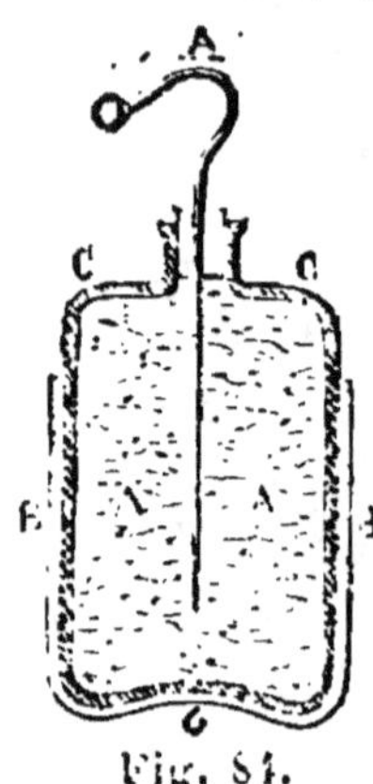

Fig. 84.

Pour charger une bouteille de Leyde, on la prend à la main par son armature extérieure, et l'on met son armature intérieure en rapport avec une machine électrique par sa tige. De l'électricité positive arrive de la machine en activité et se répand sur l'armature intérieure. Si cette armature était seule, elle prendrait une charge égale à celle de la machine, et tout se bornerait là. Mais avec les dispositions de la bouteille, les conditions sont bien changées. En effet, l'électricité positive de l'armature intérieure agit par influence, à travers la lame de verre, sur l'électricité neutre de l'armature extérieure ; elle la décompose, attire l'électricité de nom contraire et repousse dans le sol, par le corps de l'opérateur, l'électricité de même nom. L'armature extérieure se trouve ainsi chargée d'électricité négative, tandis que l'armature intérieure est chargée d'électricité positive. Les deux électricités s'attirent, elles tendent à se rejoindre à travers la paroi de verre, dont la mauvaise conductibilité s'y oppose. Par leur action mutuelle elles se maintiennent captives sur les deux faces opposées du verre et perdent ainsi leur tendance à l'écoulement. Elles sont, comme on dit, *dissimulées, latentes* ; elles ne font plus effort pour se dissiper dans l'air, et, sous certains rapports, l'appareil est à peu près dans le même cas que si elles n'existaient pas. L'armature intérieure peut donc recevoir une nouvelle électricité ; ce qui amène aussitôt une charge correspondante d'électricité négative sur l'armature extérieure. Les deux électricités contraires se *dissimulent* encore par leur attraction mutuelle à travers la lame de verre, annulent réciproquement leur tendance à la déperdition à travers l'air, et l'appareil est apte à recevoir une autre charge de la machine ; et ainsi de suite jusqu'à une certaine limite, jusqu'à ce que, par exemple, les deux électricités contraires se rejoignent en perçant le verre. On voit d'après cela que la bouteille de Leyde est un appareil *condensateur*; elle permet d'accumuler, de condenser l'électricité et d'obtenir des charges plus fortes qu'avec les simples conducteurs de la machine électrique.

8. Décharge de la bouteille de Leyde. — Pour décharger les bouteilles de Leyde, il faut faire communiquer les deux armatures par un corps bon conducteur, qui permet aux deux électricités contraires de se rejoindre et de se combiner. On tient la bouteille d'une main par l'armature extérieure, et l'on présente l'articulation d'un doigt de l'autre main au bouton de l'armature intérieure. Une vive étincelle jaillit aussitôt accompagnée d'un craquement sec. En même temps l'on éprouve une brutale secousse instantanée qui se fait principalement ressentir aux articulations des poignets, des bras, et jusque dans la poitrine. C'est ce qu'on nomme la *commotion électrique*. Si l'on veut l'éviter en déchargeant la bouteille, il faut se servir d'un *excitateur*, c'est-à-dire d'un arc métallique à deux branches mobiles que l'on met en rapport par ses extrémités avec les deux armatures.

9. Décharges successives. — On peut encore décharger la bouteille peu à peu, par très-petites étincelles, que l'on fait jaillir alternativement des deux armatures. On dépose la bouteille sur un corps isolant, tabouret à pied de verre ou disque de résine. On approche le doigt du bouton de l'armature intérieure, et une petite étincelle jaillit. On l'approche alors de de l'armature extérieure, puis de l'armature intérieure et ainsi de suite à tour de rôle. Chaque fois une faible étincelle apparaît.

10. Batterie électrique. — Pour obtenir de grandes quantités d'électricité, on emploie un assemblage de fortes bouteilles de Leyde nommées *Jarres*. Une jarre est un vase en verre à large goulot, recouvert au de-

dans comme au dehors d'une feuille d'étain, et rempli
en outre de feuilles métalliques. Pour constituer une
batterie électrique, on assemble plusieurs jarres dans
une boîte tapissée d'étain, de manière que toutes les
armatures extérieures communiquent entre elles par
ce revêtement métallique. Les armatures intérieures
sont, de leur côté, mises en communication entre elles
par des tiges qui vont d'une armature à l'autre (fig. 85).
Pour charger l'appareil, on met la tige F des armatures
intérieures en rapport avec une machine électrique au

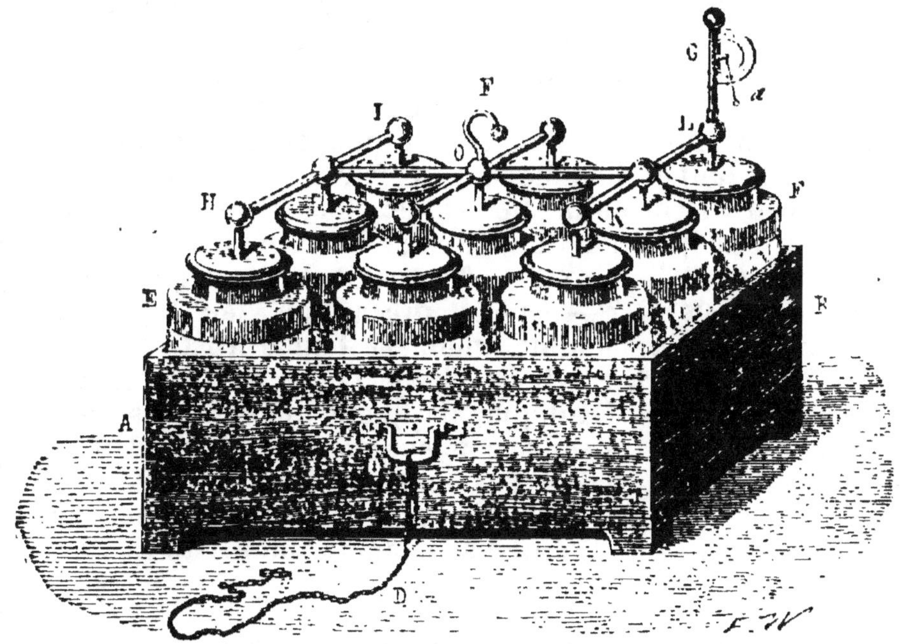

Fig. 85.

moyen d'une chaîne métallique, et l'on fait communiquer les armatures extérieures avec le sol par l'intermédiaire d'une chaîne adaptée à la poignée C, qui
elle-même communique avec le revêtement d'étain
de la boîte. Enfin pour décharger la batterie, on fait

communiquer par un excitateur la poignée G avec un point quelconque des armatures intérieures.

QUESTIONNAIRE.

1. Comment se démontre l'électrisation par influence? — De quelle manière sont réparties les deux électricités sur le corps influencé? — 2. Qu'arrive-t-il lorsque le corps influent est éloigné? — 3. Que faut-il faire pour conserver la charge électrique sur le corps influencé? — Où faut-il toucher le corps influencé pour faire écouler l'électricité de même nom que celle du corps influent? — 4. Expliquer la formation de l'étincelle électrique. — 5. En quoi consiste l'électrophore? — Comment charge-t-on le plateau? — Pour obtenir de nouvelles étincelles du plateau, faut-il chaque fois électriser la résine? — 6. Décrire la machine électrique. — Quel est le rôle de l'électricité positive du plateau? — A quoi servent les pointes des mâchoires? — Que devient l'électricité négative des coussins? — Quelles précautions faut-il prendre pour charger la machine, quand le temps n'est pas très-sec? — 7. Décrire la bouteille de Leyde. — Comment la charge-t-on? — Expliquer de quelle manière les deux électricités contraires se condensent et se dissimulent sur les deux armatures. — 8. Comment décharge-t-on la bouteille de Leyde? — 9. En quoi consiste la décharge successive? — 10. De quoi se compose une batterie électrique?

CHAPITRE III.

EFFETS DE L'ÉLECTRICITÉ.

1. Effets physiologiques. — Lorsqu'une personne monte sur le tabouret isolant et applique la main sur un conducteur de la machine électrique, elle devient comme le prolongement de ce conducteur et acquiert une charge égale à celle de la machine elle-même. Alors les cheveux se dressent, se hérissent par leur répulsion mutuelle; un souffle léger paraît courir sur le visage, et l'on éprouve une impression semblable à celle que produirait le frottement d'une toile d'araignée. Enfin, à l'approche d'un objet bon conducteur, la personne électrisée fournit des étincelles par tous les points de son corps.

Si l'on prend la bouteille de Leyde d'une main par l'armature extérieure, et que l'on approche le doigt de l'armature intérieure, les deux électricités contraires se recombinent à travers le corps, et produisent une commotion en rapport avec la puissance de la charge. Plusieurs personnes peuvent être commotionnées à la fois. Elles se prennent par la main; elles font, comme on dit, la *chaîne*. Celle qui est en tête de la chaîne prend la bouteille par la panse, et celle qui termine la série vient présenter un doigt de sa main libre au bouton de l'armature intérieure. Toutes les personnes éprouvent au même instant la commotion et avec la même force, seraient-elles au nombre de quelques centaines. Avec une batterie électrique la commotion est autrement violente, et il y aurait imprudence à s'y exposer. La décharge d'une batterie à grande surface peut tuer un animal. Celui-ci est placé sur un corps bon conducteur communiquant avec l'armature exté-rieure de la batterie, et l'on met en rapport un point de son corps avec l'armature intérieure par l'intermé-diaire d'un excitateur. A l'instant de l'explosion, l'animal est pris d'un mouvement convulsif, et, si la batterie est assez forte, il tombe mort.

2. **Effets calorifiques.** — Dans un petit vase en mé-

tal communiquant avec le sol par une chainette métallique et muni d'un bouton au fond de sa cavité, on met un liquide très-inflammable, de l'éther par exemple, ou de l'alcool un peu chauffé. Une personne montée sur le tabouret isolant présente l'articulation du doigt au bouton central du vase, en même temps qu'elle appuie l'autre main sur la machine électrique. Une étincelle jaillit et le liquide prend feu. On peut rendre l'expérience plus frappante en présentant au vase, non plus le doigt, mais un bâton de glace que l'on tient à la main. L'étincelle jaillit entre la glace et le vase et enflamme l'alcool. L'étincelle provenant d'une batterie met le feu à de l'amadou, à de l'étoupe saupoudrée de résine, à du coton-poudre, etc.

Si l'on fait passer la décharge d'une batterie dans un fil métallique très-fin, ce fil est porté au rouge, ou même fondu, volatilisé. Si l'on emploie un fil de soie doré, l'enveloppe métallique est volatilisée par la décharge de la batterie, et la soie n'éprouve aucune altération, malgré la chaleur excessive que suppose la réduction de l'or en vapeur.

3. **Effets lumineux. Forme de l'étincelle.** — Lorsqu'elle jaillit à une faible distance, l'étincelle électrique est rectiligne. Pour une longueur d'un demi-décimètre, elle est déjà sinueuse. Pour une longueur plus grande, tantôt elle prend la forme d'un trait brillant irrégulièrement sinueux, d'où s'échappent de fines ramifications; tantôt la forme d'une ligne brisée, d'un zig-zag à angles brusques. La résistance que l'air oppose à la propagation de l'électricité parait être la cause de la forme irrégulière de l'étincelle. Du moins dans le vide l'étincelle se comporte tout différemment.

4. **Lumière électrique dans le vide.** — On fait le

vide dans un vase de forme ovoïde nommé *œuf élec-trique* (fig. 86). Deux tringles terminées par des bou-tons en occupent les deux extrémités : La tringle inférieure est en rapport avec le sol, la tringle su-périeure communique avec une machine élec-trique. Quand l'air raré-fié n'a plus que quelques millimètres de pression, l'électricité jaillit entre les deux boules d'une manière calme et conti-nue, en formant un ovale lumineux et violacé, d'autant plus renflé et moins brillant que l'air est plus raréfié. Si les deux boules sont à une faible distance, il s'éta-blit entr'elles un jet de lumière violette, et la boule inférieure s'entoure d'une auréole blanche.

5. **Tubes et car-reaux étincelants.** — Le tube étincelant est un tube de verre sur lequel sont collés en série spirale de petits morceaux de clinquant séparés l'un de l'autre par un léger intervalle (fig. 87). Une pièce métallique BC, AD, termine de part et d'autre le tube. Tenant l'appareil par BC, on présente AD à la machine élec-trique. L'étincelle jaillit, et l'électricité, se propageant

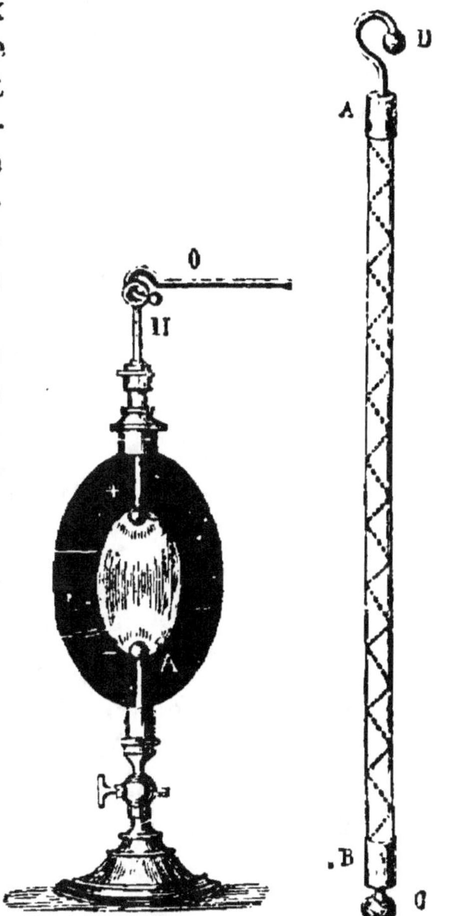

Fig. 86.   Fig. 87.

par une suite de décompositions et de recompositions le long de la spirale métallique, produit d'un bout à l'autre du tube une succession d'étincelles en chaque point d'interruption, de sorte que la spirale se dessine en un trait lumineux.

Dans le carreau étincelant (fig. 88) un étroit ruban d'étain est collé sur une lame de verre. Replié de droite

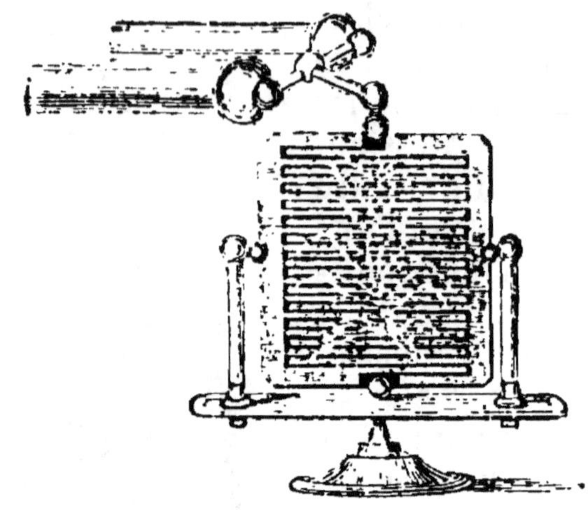

Fig. 88.

à gauche et de gauche à droite, il s'étend de l'extrémité supérieure à l'extrémité inférieure de la lame. Puis, avec une pointe, on trace à travers ce zig-zag conducteur le dessin que l'on se propose de faire apparaître par l'électricité. La pointe déchire ce ruban métallique sur son passage et produit des solutions de continuité dont l'ensemble reproduit la figure. Si l'extrémité supérieure du ruban conducteur est mise en communication avec une machine électrique, tandis que son extrémité inférieure communique avec le sol, des étincelles jaillissent simultanément en tous les points d'interruption, et la figure se manifeste en apparition lumineuse.

6. Effets mécaniques. — Entre deux pointes métalliques T, E, dont la supérieure est isolée par un support de verre A B (fig 89), on met une carte. On prend une bouteille de Leyde par son armature extérieure, contre laquelle on applique une chaînette métallique communiquant avec le pied de l'appareil et par conséquent avec la pointe inférieure, et on présente l'armature intérieure au bouton C. L'étincelle jaillit entre les deux pointes, et la carte se trouve percée d'un petit trou sur le passage de l'électricité. — La décharge d'une batterie fait éclater en plusieurs fragments un morceau de bois, si le passage de l'électricité se fait dans le sens des fibres. D'une manière générale, l'électricité échauffe, fond, volatilise les corps bons conducteurs de petite dimension, qui ne lui présentent qu'un passage insuffisant; elle laisse intacts les corps bons conducteurs, de grande dimension, qui lui fournissent un passage libre; elle brise, déchire, perce, fait éclater les corps mauvais conducteurs.

7. Effets chimiques. — L'étincelle électrique peut produire la combinaison chimique de certains corps, comme aussi elle peut détruire certaines com-

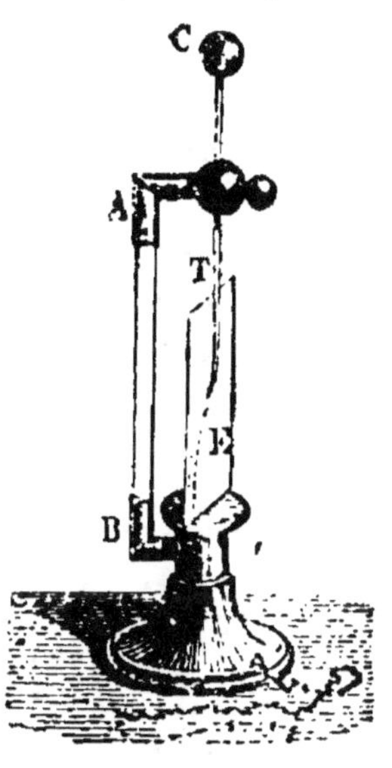

Fig. 89.

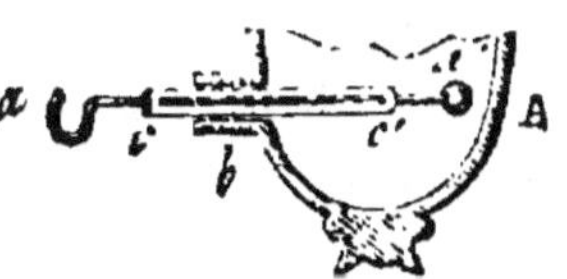

Fig. 90.

binaisons et ramener le composé à ses principes constitutifs. On remplit le pistolet de Volta (fig. 90) d'un mélange d'hydrogène et d'oxygène, ou tout simplement d'hydrogène et d'air atmosphérique ; on met le bouchon B, et tenant l'appareil à la main, on présente à la machine électrique la tige métallique *a* isolée dans un tube de verre. Une étincelle jaillit entre le bouton à et la paroi A. Le mélange gazeux aussitôt détonne violemment, et le bouchon est chassé avec fracas. Un peu de vapeur d'eau résulte de l'association chimique de l'hydrogène et de l'oxygène.

QUESTIONNAIRE.

1. Comment s'électrise une personne avec la machine électrique ? — Que présente de remarquable la personne électrisée ? — Quels effets éprouve-t-on par la décharge d'une bouteille de Leyde ? — Comment plusieurs personnes peuvent-elles éprouver à la fois la commotion électrique ? — Quel effet peut produire sur les animaux la décharge d'une batterie électrique ? — 2. Comment enflamme-t-on l'alcool par l'étincelle électrique ? — Que produit la décharge d'une batterie en traversant un fil métallique ? — 3. Quelle est la forme de l'étincelle ? — 4. En quoi consiste l'expérience de la lumière électrique dans le vide ? — 5. Qu'est-ce qu'un tube, un carreau étincelant ? — 6. Quelle est l'action de la décharge électrique sur les corps mauvais conducteurs ? — Dire l'expérience du perce-carte ? — Donner un exemple des effets chimiques de l'électricité ? — Comment se fait l'expérience du pistolet de Volta ?

CHAPITRE IV.

ÉLECTRICITÉ ATMOSPHÉRIQUE.

1. Franklin et de Romas. — La forme sinueuse de l'étincelle électrique, sa rapide propagation, son éclat, le craquement qui l'accompagne, l'odeur sulfureuse répandue sur son trajet, son action meurtrière sur les animaux, ses propriétés de fondre et de volatiliser les métaux, de mettre feu aux substances inflammables, de briser, déchirer les corps mauvais conducteurs, de provoquer de violentes commotions, etc., ont, avec la manière d'agir de la foudre, des analogies trop manifestes pour avoir échappé aux premiers observateurs. Toutefois, la démonstration de l'identité parfaite entre la foudre et l'étincelle électrique est due à Franklin et à de Romas, qui, le premier aux Etats-Unis, le second en France, obtinrent des étincelles et même des lames de feu de plusieurs mètres de longueur, de la corde d'un cerf-volant lancé vers un nuage orageux.

2. Eclair. Foudre. Tonnerre. — Le frottement est loin d'être la seule cause capable de développer de l'électricité. Toute modification survenant dans la nature intime d'un corps en développe aussi. Or, de toutes les modifications sans cesse effectuées dans les diverses substances de notre globe, la plus importante, à cause de son immense étendue, est celle qui consiste dans le passage des eaux de la surface de la mer à l'état de vapeurs sous l'influence de la chaleur solaire. L'évaporation provoque le dédoublement en ses deux principes de l'électricité neutre des eaux. De là résultent plus tard des nuages électrisés, tantôt positivement, tantôt négativement. Lorsque deux nuages électrisés d'une manière différente viennent à se trouver en présence, les deux électricités contraires accourent pour se recombiner et jaillissent avec fracas sous forme d'un trait de feu, qui jette une vive et subite lueur. Cette lueur, c'est *l'éclair*; le trait de feu, c'est la *foudre*. Sur le trajet de l'étincelle, l'air est ébranlé avec une telle violence, qu'il en résulte ce bruit éclatant, ce roulement formidable qu'on appelle le *tonnerre*.

La foudre peut jaillir encore entre un nuage et la terre. Lorsqu'un nuage orageux passe à une faible hauteur, il détermine dans le sol, par influence, l'apparition de l'électricité contraire, comme le fait le conducteur d'une machine électrique dans le doigt qu'on lui présente. Pour se rapprocher du nuage qui l'attire, cette électricité contraire gagne les points les plus saillants du sol, comme la cime d'un arbre, le sommet d'un édifice, et s'y accumule jusqu'à ce que, la charge étant suffisante de part et d'autre, les deux électricités s'élancent mutuellement à leur rencontre, et produisent un trait de feu qui foudroie l'arbre ou l'édifice. La foudre est donc une immense étincelle électrique éclatant entre deux nuages, ou entre un nuage et la terre différemment électrisés; l'éclair est la lueur de l'étincelle; le tonnerre est le bruit de l'explosion des deux électricités qui se recombinent.

3. **Longueur de la foudre.** — En regardant les nuées centre d'un orage, on voit par intervalles serpenter un trait éblouissant, simple ou ramifié, et toujours d'une forme sinueuse des plus irrégulières. Ce trait de feu, c'est la foudre. Sa longueur est fort variable; on en voit qui dépassent dix kilomètres. La charge électrique de deux nuages, tout énorme qu'elle

doit être, serait insuffisante pour rendre compte de cette longueur. Il faut croire que le trait fulminant jaillit à la fois entre divers lambeaux de nuages interposés entre les deux nuées principales, de même que l'étincelle jaillit d'une parcelle métallique à l'autre d'un tube étincelant et peut former ainsi un ruban de feu d'une longueur indéfinie.

4. **Bruit du tonnerre.** — Quand une étincelle jaillit de l'un de nos appareils électriques, elle fait entendre un pétillement sec, qui représente en petit le tonnerre, comme l'étincelle et sa lueur représentent la foudre et l'éclair. Le tonnerre est le bruit de l'explosion électrique. Pour les personnes voisines du lieu de l'explosion, c'est une détonation de très-courte durée, mais si brusque, si puissante, que nul ne l'entend sans tressaillir. Pour les personnes qui en sont éloignées, c'est un roulement qui gronde, s'enfle, éclate, semble s'apaiser, puis reprend, éclate encore à diverses reprises et meurt enfin dans l'éloignement. La forme du trait fulgurant rend compte de ces redondances du tonnerre, car le bruit nous arrive à la fois d'un nombre plus ou moins grand de points d'explosion. Les roulements successifs dépendent d'ailleurs encore de l'écho produit par le voisinage des nuées, du sol et surtout des montagnes. Dans les pays montueux, les éclats du tonnerre, roulant, rebondissant d'une montagne à l'autre, acquièrent un caractère de grandeur qu'ils n'ont jamais dans la plaine.

5. **Effets de la foudre.** — La foudre renverse, brise, déchire les corps mauvais conducteurs. Elle fait voler les rochers en éclats et en projette les fragments à de grandes distances; elle enlève la toiture de nos habitations; elle fend le tronc des arbres

et en divise le bois en menus filaments; elle renverse les murs ou même les arrache de leurs fondations. En pénétrant dans le sol, elle vitrifie le sable sur son trajet et produit des tubes irréguliers à parois vitreuses nommés *fulgurites*. Elle rougit, fond ou volatilise les corps bons conducteurs, comme les chaînes métalliques, les fils de fer des sonnettes, les dorures des cadres. C'est du reste sur les objets métalliques, c'est-à-dire sur les meilleurs conducteurs. qu'elle se porte de préférence. On a des exemples de coups de foudre réduisant en fumée, sur des personnes restées sauves, les divers objets métalliques qui se trouvaient sur elles, galons dorés, boutons en métal, pièces de monnaie. Elle enflamme les amas de matières combustibles, comme les tas de paille, les meules de fourrage sec. Elle commotionne violemment l'homme et les animaux ; elle les renverse, les blesse et les frappe même instantanément de mort. Tantôt la personne foudroyée porte des traces plus ou moins profondes de brûlure, d'excoriation; tantôt elle n'a aucune blessure apparente, aucune meurtrissure, même des plus légères. La mort ne provient donc pas généralement des blessures que la foudre peut faire, mais de la commotion soudaine et brutale qu'elle imprime à l'organisation. Parfois la mort n'est qu'apparente : la commotion électrique suspend simplement les fonctions fondamentales de la vie, la circulation du sang et la respiration. On peut combattre cet état, qui deviendrait mortel s'il se prolongeait, en donnant à la personne foudroyée les mêmes soins que l'on donne aux asphyxiés. D'autres fois enfin, la commotion électrique frappe de paralysie plus ou moins complète quelque partie du corps, ou bien ne produit qu'un désordre passager qui se dissipe de lui-

ême en peu de temps. La foudre laisse sur son tra-
et une assez forte odeur sulfureuse pareille à celle
ue l'on sent dans le voisinage d'une machine élec-
ique en activité. Cette odeur provient de la partie
espirable de l'air, de l'oxygène électrisé sur le passage
e la foudre. L'oxygène ainsi modifié porte le nom
'ozone, qui veut dire odorant. Il possède des pro-
riétés chimiques extrêmement remarquables : en
articulier la propriété de détruire les exhalaisons les
lus infectes et les plus malsaines en se combinant
vec elles et les brûlant. La foudre est donc un des
oyens providentiels qui assainissent l'atmosphère
t maintiennent la salubrité de l'air.

6. **Choc en retour.** — Dans certains cas, à une
rande distance du point atteint par la foudre, il ar-
ive que des gens ou des animaux éprouvent une vio-
ente secousse et sont frappés de mort sans être at-
eints eux-mêmes par aucune étincelle électrique. C'est
e qu'on appelle le *choc en retour*. Supposons un
rand nuage orageux fortement chargé d'électri té.
ar son influence, il décompose l'électricité neutre
u sol et de tous les objets indifféremment qui se
rouvent dans le rayon de son action. Il repousse
ans les profondeurs de la terre l'électricité de même
om que la sienne, il attire l'électricité contraire. Si
a foudre éclate, si l'étincelle jaillit entre le nuage et
n point du sol, le nuage se trouve instantanément
léchargé ; son influence cesse, et les électricités sé-
arées se rejoignent brusquement dans les autres
oints du sol de manière à faire éprouver une com-
notion violente, parfois mortelle, aux hommes et
ux animaux qui peuvent s'y trouver. Le choc en re-
our se manifeste jusque dans le voisinage d'une ma-
hine électrique. Une grenouille, disposée à quelque

distance de la machine électrique, entre dans des mouvements convulsifs quand on décharge les conducteurs en tirant une étincelle.

7. **Danger de se réfugier sous les arbres pendant un orage.** — La foudre frappe de préférence les points les plus saillants du sol, parce que c'est là que l'électricité de nom contraire se porte en plus grande abondance pour se rapprocher le plus possible du nuage orageux qui l'attire. Les édifices élevés, les tours, les clochers sont, dans les villes, les points les plus exposés au feu du ciel. En rase campagne, il serait très-imprudent, pendant un orage, de chercher un refuge contre la pluie sous un arbre surtout s'il est grand et isolé. Si la foudre doit tomber aux environs, ce sera certainement sur cet arbre, qui forme le point culminant du sol, et qui, mouillé par les eaux pluviales, constitue un conducteur très-favorable à l'écoulement de l'électricité. Les tristes exemples de personnes foudroyées qu'on déplore chaque année, se rapportent, en majeure partie, à de malheureux imprudents abrités de la pluie sous des arbres. Quant aux autres précautions qu'on est dans l'habitude de recommander, comme de ne pas courir, lorsqu'on est surpris par l'orage, pour ne pas déplacer l'air trop violemment, et de fermer les portes et les fenêtres, afin d'empêcher les courants d'air, elles n'ont aucune espèce de valeur : la direction que suit la foudre n'est en rien influencée par les mouvements de l'air.

8. **Paratonnerre.** — Un paratonnerre est une forte tige de fer bien pointue et longue de cinq à dix mètres. On l'implante au sommet de l'édifice que l'on veut protéger. Une tringle en fer, qui prend le nom de conducteur, part du pied de cette tige, longe

le toit et les murs auxquels elle est fixée par des crampons et va se rendre, à une assez grande profondeur, dans un sol humide ou mieux dans un puits où elle se ramifie en plusieurs branches. Ce conducteur doit présenter, d'un bout à l'autre, une parfaite continuité et être bien en rapport avec la tige du paratonnerre, sinon l'appareil serait plus dangereux qu'utile.

Soit maintenant un nuage orageux qui passe au-dessus de l'édifice. Sous l'influence de ce nuage, décomposant l'électricité neutre des corps voisins, il se développe dans l'édifice une charge d'électricité contraire qui, si le paratonnerre n'était pas là, ne pourrait se porter librement vers le nuage et s'accumulerait jusqu'à ce que, assez puissante, elle s'écoulât toute en une fois. Les deux électricités contraires se combineraient brusquement en masse, et l'édifice serait foudroyé. Avec le paratonnerre, les conditions changent. A mesure qu'elle apparaît dans l'édifice, sous l'influence du nuage orageux, l'électricité contraire s'écoule par la pointe métallique, en produisant une aigrette lumineuse, visible de nuit, et se rend dans le nuage qu'elle ramène peu à peu à l'état neutre. C'est ainsi qu'à notre insu, sans bruit, le paratonnerre conjure le plus souvent le danger qui nous menace. Quelquefois l'écoulement de l'électricité contraire par la pointe n'étant pas assez rapide pour neutraliser à temps celle du nuage, l'étincelle jaillit et la foudre éclate, mais sur le paratonnerre seulement, parce que cette haute tige métallique est le point de l'édifice le plus rapproché des nuages, le plus électrisé et le meilleur conducteur. Enfin, comme la foudre suit toujours les corps qui conduisent le mieux l'électricité, elle descend par le conducteur du paratonnerre et va se dissiper dans l'eau du puits et dans le sol sans produire de dégâts. Comme à la suite de pareils décharges, l'extrémité du paratonnerre, si elle était en fer, pourrait s'émousser et perdre sa propriété, on surmonte la tige de fer d'une pointe de cuivre, métal bien moins altérable.

9. Décharge de la machine électrique en présence d'une pointe. — Une expérience très-simple démontre comment le paratonnerre peut rendre inoffensif un nuage orageux en lui fournissant de l'électricité contraire et le ramenant ainsi à l'état neutre.

Une pointe métallique tenue à la main est présentée à une faible distance à une machine électrique en activité. La pointe représente le paratonnerre, la personne qui la tient figure le conducteur, la machine électrique est le nuage orageux. Eh bien, dans ces conditions, la machine est ramenée à l'état neutre à mesure qu'elle s'électrise, et il est impossible d'en tirer une étincelle par l'approche du doigt. L'électricité positive de la machine décompose par influence l'électricité neutre de la pointe qui lui est présentée et de la main qui la lui présente. Elle attire l'électricité négative ; elle repousse dans le sol, par le corps de l'expérimentateur, l'électricité positive. L'électricité négative s'accumule donc sur la pointe, se dégage à travers l'air et se porte sur la machine, qu'elle maintient à l'état neutre par la recombinaison incessante des deux électricités. Dans l'obscurité, cet écoulement d'électricité négative est rendu sensible par un point lumineux qui brille sur la pointe.

QUESTIONNAIRE.

1. A qui doit-on la démonstration complète de l'identité entre la foudre et l'étincelle électrique ? — De quelle manière fut établie cette identité ? — 2. Qu'est-ce que la foudre ? — Qu'est-ce que l'éclair ? — Qu'est-ce que le tonnerre ? — Quelle est la principale source de l'électricité atmosphérique ? — Expliquer comment la foudre peut jaillir entre deux nuages, entre un nuage et le sol ? — 3. Quelle est la forme du trait fulgurant ? — Quelle longueur peut-il atteindre ? — Comment s'explique cette énorme longueur ? — 4. D'où provient le tonnerre ? — Quelle est la cause de ses roulements ? — 5. Quels sont les principaux effets de la foudre ? — Qu'appelle-t-on fulgurites ? — D'où provient principalement la mort par un coup de foudre ? — Quels soins faut-il donner aux personnes foudroyées ? — 6. En quoi consiste le choc en retour ? — Par quelle expérience imite-t-on le choc en retour ? — 7. Quel danger y a-t-il à se réfugier sous un arbre pendant un orage ? — Dans une ville, quels sont les points les plus exposés à la foudre ? — 8. En quoi consiste le paratonnerre ? — Comment agit-il ? — 9. Par quelle expérience imite-t-on les effets du paratonnerre ?

CHAPITRE V.

ÉLECTRICITÉ DÉVELOPPÉE PAR LES ACTIONS CHIMIQUES.

1. Élément voltaïque. Pile. — Toute modification profonde qui survient dans la matière, est accompagnée d'un dégagement d'électricité; telle est particulièrement la dissolution chimique d'un métal dans un acide. Dans un bocal plein d'eau acidulée avec un peu d'acide sulfurique, plongeons une lame de zinc. Aussitôt le métal est violemment attaqué. Or pendant que le zinc se dissout dans la liqueur acide, les deux électricités contraires sont mises en liberté ; l'électricité négative se porte sur le métal corrodé ; l'électricité positive, dans le liquide corrosif. Plongeons dans le liquide, en face de la lame de zinc, sans la toucher en aucun point, une lame de cuivre, qui n'est pas attaquée par le liquide et constitue un excellent conducteur. Cette lame a pour rôle de recueillir l'électricité positive répandue dans le liquide corrosif. Disposons plusieurs bocaux comme il vient d'être dit, c'est-à-dire mettons dans chacun de l'eau acidulée, une lame de zinc et une lame de cuivre séparées par un léger intervalle. Enfin rangeons ces bocaux à la file l'un de l'autre en ayant soin de faire communiquer intimement la lame de cuivre du premier bocal, avec la lame de zinc du second ; puis la lame de cuivre du second avec la lame de zinc du troisième et ainsi de suite, sans jamais intervertir l'ordre de communication. L'appareil ainsi construit s'appelle *pile de Volta,* en mémoire de l'illustre savant à qui on en doit la découverte ; et chacun des bocaux qui le composent, avec son contenu, eau acidulée, zinc et cuivre prend le nom *d'élément voltaïque.* D'après la disposition adoptée, on voit que dans une pile ou série d'éléments voltaïques, une extrémité est formée par une lame de zinc et l'autre par une lame de cuivre. Ces deux lames extrêmes portent le nom de pôles. de la pile. La lame extrême en zinc est le *pôle négatif.* Là se rend l'électricité négative. La lame extrême en cuivre se nomme *pôle positif.* Là se rend l'électricité positive.

2. **Pile de Volta.** — La pile telle que l'imagina Volta, se composait d'éléments formés d'un disque de zinc et d'un disque de cuivre, séparés par une rondelle de

drap humectée avec de l'eau acidulée. Ces éléments étaient *empilés* l'un sur l'autre toujours dans le même ordre : zinc, drap mouillé, cuivre, zinc, drap mouillé, cuivre etc. Le tout formait une petite colonne de disques *empilés*, d'où le nom de *pile* donné à l'appareil. Depuis Volta, on a imaginé une foule de piles plus puissantes ou plus commodes, mais qui toutes, quelles que soient la nature et la disposition de leurs parties, sont basées sur le même principe, savoir le développement de l'électricité par la dissolution d'un métal, spécialement le zinc par un acide. Dans toutes on retrouve trois choses fondamentales : un liquide corrosif, une lame de zinc, attaquée par le liquide ; une lame non attaquée, de nature très-variable, cuivre, charbon ou autre corps, dont le rôle est de recueillir l'électricité positive du liquide corrosif.

3. Pile de Bunsen. — La pile la plus fréquemment employée est celle de Bunsen ou pile à charbon, ainsi nommée parce que la lame de cuivre est remplacée par une espèce de charbon très-dur et bon conducteur

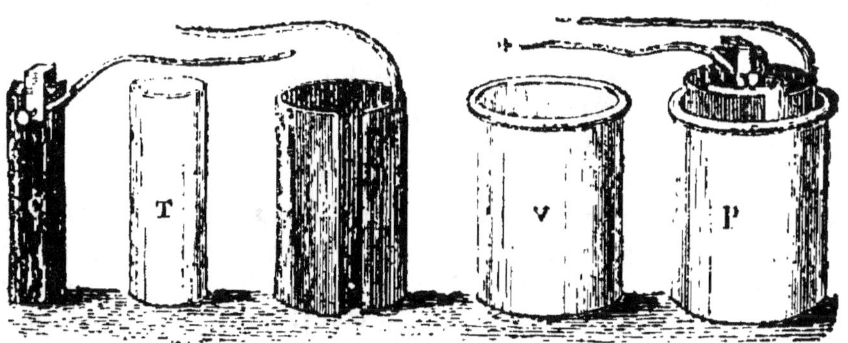

Fig. 91.

que l'on retire des cornues où l'on distille la houille pour obtenir le gaz de l'éclairage. Un élément de Bunsen se compose de quatre pièces, savoir (fig. 91) : un vase en grès V, contenant de l'eau acidulée avec de l'acide sulfurique; un cylindre de zinc Z, qui plonge dans le vase V; un vase poreux en terre de pipe T, plein d'acide azotique et placé à l'intérieur du cylindre de zinc; enfin une épaisse plaque C de charbon de cornue, plongée dans l'acide azotique du vase T. Le zinc est attaqué par l'eau acidulée, et de sa dissolution résulte la séparation des deux électricités contraires. Le métal prend l'électricité négative; il constitue le pôle négatif de l'élément voltaïque. Le charbon n'est pas attaqué par l'acide azotique dans lequel il plonge; il recueille l'électricité positive dévoloppée par l'action chimique éprouvée par le zinc; il constitue le pôle positif de l'élément. Quant au rôle de l'acide azotique et du vase poreux qui le renferme, il consiste à rendre plus régulier le dégagement de l'électricité. Pour assembler plusieurs éléments de Bunsen, on fait communiquer par une lame de cuivre le charbon de l'un avec le zinc du suivant, de manière que la série se termine d'un côté par un charbon et de l'autre par un zinc. Ce charbon final est le pôle positif de la pile, ce zinc final en est le pôle négatif. Enfin on adapte à chacun des pôles un fil conducteur en cuivre.

4. Lumière électrique. — Si les extrémités des deux fils conducteurs sont rapprochées jusqu'à se toucher presque, chaque électricité accourt par le fil correspondant au-devant de l'électricité contraire, et une étincelle jaillit, d'autant plus vive et plus forte que les éléments de la pile sont plus nombreux et de plus grande surface. Comme la dissolution chimique du zinc produit incessamment de l'électricité, les étincelles se succèdent sans interrruption et fournissent un jet continu. La lumière électrique est incomparablement plus brillante, si chaque fil conducteur se termine par une pointe en charbon de cornue. L'appareil peut être disposé comme le représente la figure 92. Deux pointes de charbon a et b sont supportées, à une petite distance l'une de l'autre, par deux pièces métalliques d et c que sépare une tige de verre. Les fils conducteurs partant des pôles d'une pile de Bunsen d'une cinquantaine d'éléments sont fixés en d et en c. Les deux charbons deviennent incandescents, et dans l'intervalle qui les sépare s'élance un jet continu d'une lumière éblouissante.

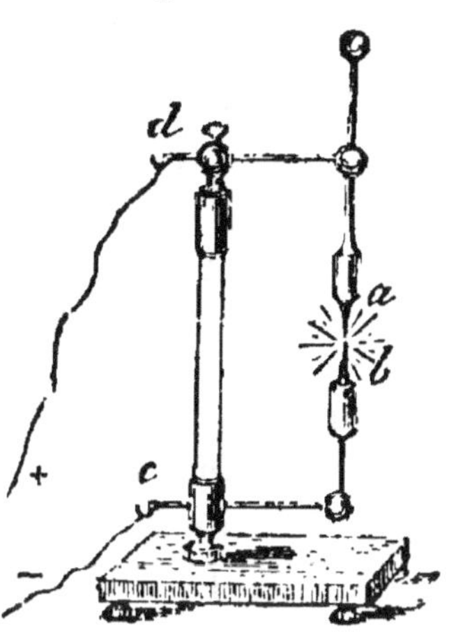

Fig. 92.

5. **Fusion des corps avec la pile.** — Le jet électrique entre les deux charbons est un foyer de chaleur auquel rien ne résiste. Les substances les plus réfractaires, le platine, le silex, la chaux, fondent comme cire et tombent en larmes de feu par l'action d'une pile très-puissante; le fer, l'acier, le cuivre, l'argent sont brûlés, volatilisés et projetés çà et là en étincelles éblouissantes avec un petit nombre d'éléments de Bunsen. Il suffit d'interposer entre les extrémités des conducteurs de la pile, un fil de fer de petit diamètre, pour le voir rougir, se liquéfier, prendre feu. Plus ce fil est mince et court, plus les effets calorifiques sont prononcés. Avec une certaine longueur, le fil de fer s'échauffe simplement; avec une longueur moindre il rougit; avec une longueur moindre encore, il se liquéfie et entre en combustion.

6. **Effets physiologiques.** — On termine les fils conducteurs par deux poignées en cuivre que l'on saisit

à pleines mains. Alors les deux électricités se recombinent à travers le corps de l'expérimentateur et suscitent des commotions continues. Les mains, violemment contractées, n'obéissent plus à la volonté et ne peuvent lâcher les poignées, les articulations sont rudement ébranlées, des secousses douloureuses traversent la poitrine, des convulsions désordonnées tordent les bras. Avec une pile de plusieurs centaines d'éléments, la commotion est très-dangereuse et peut terrasser la personne la plus robuste. Avec une pile faible, on éprouve un simple frémissement dans les articulations des doigts. Divers appareils, appelés appareils *d'induction*, permettent d'exalter les effets physiologiques d'une pile très-faible, et d'obtenir des commotions intolérables avec un seul élément.

7. Effets chimiques. — Dans un vase dont le fond donne passage aux fils conducteurs d'une pile terminés par une pointe de platine, on met de l'eau acidulée avec l'acide sulfurique, et l'on recouvre l'extrémité de chaque fil d'une petite éprouvette remplie du même liquide. L'eau est décomposée par l'action de la pile en ses deux éléments hydrogène et oxygène. L'hydrogène se rend dans l'éprouvette négative H, l'oxygène se rend dans l'éprouvette positive O (fig. 93). Le volume du premier gaz est double de celui du second. La chimie nous apprend, en effet, que l'eau résulte de la combinaison de deux

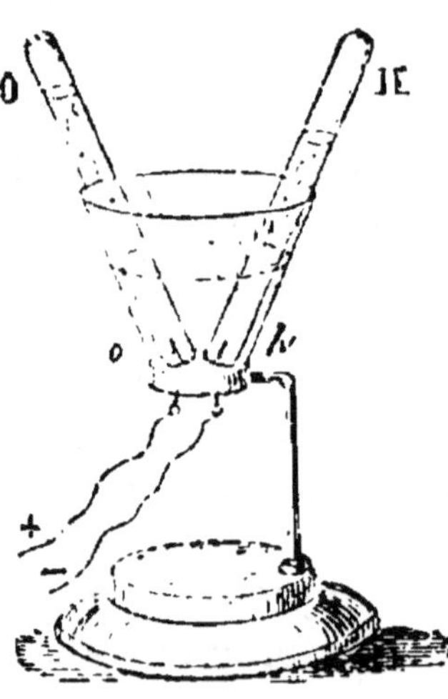

Fig. 93.

volumes d'hydrogène pour un volume d'oxygène.

Les dissolutions salines des métaux sont également décomposées par la pile. Le métal se rend sur le conducteur négatif, et les autres éléments du sel sur le conducteur positif. La *galvanoplastie*, ou l'art du moulage par la pile, est basée sur cette propriété ; ce mot rappelle le nom de Galvani, célèbre médecin de Bologne, dont les travaux ont grandement contribué à la découverte de la pile.

8. **Galvanoplastie.** — Proposons-nous de reproduire une médaille par la galvanoplastie. On suspend cette médaille au fil négatif d'une pile faible, et une lame de cuivre au fil positif ; puis on plonge la médaille et la lame, côte à côte, mais sans se toucher, dans un vase rempli d'une dissolution saline de cuivre. Aussitôt, sous l'influence de l'électricité qui traverse le liquide, le cuivre commence à se séparer de son dissolvant et se dépose sur la médaille en une pellicule, qui se moule, avec une exquise perfection, dans tous les creux et sur tous les reliefs du dessin. Cette pellicule augmente peu à peu d'épaisseur, et, au bout de vingt-quatre heures, elle est assez solide pour être détachée tout d'une pièce. On obtient ainsi un moule en creux, que l'on substitue à la médaille pour recommencer l'opération. Le cuivre se dépose de nouveau, prenant cette fois la forme en relief.

9. **Dorure et argenture.** — Les métaux les plus usuels, tels que le zinc, le cuivre, le fer, le plomb, se ternissent au contact de l'air, s'altèrent, se rouillent. Le cuivre et le plomb donnent même naissance à des matières très-vénéneuses. D'autres métaux, au contraire, qualifiés, à cause de cela surtout, de métaux précieux, conservent toujours leur brillant et ne contractent pas de propriétés dangereuses. De ce nombre sont l'or et l'argent. On communique aux ustensiles de toute

nature, fabriqués avec les premiers métaux, l'inaltéra-
bilité et l'innocuité des seconds, en les recouvrant
d'une mince couche d'or ou d'argent. La dorure et
l'argenture se font encore au moyen de la pile. Pour la
dorure par exemple, on suspend l'objet à dorer à l'extrémité du fil négatif d'une pile, et une lame d'or à
l'extrémité du second fil. Enfin, on plonge la lame
d'or et l'objet dans un liquide tenant de l'or en dissolution.

10. Electro-aimant. — Sur une branche d'un morceau de fer ordinaire courbé en forme de fer à cheval
(fig. 94), s'enroule à tours pressés un fil de cuivre cou-

vert de soie; de
cette branche le
fil passe à la se-
conde sur laquelle
il s'enroule pa-
reillement. Jus-
que là rien de
nouveau ne se
manifeste dans le
fer; mais si l'on
met l'un des
bouts libres du
fil de cuivre en
rapport avec un
pôle d'une pile
de quelques élé-
ments, et l'autre
bout en rapport

Fig. 94.

avec le second pôle, aussitôt l'appareil acquiert des
propriétés remarquables. Il attire à lui et retient avec
force les morceaux de fer qu'on lui présente, en un
mot il s'*aimante*. L'expérience se fait avec une pièce

de fer ou *armature* munie d'un crochet auquel on suspend les premiers objets venus, et le tout reste attaché au fer à cheval par l'attraction exercée sur l'armature, le poids serait-il de dix, de cent, de mille kilogrammes, suivant la puissance de la pile. Si l'on détache un bout du fil, un seul, du pôle où il était fixé, aussitôt le poids soulevé retombe; le fer à cheval n'attire plus. Si ce bout est remis en contact avec le pôle, l'attraction reparaît avec la même énergie, pour disparaître entièrement encore si le fil est de nouveau détaché du pôle.

Précisons mieux les détails de cette expérience fondamentale. Supposons les deux bouts du fil métallique chacun en rapport avec le pôle correspondant de la pile. Dans ces conditions, le fil part d'un pôle de la pile, se rend au fer à cheval, sur lequel il s'enroule, et revient au second pôle sans aucune interruption dans son trajet. Il est alors évident que les deux électricités de la pile, ayant devant elles un passage libre, c'est-à-dire un corps bon conducteur, doivent parcourir ce fil pour se recombiner, On dit alors que le *courant* électrique est *établi*. La soie, mauvais conducteur dont le fil de cuivre est couvert, empêche l'électricité de se porter sur le fer; elle l'oblige à suivre le fil dans tous ses circuits et à le parcourir dans toute sa longueur, sans se porter, avant l'heure, d'un point à un autre. C'est au moment où le courant est établi, au moment où l'électricité parcourt le fil métallique, que le fer à cheval acquiert la propriété d'attirer son armature en fer. Tant que le courant électrique passe, l'attraction persiste; mais si le fil conducteur éprouve une discontinuité quelque part, si l'un de ses bouts est détaché du pôle correspondant de la pile, le *courant* est *interrompu*, et le fer à cheval perd subitement sa puissance. En résumé : le fer à cheval attire son armature quand le courant passe, ce qui exige que le fil conducteur aille d'un pôle à l'autre de la pile sans aucune interruption ; il n'attire plus son armature quand le courant ne passe plus, ce qui nécessite une interruption dans le fil conducteur. On nomme cet appareil *électro-aimant* pour signifier que le fer à cheval s'aimante, c'est-à-dire acquiert la propriété d'attirer le fer, quand le courant électrique circule autour de lui ; et se désaimante aussitôt que l'électricité ne circule plus.

11. **Télégraphie électrique.** — La plus belle application que les électro-aimants aient encore reçue est celle de la télégraphie électrique, qui, en quelque sorte, supprime la distance pour la transmission de la pensée. Exposons d'abord le principe de la télégraphie électrique dans ce qu'il y a d'essentiel et de plus simple. — Un électro-aimant à branches verticales E (fig. 95)

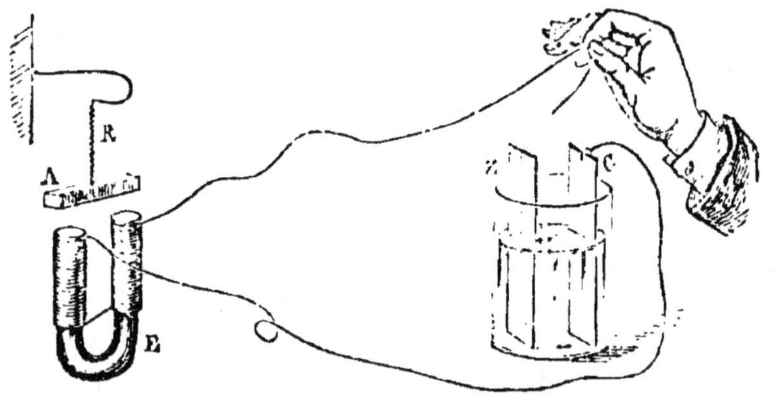

Fig. 95.

est en rapport avec une pile, que nous supposerons, pour plus de simplicité, réduite à un élément formé d'une lame de zinc Z et d'une lame de cuivre C, plongeant dans un bocal plein d'eau acidulée. Au-dessus de l'électro-aimant est suspendue, au moyen d'un faible ressort R, une armature en fer A. La longueur des deux bouts de fil métallique, qui se rendent de la pile à l'électro-aimant, est d'une longueur arbitraire; elle comprend 10, 20, 30 mètres ou davantage, n'importe. De la sorte, l'électro-aimant peut se trouver, par exemple, à l'extrémité d'un appartement ou d'une longue table, et la pile à l'autre extrémité. Cette distance représentera, pour le moment, l'énorme trajet que le courant franchit quand, d'une ville à l'autre, d'une extrémité du monde à l'autre, il transmet les dépêches. D'une main nous saisissons l'un des bouts de fil, l'autre bout restant toujours en rapport avec la pile. Le bout libre étant soulevé, le courant ne passe pas; l'électro-aimant est donc inactif et l'armature A est tenue à distance par le ressort R. A l'instant où le bout libre du fil est appliqué sur Z, le courant passe, le fer E s'aimante, et l'armature attirée vient s'appliquer sur les deux branches du fer à cheval. On retire encore le fil, le courant ne passe plus, le fer à cheval se désaimante, et le ressort soulève l'armature. Si, par deux, trois, quatre fois, on établit et on interrompt rapidement le courant, l'armature est attirée le même nombre de fois, et vient à deux, trois, quatre reprises choquer avec rapidité les extrémités de l'électro-aimant. A l'instant précis où le fil touche la pile, l'armature s'applique sur l'électro-aimant; à l'instant précis où le fil est soulevé, l'armature est aussi soulevée, quelle que soit la longueur du fil conducteur. Cette instantanéité résulte de l'énorme vitesse de propagation de l'électricité. Pour parcourir un fil de cuivre enroulé par onze à douze fois autour de la Terre, il ne faut qu'une seconde à l'électricité. Les allées et les venues de l'armature, reproduisant instantanément, et avec une merveilleuse fidélité, les allées et les venues du bout libre du fil qui établit le courant, en s'appliquant sur Z, et l'interrompt quand il est soulevé, peuvent déjà constituer des signaux télégraphiques. Donnons à un choc de l'armature contre l'électro-aimant la valeur de la lettre A, à deux celle de B, à trois celle de C, etc, n'aurons-nous pas là un alphabet de convention propre à transmettre le discours le plus complexe à n'importe quelle distance? Un pareil alphabet télégraphique serait trop lent à cause de la multiplicité des chocs nécessaires pour représenter telle ou telle autre lettre ; aussi a-t-on recours à des moyens plus expéditifs dont nous allons nous occuper.

Deux stations sont à distinguer : celle qui envoie la nouvelle et celle qui la reçoit. Dans la première se trouve la pile qui lance le courant dans le fil conducteur. La manipulation par laquelle la dépêche est transmise consiste à interrompre et à rétablir tour à tour le courant, suivant certaines lois conventionnelles. C'est ce que l'on fait au moyen d'un appareil nommé *manipulateur*. Dans la seconde station se trouvent un électro-aimant et une armature qui, par ses allées et venues, traduit en signes conventionnels la dépêche, issue de la première station. Cet électro-aimant et son armature, sous quelque forme que soit utilisé le mouvement de va-et-vient, forment le *récepteur*, c'est-à-dire l'appareil qui reçoit la dépêche. Enfin un fil conducteur relie les deux stations.

18. **Fils conducteurs et poteaux.** — Dans l'exposé qui précède, le fil conducteur fait par deux fois le trajet : il va de la pile à l'électro-aimant, et de celui-ci revient à la pile. De ces deux branches du fil,

une seule est indispensable, l'autre est supprimée. On
n'en laisse qu'un bout, plus ou moins long, rattaché
à la pile, et un bout pareil du côté de l'électro-aimant.
Ces deux tronçons du fil retranché plongent profondément dans le sol humide, comme le montre la figure 96. Dans ces conditions, le courant s'établit d'un

Fig. 96.

côté par le fil restant, et l'autre par les deux tronçons
du fil supprimé et le sol, qui est un excellent conducteur de l'électricité. La continuité du fil conducteur
entre la pile et l'électro-aimant, l'électro-aimant et la
pile est donc parfaite; seulement l'une de ses moitiés
est remplacée par la terre elle-même. Le fil conducteur est soutenu par des poteaux plantés de distance
en distance. Comme ces poteaux peuvent conduire l'é-
lectricité, surtout lorsqu'ils sont mouillés, il faut que
le fil ne les touche pas, sinon le courant pourrait se
déperdre en route. À cet effet, le fil est supporté par
un crochet implanté au fond d'une petite cloche en
porcelaine renversée et clouée au poteau. La porcelaine
conduisant mal l'électricité, empêche toute communication électrique entre le fil et le bois. Les fils télégraphiques sont en fer et recouverts d'une mince
couche de zinc qui les préserve de la rouille.

13. Télégraphe de Morse. Manipulateur.

— L'appareil télégraphique de l'américain Morse est celui dont l'usage a jusqu'ici généralement prévalu. Le manipulateur (fig. 97) est formé d'un socle en bois

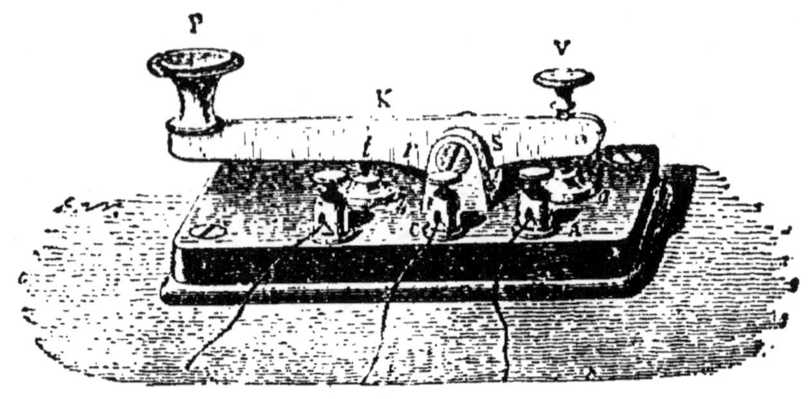

Fig. 97.

qui porte un levier métallique K pouvant tourner autour d'un axe sur un support en cuivre S. Quand on presse sur la poignée P, la pointe t s'abaisse sur le contact b; et le courant venu de la pile par le fil B, traverse la borne métallique où ce fil est fixé, se propage par le contact b, la pointe t, le levier K, le support S, la borne C, et s'élance dans le fil de ligne en rapport avec cette borne. En ce moment le courant est établi, et au poste de réception l'armature de l'électro-aimant vient s'appliquer sur ce dernier. Le contact entre l'électro-aimant et son armature se continue tant que le courant passe, enfin tant que la main de celui qui envoie la dépêche presse sur la poignée du manipulateur. Quand on cesse la pression, le ressort r soulève le levier, la pointe t n'appuie plus sur le contact b et le courant est interrompu. À cet instant, au poste de réception, l'armature quitte l'électro-aimant par le jeu du ressort qui l'entraîne. L'employé qui manœuvre le manipulateur peut à volonté, on le voit, lancer le courant dans le fil de ligne ou le suspendre; il peut encore, en appuyant plus ou moins longtemps sur la poignée P, prolonger ou abréger le passage du courant et donner à l'alternative de communication et d'interruption tel rhythme qu'il voudra. — Lorsqu'il doit à son tour recevoir une dépêche, il abandonne le manipulateur à lui-même. Par la poussée du ressort *r*, la pointe de la vis V vient s'appuyer sur le contact *a*, lui-même en rapport avec la borne A, d'où part un fil qui se rend au récepteur du poste. Alors le courant qui vient du poste éloigné par le fil de ligne C, se propage par la borne C, le support S du levier, la vis V, le contact *a*, la borne A et se rend au récepteur.

14. Télégraphe de Morse. Récepteur. — L'électro-aimant E a ses branches verticales (fig. 98). L'ar-

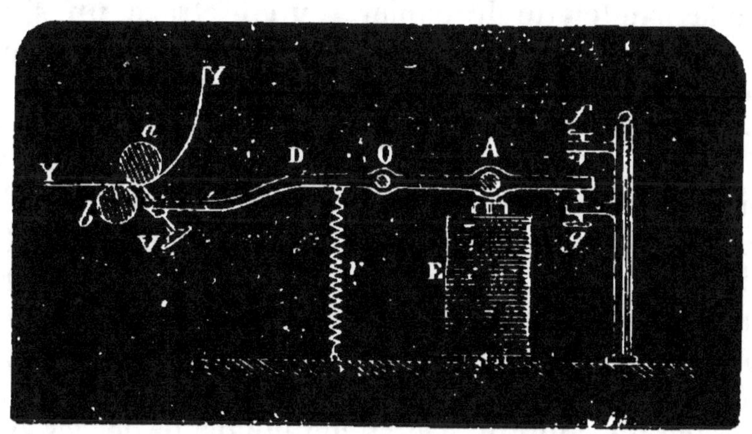

Fig. 98.

mature est un levier DOA pouvant tourner autour d'un axe O. Une de ses extrémités porte une pointe oblique V, pouvant appuyer sur une bandelette de papier YY, qui se déroule avec une vitesse uniforme au moyen d'un mouvement spécial d'horlogerie non représenté dans la figure, et qui glisse entre deux cylindres conducteurs a et b. L'autre extrémité du levier est bornée dans son excursion oscillatoire par des vis g et f sur lesquelles elle vient tour à tour butter. Enfin un ressort r agit sur la longue branche du levier. — Lorsque le courant ne passe pas dans l'électro-aimant par suite de l'interruption que le manipulateur du poste d'envoi vient d'opérer, le ressort r fait abaisser la branche E, élever la branche A, qui vient butter contre t, et la pointe V n'est plus en contact avec la bandelette de papier, dont le déroulement se continue toujours par le mécanisme d'horlogerie. Lorsque le courant passe, A, malgré l'antagonisme du ressort r, vient se mettre en contact avec l'électro-aimant qui l'attire; la pointe V est soulevée et appuie sur la bandelette de papier, où elle trace un sillon, plus long, plus court, suivant la durée du passage du courant, durée que règle le manipulateur de la station d'envoi d'après le temps que l'expéditeur appuie sur la poignée. Si le courant est à plusieurs reprises établi ou supprimé par le jeu du manipulateur de la station d'envoi, et pendant des durées tantôt plus longues tantôt plus courtes, la pointe du récepteur trace sur le papier mobile une série de traits, longs ou courts correspondant au passage du courant, et laisse entre ces traits des intervalles correspondant au non passage du courant. De la combinaison de ces traits résulte un alphabet de convention.

De simples sillons gravés sur le papier par une pointe sèche sont de lecture pénible; on les remplace avec avantage par des traits laissés par une molette

imprégnée d'encre d'imprimerie. Cette molette se
voit en *n* (fig. 99). Elle est en contact continu avec
un tampon *t*, d'une grande mobilité sur son axe et
imprégné d'encre d'imprimerie. Ce tampon est le ré-

Fig. 99.

servoir à encre, la molette s'en charge en frottant
contre lui. La bandelette de papier YY, qu'un mécanisme d'horlogerie déroule, ne touche pas la molette
lorsque le courant ne passe pas. Mais quand le courant passe, l'attraction de l'électro-aimant sur la branche de l'armature à droite de la figure fait soulever
la branche à gauche et le talon *p* pousse la bande de

papier et la met en contact avec la molette. Un trait à l'encre, long ou court, suivant la durée du passage du courant, résulte de ce contact.

15. Signes télégraphiques de l'appareil Morse. — Deux genres de traits, un long et un court, suffisent, par la variété des combinaisons, à représenter les diverses lettres de l'alphabet. Comme exemple, nous nous bornerons à reproduire les cinq voyelles dans le système des signaux Morse.

Lettres.	Signes
A.	· · · · · · · · ·
E.	· · · · · · · · ·
I.	· · · · · · · · ·
O.	· · · · · · · · ·
U.	· · · · · · · · ·

16. Cables sous-marins. — Lorsque les deux stations à relier télégraphiquement sont séparées par un bras de mer, le fil de ligne est enveloppé d'une substance isolante, en particulier de gutta-percha, et enfin défendu par une armature en fil de fer enroulé en hélice. Il est immergé dans la mer, au fond de laquelle il repose sans autres précautions. Les câbles télégraphiques sous-marins les plus importants sont les deux qui relient l'Europe à l'Amérique à travers l'océan atlantique. Ils font communiquer avec les États-Unis, l'un la France, l'autre l'Angleterre.

QUESTIONNAIRE.

1. A qui doit-on l'invention de la pile ? — De quoi se compose essentiellement un élément voltaïque ? — Quelle est la cause du développement d'électricité dans la pile ? — Où se porte l'électricité positive ? — Où se porte l'électricité négative ? — Comment dispose-t-on les éléments à la suite l'un de l'autre ? — Qu'appelle-t-on pôles ? — Où est le pôle positif ? — Où est le pôle négatif ? — 2. D'où vient le nom de pile ? — 3. Quelle est la disposition de la pile de Bunsen ? — Quel est le rôle du charbon ? — Quel est le rôle de l'acide azotique ? — 4. Comment se fait l'expérience de la lumière électrique ? — 5. Dire quelques-uns des effets calorifiques de la pile ? — 6. Quels sont les effets physiologiques ? — 7. Comment décompose-t-on l'eau par la pile ? — Où se rend le métal lorsqu'on décompose par la pile un sel métallique ? — 8. En quoi consiste la galvanoplastie ? — D'où vient le nom de galvanoplastie ? — 9. Comment s'obtiennent la dorure et l'argenture par la pile ? — 10. Qu'est-ce qu'un électro-aimant ? — Quand attire-t-il son armature de fer ? — Quand cesse-t-il de l'attirer ? — 11. Quelle est la principale application de l'électro-aimant ? — Expliquer ce qu'il y a d'essentiel dans un télégraphe électrique. — Qu'est-ce que le manipulateur ? — Qu'est-ce que le récepteur ? — 12. Comment peut-on supprimer la moitié du fil conducteur ? — A quoi servent les godets en porcelaine soutenant le fil contre les poteaux ? — En quel métal est le fil ? — 13. Décrire le manipulateur de Morse. — 14. Décrire le récepteur de Morse. — Comment obtient-on des traits à l'encre ? — 15. Quels sont les signes télégraphiques de l'appareil Morse ? — 16. En quoi consistent les câbles électriques sous-marins ? — Quels sont les deux les plus importants ?

CHAPITRE VI.

MAGNÉTISME.

1. Aimant naturel. — On connaît depuis très-longtemps un minerai de fer, sorte de pierre noire, qui jouit de la propriété d'attirer le fer, naturellement, sans l'intervention de la pile et d'une manière permanente. Ce minerai de fer s'appelle *aimant*. Les anciens le retiraient surtout du voisinage d'une ville de l'Asie Mineure appelée Magnésie. Du nom de cette ville nous viennent les mots de *magnétisme*, *magnétique*, consacrés par l'usage. L'aimant naturel est connu aujourd'hui en beaucoup d'autres localités, principalement en Norwége et en Suède, où on l'exploite comme le meilleur des minerais de fer. Mais il est rare qu'on ait recours maintenant à l'aimant naturel pour l'étude des propriétés magnétiques, car il est facile de développer ces propriétés dans l'acier, soit par la pile soit par d'autres méthodes.

2. Aimant artificiel. — Le fer s'aimante sous l'influence d'un courant électrique, mais il se désaimante dès que le courant cesse de passer. C'est sur ce principe qu'est basée la télégraphie électrique. L'acier s'aimante aussi par l'action du courant, et de plus, il conserve son aimantation indéfiniment alors que le courant n'agit plus. — Autour d'un tube en verre, on enroule en spirale un fil de cuivre communiquant avec les pôles d'une pile, et dans le tube on intro-

Fig. 100.

duit une aiguille, un barreau d'acier *a b* (fig. 100). Après quelques instants, le barreau d'acier sort aimanté du tube, il attire à lui le fer comme le ferait un aimant naturel. C'est alors ce qu'on nomme un *aimant artificiel*.

3. **Pôles d'un aimant.** — Si l'on roule dans de la limaille de fer un barreau aimanté, soit droit (fig. 101), soit courbé en fer à cheval (fig. 102), on voit la limaille se grouper en filaments hérissés autour des

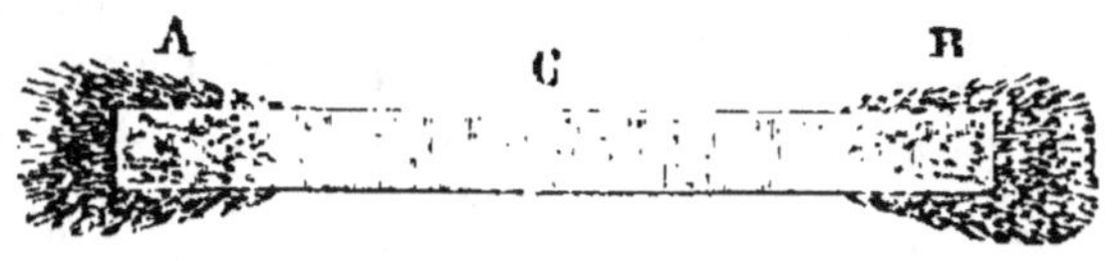

Fig. 101.

deux extrémités A et B, diminuer rapidement à partir de ces deux points, et manquer totalement au milieu du barreau. Tous les points de l'aimant ne possèdent donc pas au

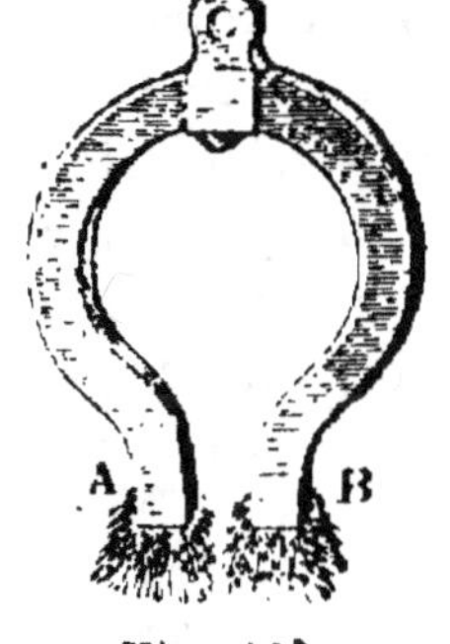

Fig. 102.

même degré la propriété magnétique. Vers les deux extrémités du barreau, en deux points appelés *pôles de l'aimant*, cette propriété atteint sa plus grande puissance ; elle est nulle au milieu du barreau, milieu nommé pour ce motif *ligne neutre*.

4. **Direction d'un aimant librement suspendu.** — Sur la pointe d'un pivot vertical CD (fig. 103), on dispose une aiguille aimantée AB pouvant tourner librement autour de cette pointe au moyen d'une petite cavité creusée en son milieu. Abandonnée à elle-même, l'aiguille prend toujours la même direction,

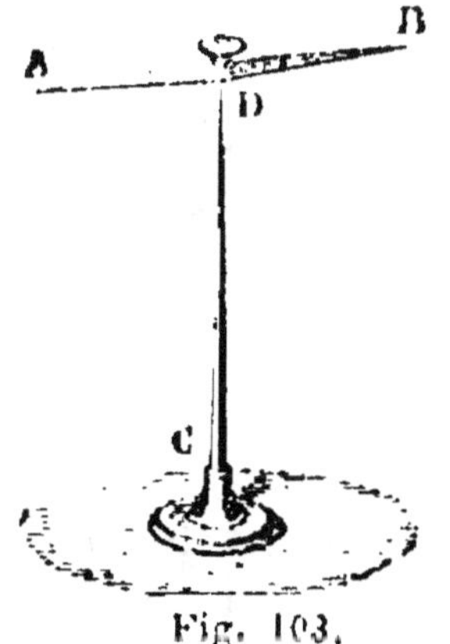

Fig. 103.

à peu près la direction nord-sud, et de plus c'est toujours la même pointe qui se tourne vers le nord, la même pointe qui se tourne vers le sud. L'extrémité qui se tourne vers le nord et celle qui se tourne vers le sud, ont donc quelque chose qui les distingue, puisqu'elles ne se dirigent pas indifféremment vers le nord et vers le sud. Pour le moment, traduisons cette distinction par des lettres ; désignons par A l'extrémité se tournant vers le nord, et par B l'extrémité se tournant vers le sud. Les extrémités ou les pôles désignés tous par A ou tous par B dans divers barreaux, seront des pôles de même nom ; les pôles désignés l'un par A l'autre par B seront des pôles de nom contraire.

5. Attractions et répulsions magnétiques. — A une aiguille aimantée pouvant tourner librement sur un pivot vertical (fig. 103), ou bien à un barreau aimanté AB suspendu à un fil CD (fig. 104), on présente un second barreau tenu à la main. Si les deux pôles mis en regard sont de même nom, B et *b*, il y a répulsion ; le barreau mobile fuit devant le barreau qu'on lui présente. Le même résultat s'obtient en présentant le pôle *a* au pôle A. Donc, *les pôles de même nom se repoussent*. Si l'on présente le pôle *a* au pôle

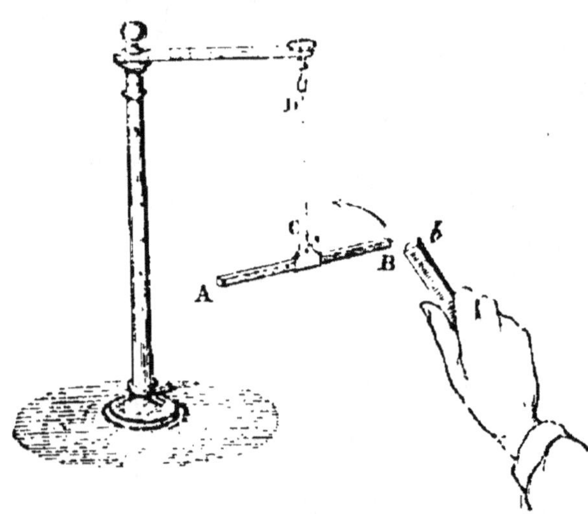

Fig. 104.

B ou le pôle *b* au pôle A, il y a attraction ; le pôle mobile vient au-devant du pôle présenté. Donc, *les pôles de nom contraire s'attirent*.

6. La Terre agit comme un aimant. — L'aiguille aimantée de la figure 103, abandonnée à elle-même, prend une direction invariable, et chacune de ses extrémités se tourne vers un point fixe de l'horizon. Tout se passe comme si elle était sous l'influence d'un puissant barreau aimanté dont chaque pôle attirerait le pôle de nom contraire de l'aiguille et repousserait le pôle de même nom. Cet aimant directeur de l'aiguille mobile ne peut être que le globe terrestre lui-même. La Terre, au point de vue qui nous occupe, se comporte donc comme un énorme barreau aimanté qui, par son influence, aligne, dans la direction à peu près nord-sud, tous les barreaux aimantés mobiles. Ce barreau théorique a, comme les autres, deux pôles, l'un vers le nord, l'autre vers le sud. Par une extension de langage qui fait perdre aux mots leur signification première et leur en fait prendre une autre sans rapport avec elle, on a emprunté le mot pôle à la géographie pour l'appliquer à l'aimant théorique terrestre et par suite à tous les aimants. Le mot pôle signifie tourner. Les pôles géographiques sont en effet les deux points sur lesquels le globe terrestre tourne ; ou bien encore, les deux points où l'axe terrestre perce la surface du globe. Quant à l'axe, c'est la ligne imaginaire autour de laquelle la Terre exécute sa rotation diurne. L'un de ces pôles, celui du nord, s'appelle pôle boréal ; l'autre, celui du sud, s'appelle pôle austral. Eh bien, par une large extension de langage, on a appliqué à l'aimant théorique terrestre ces dénominations géographiques. On dit pôle magnétique boréal pour désigner l'extrémité nord de cet aimant ; et pôle magnétique austral pour désigner l'extrémité sud. Les pôles magnétiques de la Terre ne se confondent pas avec les pôles géographiques ; ainsi le pôle magnétique nord se trouve dans l'île Melville, au nord de l'Amérique septentrionale, à 15 degrés du pôle géographique.

Dirigé par l'action de la Terre, un barreau aimanté mobile doit présenter aux pôles de l'aimant terrestre des pôles de nom contraire, puisque les pôles de nom contraire s'attirent et que ceux de même nom se repoussent. Alors l'extrémité d'un barreau se tournant vers le nord doit prendre le nom de *pôle austral* du barreau ; et l'extrémité se tournant vers le sud, le nom de *pôle boréal*.

7. Aiguille de déclinaison. — Si par l'axe de la terre et par la verticale du lieu où l'on se trouve, on suppose un plan indéfini prolongé à travers la terre et dans le ciel, ce plan prend le nom de *méridien*, qui signifie midi, parce qu'il est midi pour un lieu quand le soleil atteint le méridien de ce lieu. Le méridien ainsi défini est le *méridien géographique*. Il est exactement dans la direction nord-sud et passe par les deux pôles géographiques.

Si par la verticale d'un lieu et par l'axe de l'aiguille aimantée immobile sur son pivot dans la direction que la terre lui fait prendre, on suppose un plan indéfiniment prolongé, ce plan prend le nom de *méridien magnétique*. Le méridien magnétique n'a pas la direction nord-sud, il ne se confond pas avec le méridien géographique. Dans nos régions, il est incliné à l'ouest de celui-ci d'une quantité égale à 18 degrés environ. Cet écart angulaire entre le méridien magnétique et le méridien géographique porte le nom de *déclinaison*. Il est variable, mais très-lentement, d'une année à l'autre. Enfin l'aiguille aimantée mobile autour d'un pivot vertical s'appelle *aiguille de déclinaison*. On le voit, c'est une erreur de prendre, comme on le fait souvent, la direction de l'aiguille aimantée pour l'exacte direction nord-sud. La pointe australe de l'aiguille n'indique pas le nord, elle indique un point de l'horizon incliné vers l'ouest de 18 degrés. Soit par exemple AB (fig. 105) la direction de l'aiguille aimantée. A partir de la pointe australe A on compte 18 degrés vers la droite, et la ligne MM" ainsi obtenue est la véritable direction nord-sud.

8. **Boussole.** — Dans ses applications à la navigation, à l'arpentage, etc., l'aiguille de déclinaison porte le nom de *boussole*. En leur in-

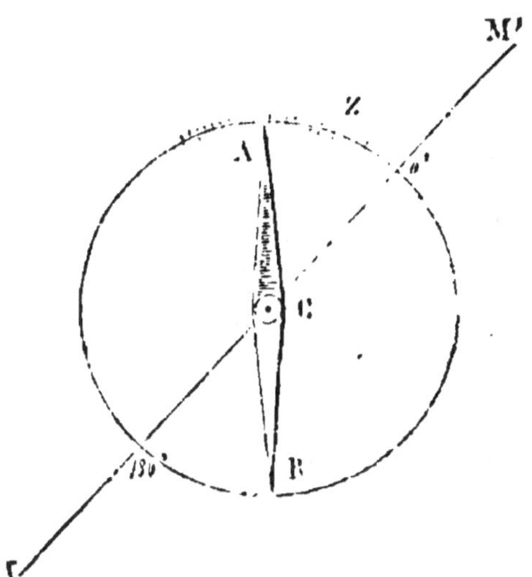

Fig. 105.

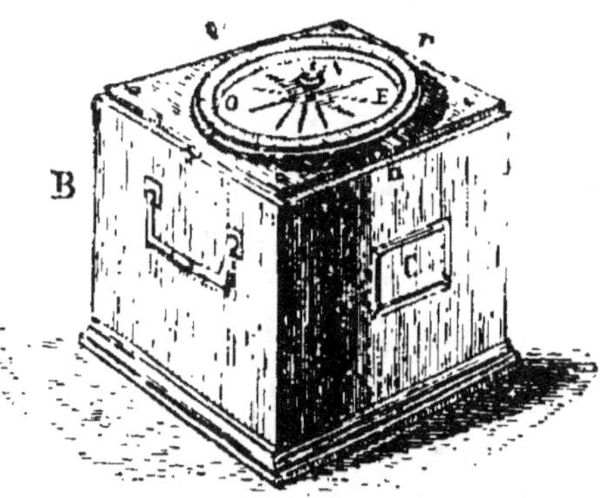

Fig. 106.

diquant sans cesse un alignement invariable, la boussole guide les marins sur les solitudes des mers et leur permet d'aller droit au port qu'ils désirent atteindre comme s'ils le voyaient réellement. A l'arrière du navire, en face du timonier, qui, nuit et jour sans discontinuer, manœuvre le gouvernail, est placée la boussole dans une boîte (fig. 106) que protége un compartiment spécial appelé *habitacle*. Le timonier a constamment les yeux sur l'aiguille aimantée, et il gouverne en conséquence. L'axe du navire, la ligne qui va de la poupe à la proue, est marquée sur le cercle gradué dont le pivot de l'aiguille occupe le centre. C'est ce qu'on nomme la *ligne de foi*. On part d'un port A pour attendre un autre port B. On sait, d'après les cartes marines que la direction AB fait avec le méridien magnétique un angle de 20 degrés vers la gauche, supposons. Si le timonier, tout le long du trajet, manœuvre le gouvernail de manière à maintenir l'axe du navire, la ligne de foi, à 20 degrés à gauche de la direction invariable de l'aiguille, il est évident que la route est directe et qu'on doit atteindre B sans hésitation.

9. Aimantation par les aimants. — L'emploi de la pile n'est pas la seule manière d'aimanter un barreau d'acier. L'aimantation peut encore être obtenue avec un aimant. Le procédé le plus simple consiste à frotter un barreau d'acier avec un pôle d'un aimant, en allant d'une extrémité à l'autre du barreau. La friction doit être répétée plusieurs fois et dirigée toujours dans le même sens. Dans ce cas, la dernière extrémité frottée acquiert un pôle de nom contraire au pôle frottant, et l'autre extrémité acquiert un pôle de même nom. Si, par exemple, l'on frictionne de gauche à droite un barreau d'acier avec le pôle boréal d'un aimant, soit naturel, soit artificiel, après quelques frictions le barreau est aimanté ; son extrémité de droite, la dernière frottée, est un pôle austral, son extrémité de gauche est un pôle boréal.

QUESTIONNAIRE.

1. Qu'est-ce que l'aimant naturel ? — Où en trouve-t-on ? — D'où vient l'expression de *magnétisme* ? — 2. Qu'est-ce qu'un aimant artificiel ? — Comment aimante-t-on par la pile ? — Quelle différence y a-t-il entre l'acier et le fer au point de vue du magnétisme ? — 3. Qu'appelle-t-on pôles et ligne neutre d'un aimant ? — 4. Quelle direction prend une aiguille aimantée mobile autour d'un pivot vertical ? — Que faut-il entendre par pôles de même nom, par pôles de nom contraire ? — 5. Quelle est la loi des attractions et des répulsions magnétiques ? — 6. Quelle est la cause de l'invariable direction de l'aiguille aimantée ? — Qu'est-ce que les pôles géographiques ? — D'où vient le nom de pôle ? — Qu'est-ce que les pôles magnétiques de la Terre ? — Où se trouve le pôle magnétique boréal ? — Pourquoi faut-il appeler pôle austral d'un aimant l'extrémité qui se tourne vers le nord, et pôle boréal l'extrémité qui se tourne vers le sud ? — 7. Qu'est-ce que le méridien géographique ? — D'où vient le nom de méridien ? — Qu'est-ce que le méridien magnétique ? — Qu'appelle-t-on aiguille de déclinaison ? — Qu'est-ce que la déclinaison ? — Quelle est sa valeur ? — Comment trouve-t-on la véritable direction nord-sud avec l'aiguille aimantée ? — 8. Qu'est-ce que la boussole ? — Comment la boussole guide-t-elle les marins sur la mer ? — Qu'appelle-t-on ligne de foi ? — 9. Comment aimante-t-on un barreau d'acier avec un aimant ? — De quelle manière sont disposés les pôles du barreau ?

QUATRIÈME PARTIE.

LE SON.

CHAPITRE PREMIER.

1. Les ronds sur l'eau. — Au milieu d'une nappe
d'eau bien tranquille, laissons tomber une pierre.
Aussitôt, autour du point atteint, un rond se forme,
puis deux, trois, quatre, cent, indéfiniment ; et tous
s'élargissant sans cesse, courent avec une parfaite régularité à la file l'un de l'autre, jusqu'à ce qu'ils se
dissipent à une distance considérable du point de départ commun, si rien n'entrave leur propagation. Un
peu d'attention suffit pour reconnaître que ces ronds,
rangés avec ordre autour du point où la pierre a
plongé, et fuyant de plus en plus grands, se composent alternativement d'une petite vague et d'un sillon
circulaire, de sorte que la surface de l'eau, d'abord
tranquille et plane, est maintenant soulevée, en certaines parties, au-dessus du niveau primitif, et abaissée, en d'autres, au-dessous de ce niveau. Un léger
corps flottant, un brin de paille, peut très-bien rendre
sensible cette petite tempête, car chaque vague qui
passe la soulève, et chaque sillon la fait redescendre.
Il faut remarquer, en outre, que, malgré la rapidité
apparente des vagues qui devraient l'entraîner, le
brin de paille ne change pas de place; preuve évidente que ces vagues ne courent réellement pas à la
surface de l'eau, comme les apparences le font croire.
Il s'effectue un simple mouvement de palpitation,

c'est-à-dire qu'en chaque point l'eau se soulève et s'affaisse tour à tour sans changer de place. Ce mouvement de palpitation débute au point atteint par la pierre et se communique de proche en proche dans l'eau voisine, de telle sorte que les vagues et les sillons circulaires qui en résultent semblent se poursuivre réellement. Ainsi donc, quand un ébranlement survient dans une nappe d'eau tranquille, autour du point ébranlé il se propage une sorte de palpitation par laquelle alternativement l'eau est refoulée sur elle-même, ce qui produit les vagues, puis affaissée, ce qui produit les sillons.

2. Le son. Ondes sonores. — Dans l'air, à la suite d'un ébranlement convenable, a lieu un mouvement de palpitation calqué sur celui de l'eau. Tour à tour, chaque couche d'air reflue sur elle-même et se condense, puis se détend et se dilate. On ne voit pas, il est vrai, les vagues concentriques engendrées par ce mouvement, mais on les entend, car elles sont la cause du son. Le nom d'*ondes* que l'on donne aux couches d'air alternativement condensées et dilatées qui produisent le son, démontre l'étroite analogie qu'on a su trouver entre le mouvement sonore de l'air et le mouvement qui fait naître des ronds concentriques à la surface de l'eau.

3. Le son ne se propage pas dans le vide. — En l'absence de l'eau, les ondes liquides seraient impossibles; c'est de pleine évidence. En l'absence de l'air, les ondes sonores aériennes le seraient également. Sans l'atmosphère, le son n'existerait pas ; un morne silence régnerait éternellement sur la terre. Une expérience bien concluante le démontre. Au centre d'un ballon en verre, une clochette est suspendue avec un fil. Quand on agite l'appareil, on entend très-bien la clochette tinter, même quand le ballon est fermé. L'air contenu dans le vase transmet son mouvement à l'air extérieur par l'intermédiaire des parois du ballon, et les pulsations sonores arrivent jusqu'à l'oreille. Mais si, à l'aide de la machine pneumatique, on retire l'air contenu dans le vase, le son devient impossible. A chaque secousse imprimée au ballon, on voit bien le battant frapper contre la clochette, mais on n'entend plus rien. Un complet silence s'est fait, parce que les pulsations sonores ne peuvent plus se former, la clochette est devenue muette, parce que, en l'absence de l'air, il ne peut plus se produire d'ondes sonores autour d'elle. Si on laisse rentrer l'air dans le vase, le son renait aussitôt.

4. Mouvement vibratoire des corps sonores. — Pour entrer dans ce mouvement de palpitation qui produit le son, l'air doit être évidemment ébranlé par le choc d'un corps, de même que l'eau, pour se couvrir d'ondes, doit être ébranlée par la chute d'une pierre. Et, en effet, tout corps, au moment où il engendre un son, est animé d'un mouvement rapide de va-et-vient qu'on peut reconnaitre dans une corde de violon qui résonne. Ces allées et venues rapides prennent le nom de *vibrations*. Si, pendant qu'il résonne, on touche légèrement du doigt un corps sonore, on sent un vif frémissement occasionné par les vibrations; mais, en appuyant davantage, les vibrations sont arrêtées, et le corps ne résonne plus. Il suffit de faire tinter un verre pour s'assurer que le son est bien occasionné par un mouvement vibratoire, car dès que ce mouvement est étouffé par le contact de la main, le son se tait à l'instant. Soit encore le diapason BC (fig. 107). Si, pendant qu'il résonne, on approche de l'une de ses branches une petite bille D suspendue à l'extrémité d'un fil AD, on voit la bille lancée à une assez grande distance, en AE, par exemple, par l'effet du choc que lui imprime le corps

vibrant. Un grand verre, une cloche qui tintent, chasse-
raient pareillement la bille par leurs chocs successifs.

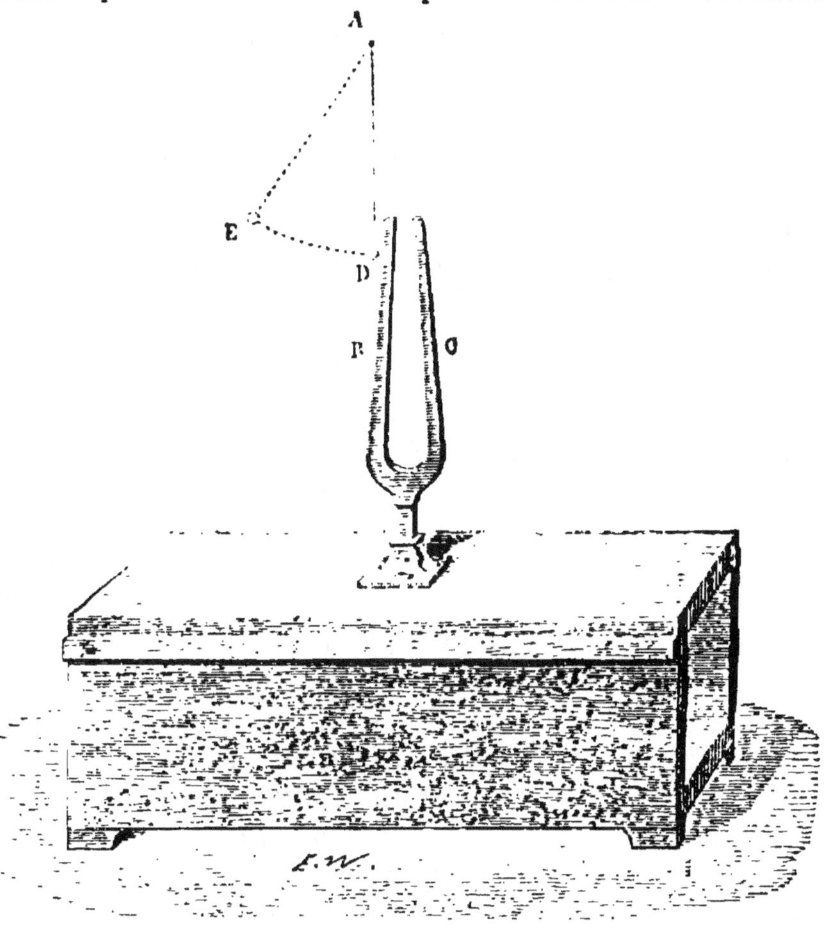

Fig. 107.

5. Vitesse du son dans l'air. — Le son résulte
donc d'un mouvement de palpitation de l'air, communiqué par les vibrations d'un corps sonore. Ce
mouvement est pareil à celui qui produit les ondes
circulaires sur une nappe d'eau ébranlée en un point.
Mais pour se propager au loin, à partir de leur centre

de formation, les ondes liquides mettent un certain temps ; le regard les voit cheminer et peut juger de leur rapidité. Les ondes sonores aériennes en font autant : elles gagnent de proche en proche des points plus éloignés, avec une vitesse qu'il est important de déterminer. Et voici comment : Si l'on prête attention à la décharge d'une arme à feu, faite à une distance un peu considérable, on aperçoit d'abord l'éclair et la fumée de l'explosion, et l'on n'entend le bruit que quelque temps après, d'autant plus tard que le lieu de l'explosion est plus éloigné. La lumière parcourt un immense trajet dans un temps excessivement court. La lueur de l'explosion parvient donc à l'œil de l'observateur placé à distance, à l'instant même où elle jaillit. Si le son n'arrive qu'après, c'est qu'il est beaucoup moins rapide dans sa marche, et que, pour franchir une distance un peu forte, il met un temps assez long qu'on peut très-bien mesurer. Supposons que dix secondes s'écoulent entre l'instant où apparait l'éclair d'un coup de canon et l'instant de l'arrivée du son. On mesure la distance qui sépare le point où l'explosion a eu lieu et le point où on l'a entendue. On trouve 3400 mètres. Par conséquent, le son parcourt dans l'air, en une seule seconde, une distance de 340 mètres.

6. **Propagation et vitesse du son dans les corps autres que l'air.** — Le son ne se propage pas seulement dans l'air ; il se propage aussi dans toute substance matérielle, soit gazeuse, soit liquide, soit solide, n'importe. Un plongeur entend sous l'eau les bruits produits sur le rivage ; les poissons entendent les pas d'un passant, puisqu'ils s'enfuient brusquement au fond de l'eau, même avant d'avoir aperçu la personne cause de leur frayeur. En appliquant bien l'oreille à l'extrémité d'une longue poutre, nous en-

tendons distinctivement le bruit qu'une seconde personne produit à l'autre extrémité en grattant le bois avec une épingle ; et cependant ce bruit est si faible que la personne qui le produit ne l'entend pas ou l'entend à grand'peine par l'intermédiaire de l'air. En appliquant l'oreille contre le sol, on entend les décharges lointaines de l'artillerie à des distances où le son n'arrive plus par l'intermédiaire de l'air. De même, en collant l'oreille contre un rail, on est averti de l'arrivée d'un convoi bien avant que le son propagé dans l'air puisse lui-même nous en avertir. Le son se propage donc plus facilement dans les corps solides que dans l'air. Il en est de même pour les corps liquides. Dans l'eau, le son parcourt une distance de 1435 mètres par seconde ; dans le fer, une distance de 3570 mètres, c'est-à-dire dix fois et demie le chemin parcouru dans l'air pendant le même temps.

7. Cornets et tubes acoustiques. Porte-voix. — Les personnes dont l'ouïe manque de sensibilité font usage du cornet acoustique, c'est-à-dire d'un tube conique évasé dont la petite ouverture est engagée dans le conduit de l'oreille. L'ouverture évasée a pour fonction de recueillir les ondes sonores et de les diriger dans le conduit auriculaire. Nous-mêmes, pour recueillir un son trop faible ou trop éloigné, n'improvisons-nous pas une sorte de cornet acoustique en courbant la paume de la main derrière l'oreille? Les portions d'ondes aériennes qui arrivent par la grande ouverture du cornet, transmettent leurs palpitations sonores à des tranches de plus en plus petites qui gagnent ainsi en intensité vibratoire et impressionnent plus fortement l'ouïe.

Le porte-voix sert à se faire entendre à de grandes distances. C'est un tube en cuivre ou en fer-blanc d'un mètre environ de longueur et terminé à une extrémité par un large évasement. L'autre extrémité porte une embouchure qui entoure les lèvres de la personne qui parle, sans gêner leur mouvement. Les mots étant articulés dans l'embouchure d'une manière bien nette, la transmission du son se fait à une très-grande distance. Pour se rendre compte de l'effet de cet instrument, remarquons que l'ébranlement primitif imprimé à l'air par la voix est limité par les parois du tuyau. Au lieu de se communiquer à tout l'air environnant, il n'est communiqué qu'à la colonne aérienne comprise dans le porte-voix. Pour cette colonne, l'impulsion sonore gagne ainsi en puissance et devient l'origine d'ondes capables de se propager plus loin.

Les ondes sonores, comme les ronds sur l'eau, s'élargissent toujours en se propageant plus loin du point de départ. Or, à mesure qu'elles s'agrandissent, la couche d'air mise en trépidation devient plus étendue, et par conséquent, l'ébranlement doit être moindre, car l'impulsion s'affaiblit en se distribuant dans une plus grande masse. Le son finit donc par s'éteindre à une certaine distance de son point d'origine. Mais si la couche d'air ébranlée transmettait son mouvement à une couche d'égal volume, celle-ci à une troisième de même volume encore, et ainsi de suite, le son ne devrait pas s'affaiblir; l'impulsion primitive se conserverait avec une invariable intensité d'un bout à l'autre de la colonne aérienne. Dans les tuyaux de conduite des eaux de Paris, sur une longueur de près d'un kilomètre, un savant physicien, Biot, a eu l'occasion de vérifier ce fait acoustique. A une extrémité de ce kilomètre de tuyaux, il a pu entretenir à voix basse une conversation avec une personne placée à l'autre extrémité. La parole arrivait si nette, que, pour ne pas s'entendre, ajoute le savant, il n'y aurait eu qu'un moyen : celui de ne pas parler.

Pour transmettre rapidement les ordres d'une salle à l'autre, d'un étage à l'autre d'une grande habitation, on emploie cette propriété des tuyaux de conserver au son l'intensité première en empêchant sa propagation dans un espace de plus en plus étendu. Des tuyaux en fer-blanc traversent les murs et vont d'une pièce à l'autre. Les paroles prononcées à une de leurs extrémités s'entendent dans la salle où la seconde extrémité débouche comme si la personne qui parle était dans la salle même de celle qui écoute.

8. Réflexion du son. Echo. Résonnance. —Revenons encore sur les ondes provoquées, à la surface d'une eau tranquille, par la chute d'une pierre. Si la nappe d'eau est barrée par un mur, ainsi que dans un bassin, par exemple, les ronds, en s'élargissant, atteignent cet obstacle. Arrivés là, ils rétrogradent, ils cheminent en sens inverse de leur première direction, sans altérer en rien la régularité de leur marche. Alors, en même temps, deux séries d'ondes courent à la surface de l'eau : les unes s'acheminent vers le mur, les autres en reviennent ; et toutes ces ondes, allant et revenant, se croisent sans se troubler mutuellement, sans se confondre. On donne le nom d'*ondes réfléchies*, c'est-à-dire renvoyées, aux ondes qui reviennent en arrière après avoir atteint le mur.

Les ondes aériennes, cause du son, se réfléchissent aussi quand elles rencontrent un obstacle, comme un mur, un rocher, une colline ; et alors, outre le son direct, occasionné par les ondes qui vont, il s'en produit un autre, nommé *écho*, par les ondes qui reviennent. Examinons à quelle distance une personne qui fait parler l'écho doit se trouver de l'obstacle réfléchiss it, pour que le son des ondes renvoyées ne se confond pas avec celui des ondes directes; en d'autres termes, pour que l'oreille, en les entendant séparément, puisse distinguer les syllabes de l'écho des syllabes directes. Quelque volubilité qu'on y mette, on ne prononce au plus qu'une dizaine de syllabes par seconde de temps. Pour être rapidement prononcée, une syllabe exige donc un dixième de seconde environ. Pendant le même temps, les ondes sonores parcourent 34 mètres. Un obstacle étant supposé placé à la moitié de cette distance, à 17 mètres, le son, pour y arriver et pour en revenir sous forme d'écho, mettra un dixième de seconde; et, par conséquent, la syllabe directe sera prononcée et entendue, quand la syllabe réfléchie se fera entendre à son tour. Dans ces conditions, l'écho répétera distinctement une syllabe. Si l'obstacle est placé à deux fois, trois fois, etc. cette distance, l'écho pourra faire entendre deux, trois syllabes, etc. Mais pour une distance moindre que 17 mètres, il n'y a plus d'écho distinct possible. La syllabe réfléchie arrive alors à l'oreille presque en même temps que la syllabe directe, et l'on n'entend plus qu'un seul son. Il y a toutefois dans la syllabe réfléchie un léger retard, qui prolonge le son et produit ce qu'on appelle la *résonnance*. C'est ce qu'on peut aisément constater dans les salles vastes et nues. Certains échos, appelés *échos multiples*, répètent plusieurs fois les mêmes syllabes; ils sont produits par plusieurs obstacles qui se renvoient de l'un à l'autre les ondes sonores et les font passer à diverses reprises par le lieu où se trouve l'auditeur.

9 **Vibrations.** — Le corps sonore transmet son mouvement de va-et-vient, et produit, à chaque vibration, une onde aérienne. Si les vibrations sont rapides, les ondes qui leur correspondent sont courtes,

parce qu'elles ont très-peu de temps pour se former; si les vibrations sont lentes, les ondes, dont la formation embrasse un temps plus long, deviennent plus étendues. La longueur des ondes détermine cette qualité qui fait dire d'un son qu'il est *aigu* ou *grave*, élevé ou bas. Plus les ondes sont longues, plus le son est grave ; plus elles sont courtes, plus le son est aigu. Puisque la longueur des ondes dépend de la rapidité des vibrations du corps sonore, et que le degré d'élévation du son dépend à son tour de la longueur des ondes, on voit que le son sera d'autant plus aigu ou plus grave que le corps sonore vibrera plus vite ou plus lentement.

Le nombre de vibrations nécessaires pour produire un des sons auxquels notre oreille est le plus habituée, est beaucoup plus considérable qu'on ne pourrait l'imaginer tout d'abord. Le son qu'on appelle le *la* du diapason et avec lequel on règle les instruments de musique, correspond à 870 vibrations par seconde. La note la plus grave que puisse rendre la voix humaine, correspond à peu près à 130 vibrations par seconde ; et la plus aiguë à 2088. Il est bien entendu qu'une seule personne ne pourrait atteindre ces deux limites extrêmes de la portée de la voix. Pour les sons graves, comme pour les sons aigus, il faut des voix spéciales, dont les portées réunies embrassent le champ compris entre les deux limites précédentes.

L'oreille est mieux favorisée que l'organe de la voix, en ce sens qu'elle est apte à apprécier des sons beaucoup plus graves ou beaucoup plus aigus que ceux que nous pouvons émettre. Le son le plus grave perceptible pour une oreille exercée, correspond à 16 vibrations par seconde ; et le plus aigu, à 13000.

10. Méthode graphique pour évaluer le nombre de vibrations. — Inévitablement une question se présente ici. Comment peut-on trouver ces nombres prodigieux de vibrations exécutées en un temps si court, en une seconde? Mais à peine, en allant très-vite, nous serait-il possible, en une seconde, de compter jusqu'à dix. Aussi, n'est-ce pas en les suivant du regard, chose impossible à cause de leur excessive rapidité, et en les comptant une à une, qu'on trouve les vibrations nécessaires pour produire tel ou tel son. On se sert d'ingénieux mécanismes faisant partie du corps sonore lui-même et marquant eux-mêmes, avec une précision parfaite, le nombre des vibrations exécutées. Mentionnons ici le plus simple de ces appareils. — Un diapason ABC (fig. 108) est construit de manière à donner le son que l'on se propose d'étudier. Une de ses branches B porte une fine pointe devant laquelle se meut de bas en haut et d'un mouvement bien régulier, une plaque de verre P enduite de noir de fumée. Un mécanisme d'horlogerie produit cette régulière ascension de la plaque.

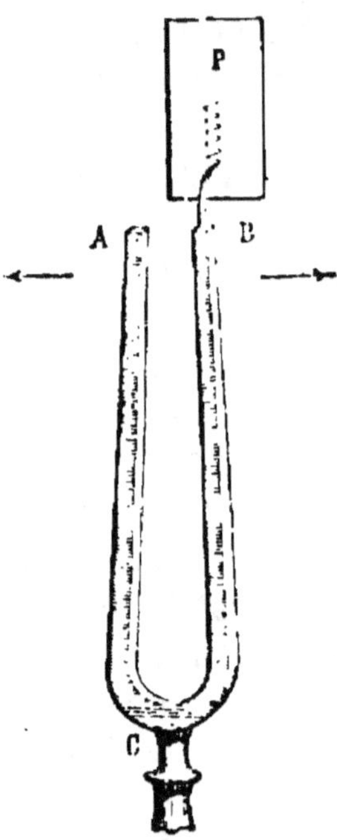

Fig. 108.

Quand le diapason vibre, sa pointe trace sur le noir de fumée une ligne en zigzag dont chaque trait correspond à une vibration de l'instrument. Si donc, lorsque le diapason a résonné pendant un certain nombre de secondes, on compte à la loupe le nombre de traits du zigzag décrit sur la plaque de verre, on a le nombre de vibrations exécutées pendant ce même temps.

11. Noms des notes de la gamme. Gui d'Arezzo.

— C'est à un savant moine du onzième siècle, à Gu d'Arezzo, qu'on doit en grande partie le système musical employé de nos jours. Parmi ses heureuses innovations, il faut citer l'emploi de syllabes courtes et sonores pour désigner les diverses notes, au lieu de lettres dont on se servait avant lui. Les syllabes qu'il adopta sont tirées de la première strophe que chante l'Église en l'honneur de saint Jean-Baptiste. Voici cette strophe :

UT queant laxis
REsonare fibris
MIra gestorum
FAmuli tuorum
SOLve polluti
LAbii reatum,
Sancte Johannes.

Ce qui signifie : « Pour que vos serviteurs puissent dignement raconter les merveilles de votre vie, vous-même, saint Jean, purifiez leurs lèvres souillées par le péché. » — Dans les premières syllabes de ces lignes latines se trouvent les noms des notes de la gamme. Le *si* manque, il est vrai, parce que, au temps de Gui d'Arezzo, cette note n'avait pas de nom spécial. Il nous est permis toutefois de le retrouver en partie dans l'S qui commence le dernier vers. Enfin des raisons de sonorité ont fait, de nos temps, remplacer la syllabe *ut* par la syllabe *do*.

12. **Nombre de vibrations des note de la gamme.** — Inscrivons maintenant dans leur ordre les noms des sept notes de la gamme, et au-dessous de chacun, le nombre correspondant de vibrations.

Noms des notes.	DO	RÉ	MI	FA	SOL	LA	SI
Nombres de vibrations par seconde	522	587	652	696	783	870	978

En multipliant chacun de ces nombres par 2, on

aurait les nombres de vibrations correspondants aux notes de l'octave en dessus. De cette octave, on passerait à la suivante en multipliant encore par 2, et ainsi de suite. En les divisant au contraire par 2, on obtiendrait les nombres de vibrations correspondant aux notes de l'octave en dessous. De cette octave, on passerait celle qui la précède par une nouvelle division par 2. En résumé, pour chaque octave, le nombre de vibrations d'une note quelconque est le double de celui de la note portant le même nom dans l'octave qui précède immédiatement, ou la moitié du nombre correspondant à la note de même nom dans l'octave qui suit.

13. **Intervalles musicaux. Tons et demi-tons.** — Les nombres de vibrations correspondant aux diverses notes de la gamme sont trop considérables pour que l'esprit saisisse aisément leur rapport. Divisons alors le nombre de vibrations de *ré* par le nombre de vibrations de *do*; nous aurons la fraction $\frac{9}{8}$, signifiant que *ré* fait 9 vibrations pendant que *do* en fait 8. Cette fraction s'appelle l'intervalle de *do* à *ré*. On obtient de même l'intervalle de *ré* à *mi* en divisant le nombre de vibrations de *mi* par le nombre de vibrations de *ré*, ce qui donne la fraction $\frac{10}{9}$; c'est-à-dire que *mi* fait 10 vibrations pendant que *ré* en fait 9. Un calcul pareil donne pour l'intervalle de *mi* à *fa* $\frac{16}{15}$; pour l'intervalle de *fa* à *sol*, $\frac{9}{8}$; pour l'intervalle de *sol* à *la*, $\frac{10}{9}$; pour l'intervalle de *si* à *la*, $\frac{9}{8}$; et enfin pour l'intervalle de *si* à *do* de l'octave suivante $\frac{16}{15}$. Ce qui se résume dans le tableau suivant:

	DO	RÉ	MI	FA	SOL	LA	SI	DO
Intervalles	$\frac{9}{8}$	$\frac{10}{9}$	$\frac{16}{15}$	$\frac{9}{8}$	$\frac{10}{9}$	$\frac{9}{8}$	$\frac{16}{15}$	

Trois nombres seulement, répétés suivant un certain ordre, entrent dans cette série de rapports savoir: $\frac{9}{8}$, $\frac{10}{9}$, $\frac{16}{15}$. Les deux nombres $\frac{9}{8}$ et $\frac{10}{9}$ sont les plus forts et diffèrent peu entre eux; le troisième, $\frac{16}{15}$ est le plus faible et diffère sensiblement des deux autres. Les rapports $\frac{9}{8}$ et $\frac{10}{9}$ s'appellent *tons*; le rapport $\frac{16}{15}$ s'appelle un *demi*-ton. On voit donc que la gamme se compose de la succession de deux tons, un demi-ton, trois tons, un demi-ton, comme l'indique le tableau que voici:

DO	RE	MI	FA	SOL	LA	SI	DO
ton	ton	demi-ton	ton	ton	ton	demi-ton	

14. Instruments de musique. — Les instruments de musique se classent en deux catégories: les instruments à cordes et les instruments à vent. Dans les instruments à cordes, violon, harpe, contre-basse, piano, les vibrations sonores résultent du va-et-vient de cordes mises en mouvement par la friction de l'archet, le pincement des doigts, la percussion de marteaux mus par des touches. Le son rendu est d'autant plus grave que la corde est plus longue, plus grosse, moins tendue et de matière plus dense. Il est d'autant plus aigu que la corde est plus fine, plus courte, plus tendue et de matière moins dense. Les quatre cordes d'un violon, tendues au point que demande l'accord, ne rendent que quatre sons en vibrant dans toute leur longueur. L'artiste leur fait rendre tous les sons qu'il désire en les raccourcissant par l'application d'un doigt de la main gauche sur telle ou telle autre partie de leur longueur. Si ces quatre cordes étaient simplement tendues sur une planchette, elles ne rendraient que des sons faibles, maigres, désagréables ; mais tendues sur l'instrument tel qu'il nous est connu, elles rendent des sons d'une ampleur très-satisfaisante. Les cordes ne sont donc pas les seules parties du violon qui prennent part à la formation du son; le reste joue aussi un rôle important dans cette formation. Outre le manche, un violon comprend une spacieuse cavité, ou caisse pleine d'air. La paroi ou table supérieure de cette cavité, communique avec la table inférieure par un pilier placé vers le centre du violon et qu'on nomme *l'âme*. Quand les cordes vibrent sous l'archet, elles mettent en vibrations la table supérieure par l'intermédiaire du *chevalet* qui les supporte. L'âme transmet les vibrations, de la table supérieure à la table inférieure ; et les deux tables enfin font participer l'air de la caisse à leur propre ébranlement. Ainsi, aux vibrations des cordes du violon viennent s'adjoindre celles des deux tables et de l'air de la caisse; et telle est la cause de l'ampleur que le son acquiert.

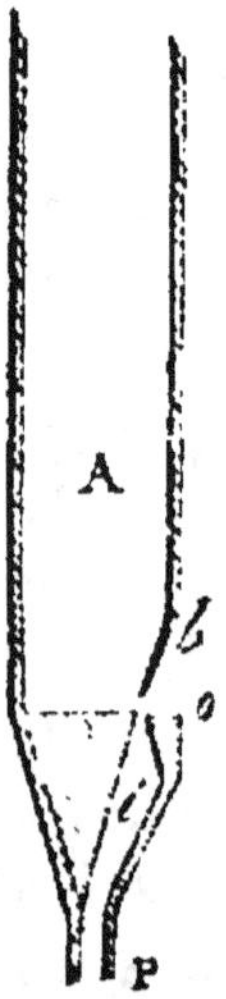

Dans les instruments à vent, l'air entre en vibration par l'intermédiaire soit d'une embouchure de flûte, soit d'une embouchure à anche. La figure 109 est la section d'un tuyau sonore à embouchure de flûte. L'air arrive par le canal *Pi*, terminé en fente étroite appelée *lumière*. En s'échappant par la lumière, le courant d'air vient frapper contre une lame *b* taillée en biseau et s'écoule par un orifice *ob*, appelé bouche. Le choc de l'air contre le biseau engendre des vibrations qui se transmettent dans la colonne d'air du tuyau A. Certains tuyaux d'orgue, le sifflet ordinaire, le flageolet, sont à embouchure de

Fig. 109.

flûte. En soufflant dans une clef forée, ou dans le trou ovale d'un fifre, d'une flûte traversière, on obtient des sons par un mode analogue. La lumière est remplacée par l'étroit orifice des lèvres, le biseau est représenté par le bord de l'ouverture sur lequel le souffle est dirigé.

Un tuyau à anche comprend trois parties; le *porte-vent* B (fig. 110), canal dans lequel le vent d'un soufflet arrive par la partie inférieure, l'*anche o* qui s'adapte au porte-vent; le tuyau A, qui surmonte l'anche. L'anche est formée d'un canal ou *rigole t*, par où l'air s'échappe du porte-vent dans le tuyau A ; d'une petite lame métallique ou *languette l*, qui, placée à l'entrée de la rigole, vibre sous l'impulsion du courant d'air; d'une tige métallique *rr*, appelée *rasette* qu'on enfonce à volonté et permet, en s'appliquant sur la languette, de raccourcir ou d'allonger la partie vibrante de celle-ci pour lui faire rendre le son voulu. Parmi les instruments à anches se trouvent les tuyaux d'orgue, la clarinette, le hautbois, le basson. Dans

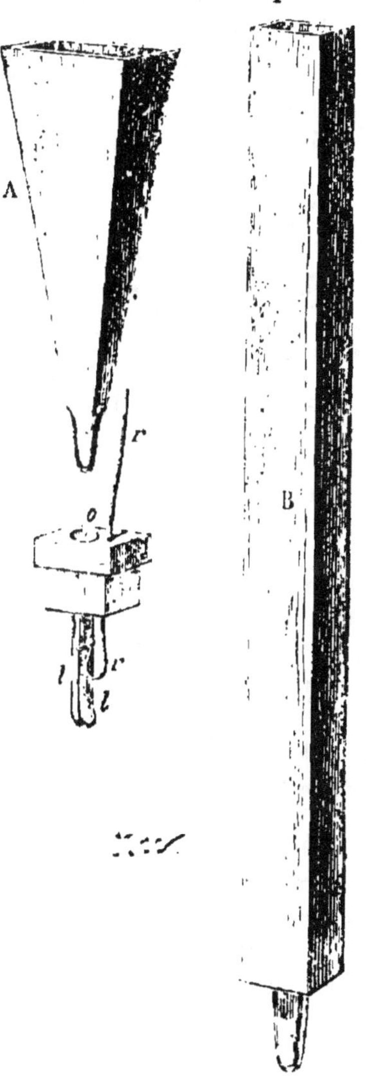

Fig. 110.

la clarinette, l'anche, formée d'une lame de roseau

est mise en vibration par le souffle et donne des sons différents suivant que la pression des lèvres remplaçant ici la rasette des tuyaux d'orgue, laisse à la partie vibrante telle ou telle longueur. Dans le hautbois et le basson, 'le bec est formé de deux minces lamelles élastiques, dont la pression des lèvres raccourcit plus ou moins la longueur suivant le son qu'il faut rendre.

Le cor, le clairon, la trompette, le cornet à piston, l'ophicléide, etc., sont encore des instruments à anche. Les lèvres de l'exécutant, adaptées à l'entrée d'une cavité conique, ou hémisphérique appelée embouchure, vibrent elles-mêmes, à la manière d'une anche double, sous l'impulsion du souffle. Leur degré de rapprochement et de tension fait varier le son rendu

---

QUESTIONNAIRE.

1. Comment se forment et se propagent les ronds sur l'eau ? — Les petites ondes se déplacent-elles réellement ? — 2. Quelle analogie y a-t-il entre la formation du son et celle des ronds sur l'eau ? — Qu'appelle-t-on ondes sonores ? — 3. Comment démontre-t-on que le son ne se propage pas dans le vide ? — 4. Qu'appelle-t-on vibrations d'un corps sonore ? — Dire les expériences démontrant qu'un corps vibre pendant qu'il rend un son. — 5. De quelle manière peut-on déterminer la vitesse de propagation du son dans l'air ? — Quelle est la valeur de cette vitesse ? — 6. Démontrer par des exemples que le son se propage dans les corps liquides, les corps solides. — Quelle est la vitesse de propagation du son dans l'eau ? — Dans le fer ? — 7. En quoi consiste un cornet acoustique ? — Comment agit-il ? — Qu'est-ce que le porte-voix ? — Comment permet-il de se faire

entendre à de grandes distances ? — Dire l'expérience
de Biot dans les tuyaux de conduite des eaux de Paris.
— De quelle manière agissent les tubes acoustiques servant à transmettre des ordres d'une salle à l'autre ? —
8. Qu'est-ce que la réflexion des ondes sur l'eau ? —
Qu'est-ce que l'écho ? — A quelle distance au moins
faut-il se trouver d'un obstacle réfléchissant pour qu'il
y ait écho ? — Qu'est-ce que la résonnance ? — D'où
proviennent les échos multiples ? — 9. Les ondes sonores
ont-elles toutes même longueur ? — D'où proviennent
les sons aigus, d'où proviennent les sons graves ? —
Quel est le nombre de vibrations du *la* normal ? — 10.
Expliquer comment on peut compter le nombre de
vibrations correspondant à un son. — 11. A qui devons-
nous les noms des notes de la gamme ? — D'où ces noms
sont-ils tirés ? — 12. Quel rapport y a-t-il entre les
nombres de vibrations des notes d'une octave et des
notes de l'octave en dessus ou en dessous ? — 13. Qu'appelle-t-on intervalles musicaux ? — Dire la valeur des
intervalles d'une octave. — Qu'est-ce qu'un ton ? —
Qu'est-ce qu'un demi-ton ? — Quelle est la succession
des tons et des demi-tons dans chaque octave ? — 14.
Comment se classent les instruments de musique ? —
Comment varie le son rendu par une corde ? — D'où
provient l'intensité du son du violon ? — De combien
de manières l'air est-il mis en vibration dans les instruments à vent ? — Décrire l'embouchure de flûte. —
Quels sont les principaux instruments à embouchure de
flûte ? — Décrire l'embouchure à anche. — Quels sont
les principaux instruments à embouchure à anche ? —
Quel rôle remplissent les lèvres de l'exécutant dans
l'embouchure du cor, du clairon ?

CINQUIÈME PARTIE

LUMIÈRE

CHAPITRE PREMIER

PROPAGATION DE LA LUMIÈRE. — RÉFLEXION

1. Lumière et obscurité. — L'obscurité n'a pas d'existence propre, elle ne forme pas un voile réel nous dérobant la vue des objets. Là où règne l'obscurité, il n'y a rien en plus, mais il y a la lumière en moins. Les ténèbres, la nuit, ne proviennent pas d'une cause spéciale se dissipant aux clartés du jour, de même qu'un brouillard se dissipe aux rayons du soleil ; elles proviennent uniquement de l'absence de la lumière, comme le froid résulte de l'absence plus ou moins complète de la chaleur. Les ténèbres ne peuvent être palpables, comme on le dit quelquefois par un abus de langage ; elles ne peuvent être épaisses, car ces qualifications, prises dans leur véritable sens, font allusion à une substance matérielle produisant l'obscurité, substance qui n'existe réellement pas. Les ténèbres sont la négation de la lumière, et c'est tout. Voir, ce n'est pas précisément diriger nos regards vers les objets vus, c'est recevoir dans nos yeux la lumière envoyée par ces objets. Dans la vision, rien ne s'échappe de nous ; tout vient de la chose vue. En prenant les mots dans leur acception naturelle, nous ne lançons pas nos regards vers l'objet considéré ; c'est l'objet lui-même qui lance vers nous sa lumière, de même qu'un corps

sonore lance vers nous le son. Tout corps, pour être
visible, doit envoyer de la lumière, doit être lumineux,
de même que tout corps pour impressionner l'ouïe
doit envoyer des ondes sonores. Si le corps n'envoie
pas de la lumière, il est obscur et par cela même invisible; s'il n'envoie pas des ondes sonores, il est si-
lencieux et sans effet aucun sur l'oreille. L'obscurité
est par rapport à la lumière ce que le silence est par
rapport au son. L'un et l'autre sont des non-existences,
des négations. Nous dirons donc : la lumière est ce
qui rend les objets sensibles à la vue; l'obscurité est
l'absence de la lumière.

2. **Sources lumineuses.** — Dans un appartement
fermé ne recevant aucun jour du dehors, une lampe
allumée est visible par elle-même à cause de la lumière qu'elle émet en tous sens; et les objets qu'elle
éclaire acquièrent, à ses clartés, une lumière d'em-
prunt et deviennent visibles en renvoyant vers nous
la lumière qu'ils reçoivent de la lampe. On pourrait
dire de ces objets qu'ils produisent un écho lumineux;
ils font arriver à nos yeux de la lumière qui n'y serait
pas arrivée sans leur intervention. On est ainsi conduit à classer les corps en deux catégories : ceux qui
sont lumineux par eux-mêmes, et ceux qui ne le deviennent qu'en réfléchissant une lumière étrangère.
Les premiers, appelés *sources lumineuses*, sont visibles
sans illumination venue d'ailleurs; le soleil, les étoiles,
la flamme, le bois qui brûle, la lampe allumée, les
métaux incandescents, etc., entrent dans cette caté-
gorie. Les seconds ne sont visibles qu'autant qu'ils reçoivent et réfléchissent la lumière d'un corps lumineux
par lui-même. Ils forment l'immense majorité des corps
terrestres.

3. **Propagation rectiligne de la lumière.** — La

lumière se propage en ligne droite (1). En effet, si l'on dispose entre l'œil et un objet lumineux un certain nombre d'écrans opaques percés d'un trou, l'objet n'est aperçu qu'autant que tous ces trous sont alignés suivant une même droite joignant l'œil à l'objet. Chacun a remarqué du reste qu'un rayon de soleil, en pénétrant dans une chambre obscure par un trou du volet, trace une bande parfaitement rectiligne rendue visible par l'illumination des corpuscules de poussière en suspension dans l'air. — Toute direction rectiligne suivant laquelle la lumière se propage prend le nom de *rayon lumineux*. Les lignes droites, en nombre indéfini, que l'on peut mener des divers points d'une source lumineuse à travers l'étendue environnante, sont autant de rayons lumineux.

4. **Ombre.** — A cause de sa propagation en ligne droite invariable, la lumière ne contourne pas les objets opaques pour reprendre en arrière son trajet interrompu ; aussi, lorsqu'un corps non transparent lui intercepte le passage, elle ne peut arriver en arrière de ce corps, et là se produit ce qu'on appelle *l'ombre*. L'ombre n'est pas une obscurité spéciale projetée par les corps ; c'est le manque de lumière en arrière des corps qui, par leur opacité, empêchent les rayons lumineux d'aller plus avant. La source lumineuse se réduisant à un point, pour délimiter l'étendue obombrée, il faut du point lumineux (fig. 111) mener une tangente BC au corps opaque B et faire tourner cette

---

(1) Cette proposition cesse d'être vraie, quand le milieu dans lequel la lumière se propage change de nature. Ainsi, en passant de l'air dans l'eau, ou inversement de l'eau dans l'air, la lumière éprouve une déviation connue sous le nom de *réfraction*. Ce sera le sujet d'une étude ultérieure.

tangente de manière à lui donner toutes les positions possibles On décrit ainsi une surface conique, dont le sommet est le point lumineux, et qui enveloppe le corps opaque. Toute l'étendue située dans ce cône en

Fig. 111.

arrière du corps est dans l'ombre, c'est-à-dire qu'elle ne peut recevoir aucun rayon lumineux issu de la source. La ligne de contact B est sur le corps opaque la séparation entre la partie éclairée et la partie non éclairée. Enfin si en arrière du corps on interpose un écran, celui-ci ne reçoit pas de lumière dans une certaine région nommée *ombre portée*. L'ombre portée est délimitée par l'intersection du cône avec l'écran.

5. **Pénombre.** — Nous venons de supposer la source lumineuse réduite à un point; dans ce cas l'ombre est nettement séparée de la partie éclairée. Mais si le corps lumineux possède des dimensions non négligeables, l'ombre est accompagnée d'une région où l'accès de la lumière est possible, mais en proportion variable et plus faible que dans les parties éclairées sans obstacle, de sorte que le passage de l'ombre complète à la lumière complète se fait graduellement sur le corps opaque et sur l'écran qui re-

çoit l'ombre portée. C'est ce qu'on appelle la *pénombre*, c'est-à-dire presque ombre.

Si le corps lumineux (fig. 112) est la sphère AA′ et le corps opaque la sphère BB′, **on obtient la déli-**

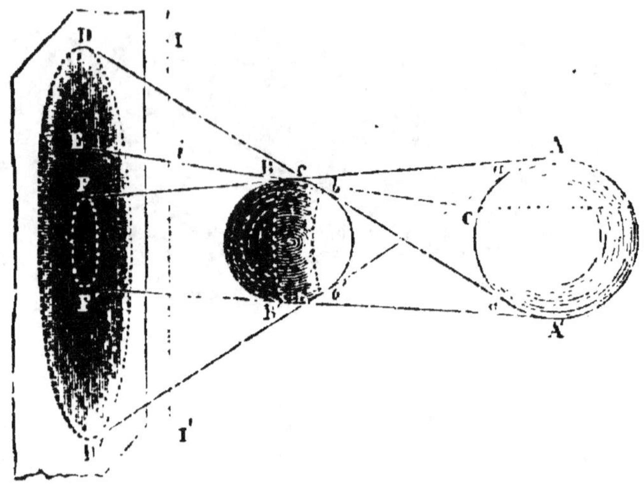

Fig. 112.

mitation de l'ombre au moyen du cône correspondant aux tangentes extérieures ABF′, A′B′F′. En arrière du corps opaque, il ne pénètre dans ce cône aucun rayon de lumière. L'ombre sur le corps opaque est donc la région en arrière de la ligne de contact BB′, et sur l'écran elle est le cercle FF′. Le cône correspondant aux tangentes intérieures *ab′D′*, *a′bD*, délimite la pénombre tant sur le corps opaque que sur l'écran. De F en D sur l'écran, l'obscurité diminue peu à peu comme de B en *b* sur le corps opaque. Si l'on considère, par exemple, le point E et qu'on mène la tangente EC, on voit que ce point reçoit de la lumière de la partie de la sphère lumineuse située au dessus de *c*, mais n'en reçoit pas de la partie située en dessous. En ce point, l'ombre n'est donc pas complète puisqu'il y arrive un peu de lumière; l'illumination n'y est pas non plus complète puisque une partie de la source lumineuse est masquée. Ce point appartient à la pénombre sur l'écran.

6. **Vitesse de la lumière.** — Une roue dentée dont les dents sont séparées par des intervalles égaux à leur propre largeur, tourne avec telle vitesse que l'on veut. Un vif filet de lumière est lancé perpendiculairement sur le bord de la roue. Il passe outre s'il rencontre un intervalle de la roue en mouvement, il est arrêté s'il rencontre une dent. L'émission lumineuse se fait ainsi par intermittences régulières. A une grande distance de la roue est un miroir plan qui reçoit perpendiculairement le filet de lumière, et de la sorte le réfléchit dans la direction même suivie en venant. Le filet lumineux revient donc à la roue après avoir parcouru le trajet de celle-ci au miroir, et du miroir au point de départ. Mais pendant que la lumière franchit cette double distance, la roue tourne, et, si sa vitesse est convenablement réglée, elle peut présenter une dent au rayon de retour, de sorte qu'un observateur placé en arrière de la roue ne voit plus la lumière réfléchie, qui d'abord, quand la roue était immobile et présentait un intervalle au filet lumineux, avait l'aspect d'un point brillant. On met la roue en mouvement; le point brillant pâlit et finit par s'éteindre. Alors un intervalle se présente au filet lumineux qui va, et une dent au filet lumineux qui revient. Le mécanisme qui donne le mouvement à la roue, permet de déterminer le temps qu'il faut pour qu'un intervalle soit remplacé par la dent suivante. Ce temps est celui qu'emploie la lumière pour aller et revenir, ou pour franchir deux fois la distance qui sépare la roue du miroir. Pour stations de ses expériences, M.

Fizeau, à qui l'on doit cette élégante méthode, avait choisi Suresnes et Montmartre, dont la distance est de 8633 mètres. A l'une des stations était établie la roue ; à l'autre, le miroir. Le résultat a donné pour vitesse de la lumière 78841 lieues métriques par seconde. Pour nous venir du soleil, distant de 38 millions de lieues, la lumière met 8 minutes environ.

7. Réflexion de la lumière. — Lorsqu'un rayon de lumière arrive à la surface d'un corps poli, il est renvoyé, réfléchi, de la manière suivante. Soit AB la surface réfléchissante : supposons qu'un rayon de lumière arrive suivant FC (fig. 113). Ce rayon prend le

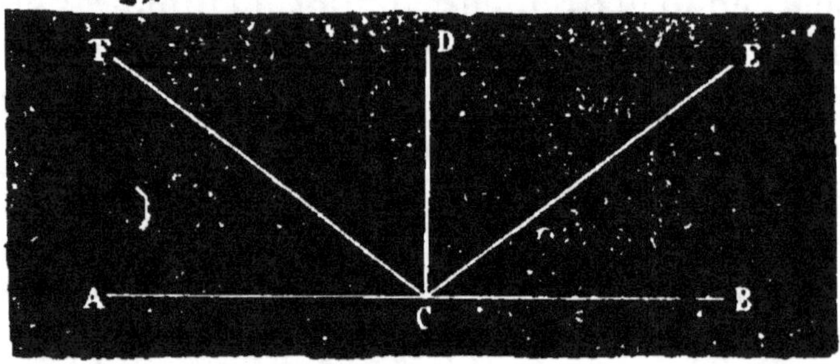

Fig. 113.

nom de rayon *incident* et l'angle FCD qu'il fait avec la perpendiculaire CD, élevée sur la surface réfléchissante, s'appelle *l'angle d'incidence*. Le rayon est réfléchi suivant CE de manière que *l'angle de réflexion* ECD est égal à l'angle d'incidence FCD. De plus le rayon réfléchi ne sort pas du plan qui contient déjà le rayon incident et la perpendiculaire CD. Les lois de la réflexion sont donc les suivantes : 1° *L'angle de réflexion est égal à l'angle d'incidence ; 2° le rayon incident et le rayon réfléchi sont dans un même plan perpendiculaire à la surface réfléchissante.*

8. Miroirs plans. — Soit un point lumineux A

rayonnant de la lumière dans tous les sens (fig. 114). Considérons un faisceau de rayons arrivant sur un miroir plan MN. Le rayon AB après réflexion prend la direction BC, le rayon AD prend la direction DH, etc. Or il résulte de l'égalité entre l'angle d'incidence et l'angle de réflexion, que tous ces rayons réfléchis, BC, DH et les autres tant qu'il y en a, sont dirigés de telle manière qu'étant idéalement prolongés

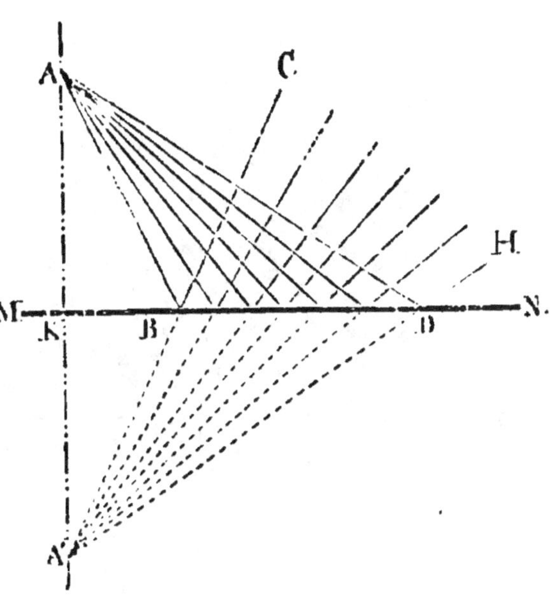

Fig. 114.

en arrière de la surface réfléchissante, ils vont tous concourir en un point A′ situé sur la perpendiculaire abaissée du point lumineux A sur le plan réfléchissant MN et prolongée d'une quantité A′K égale à AK. En d'autres termes, le point de concours A′ des rayons réfléchis idéalement prolongés, est symétrique du point lumineux. Ainsi, après réflexion, les rayons lumineux forment un faisceau disposé de la même manière que si son point de départ était réellement le point A′. — Supposons maintenant un observateur dont la vue est impressionnée par le faisceau de lumière réfléchie. En recevant dans ses yeux les rayons tels que CB, HD, cette personne est dans les mêmes conditions que si elle était en face d'un point lumineux **réel** placé en A'; par une illusion résultant du changement de direction de la lumière, elle voit en H' un point lumineux qui, dans le fait, n'existe pas.

Soit maintenant un objet A*a* situé devant le miroir plan MM' (fig. 115). Le point A forme son image illu-

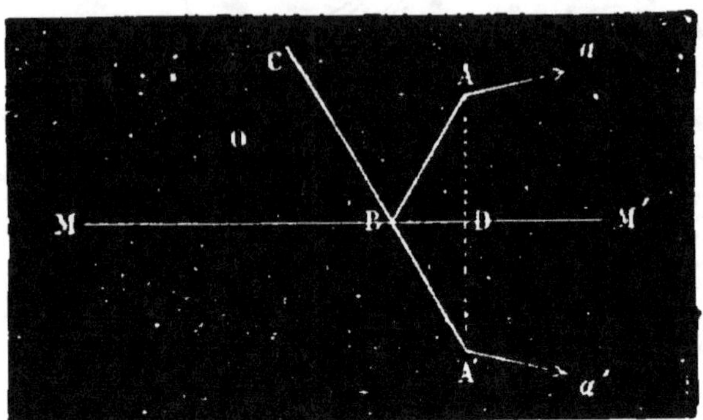

Fig. 115.

soire en A', symétrique de A; c'est-à-dire qu'après réflexion, les rayons issus en réalité de A, semblent partir de A'. Tel est le rayon AB, qui, en se réfléchissant, prend la direction BC. De même, le point *a* est vu par réflexion en *a'*, symétrique de *a*; de sorte que l'image entière est A' *a'*. L'image fournie par un miroir plan est donc toujours illusoire, c'est-à-dire n'a pas d'existence réelle; elle est symétrique de l'objet, en d'autres termes, elle est située derrière le miroir, à la même distance que l'objet; enfin elle est égale en dimensions à l'objet.

9. Réflexion diffuse. — Les corps dont la surface n'est pas polie réfléchissent aussi la lumière, seulement la réflexion se fait alors d'une manière irrégulière et dans tous les sens à la fois. C'est ce qu'on appelle réflexion par *diffusion*. La lumière réfléchie diffuse nous rend les objets visibles. Si tous les corps étaient d'un poli parfait, nous ne les verrions pas, à moins qu'ils ne fussent lumineux par eux-mêmes. Une glace d'une netteté parfaite ne se voit pas; on ne juge de sa présence que par son cadre et les images des objets qu'elle réfléchit. Ternie par la poussière, elle devient visible, parce qu'elle envoie alors un peu de lumière diffuse.

10. **Miroirs concaves.** — Si l'on présente aux rayons du soleil un miroir de courbure sphérique et poli du côté concave, les rayons après réflexion viennent se croiser et se concentrer en un point, à la fois très-lumineux et très-chaud, qu'on appelle *foyer principal* du miroir. Ce point est situé à égale distance entre le miroir et le centre de sa courbure sphérique.

Si l'on se place entre le foyer principal et le miroir, on se voit derrière celui-ci avec des dimensions amplifiées. Dans ce cas l'image est illusoire comme avec un miroir plan, seulement cette image est plus grande que l'objet. Si l'on met une bougie allumée entre le foyer principal et le centre de courbure, on voit sur le mur opposé, faisant fonction d'écran, se dessiner une image de cette bougie dans une position renversée et avec des dimensions amplifiées. L'image obtenue de la sorte se nomme image *réelle* parce que les rayons la forment réellement en se croisant. Ce n'est plus une illusion, c'est une réalité.

Si la bougie est placée plus ou moins loin au-delà du centre de courbure et qu'on mette un petit écran de papier entre le foyer principal et le centre, une image réelle de la bougie se dessine encore sur cet écran dans une position renversée, mais dans ce cas l'image est plus petite que l'objet.

11. **Télescopes à réflexion.** — L'œil ne reçoit à la fois que le peu de lumière pénétrant par l'étroit

orifice de l'iris ou de la pupille. Si l'objet est très-éloigné, ses rayons affaiblis en intensité par la distance et ne pénétrant dans l'œil qu'en faible proportion, ne peuvent impressionner assez la vue, et la vision de cet objet est impossible, ou pour le moins sans netteté. On tournerait cette difficulté en se créant, en quelque sorte, une pupille artificielle qui donnât accès, par son ampleur d'ouverture, à tel nombre de rayons qu'il est nécessaire pour la vision nette. On atteint cet admirable résultat en astronomie au moyen d'un miroir concave présenté à l'astre que l'on veut observer. Le miroir est pour ainsi dire une pupille préparatoire qui reçoit des rayons lumineux de l'astre sur toute sa surface, les rassemble et les concentre en une vive image réelle dont les petites dimensions permettent à la somme de lumière de pénétrer dans la pupille véritable. L'œil reçoit ainsi, non la faible quantité de lumière que comportent ses minimes dimensions, mais celle qui pénétrerait dans un œil dont la pupille aurait l'étendue du miroir. C'est ainsi que des corps célestes trop éloignés pour être vus directement, deviennent visibles par l'intervention d'un miroir concave, rassemblant en une très-vive et petite image, un énorme faisceau de rayons lumineux.

Un miroir concave est la partie principale des appareils astronomiques nommés télescopes à réflexion. Le plus grand télescope que l'on ait construit est celui de lord Ross. C'est un tube énorme de 16 m. 76 de longueur, au fond duquel se trouve un miroir en métal de 1 m. 83 de largeur et de 33 m. 52 de rayon de courbure. Le tube pèse 66 quintaux métriques, le miroir seul pèse 3800 kilogrammes. La lourde machine est établie entre deux murs énormes, véritables fortifications à créneaux. Des chaînes s'enroulant sur des treuils la mettent en mouvement et la dirigent vers tel point du ciel que l'on veut explorer. Le foyer principal étant distant du miroir de la moitié du rayon de courbure, c'est-à-dire de 16 m. 76, se trouve à l'entrée du tube mais déjeté latéralement par suite de l'inclinaison du miroir. C'est là que se place l'astronome pour observer l'image réelle avec des instruments grossissants. Comme appareil de vision, le télescope de lord Ross équivaut à un œil dont la pupille aurait 1 m. 83 d'ouverture, à l'œil d'un géant de 800 mètres de haut.

12. Miroirs convexes. — Si la face polie est du côté convexe, un miroir à courbure sphérique ne donne jamais que des images illusoires. Ces images sont dans une position droite et toujours plus petites que l'objet. C'est ainsi qu'on se voit avec des dimensions réduites en se plaçant devant une boule métallique polie.

QUESTIONNAIRE.

3. Qu'est-ce que la lumière? — L'obscurité a-t-elle une existence propre? — 2. Qu'appelle-t-on sources lumineuses? — Que faut-il pour qu'un corps soit visible? — Comment sont visibles les corps non lumineux par eux-mêmes? — 3. Quelle direction suit la lumière dans sa propagation? — 4. Qu'est-ce que l'ombre? — Comment se détermine l'ombre quand la source lumineuse est un point? — Qu'est-ce que l'ombre portée? — 5. Que signifie le mot pénombre? — Comment détermine-t-on la pénombre? — 6. Combien de lieues la lumière parcourt-elle par seconde? — Par quelle expérience a-t-on

déterminé la vitesse de la lumière ? — Quel temps met la lumière pour nous venir du soleil ? — 7. Qu'est-ce que l'angle d'incidence et l'angle de réflexion ? — Quelles sont les lois de la réflexion de la lumière ? — 8. D'où semblent partir les rayons issus d'un point lumineux, lorsqu'ils se réfléchissent sur un miroir plan ? — Où se forme l'image donnée par un miroir plan ? — Pourquoi cette image est-elle illusoire ? — 9. Qu'est-ce que la réflexion diffuse ? — Comment les objets deviennent-ils visibles ? — 10. Qu'est-ce qu'un miroir sphérique concave ? — Où se trouve le foyer principal ? — Dans quel cas l'image est-elle illusoire ? — Dans quel cas est-elle réelle et plus grande ou plus petite que l'objet ? — 11. Comment un miroir concave peut-il rendre visibles des objets trop éloignés pour être vus directement ? — Donner quelques détails sur le télescope de lord Ross. — 12. Quelles images donnent les miroirs sphériques convexes ?

CHAPITRE II.

RÉFRACTION. — LENTILLES.

1. Réfraction de la lumière. — Dans un même substance, dans un même milieu, la lumière se propage en ligne droite ; mais si elle passe d'un milieu dans un autre, elle change brusquement de direction. — Soient deux milieux différents (fig. 116) séparés par une surface plane ; au-dessus, de l'air ; au-dessous, de l'eau, par exemple. Un rayon de lumière AB traverse l'air et arrive en B à la surface de l'eau. Là, au lieu de suivre sa direction première, il se dévie brusquement, se coude et suit la direction BC, qui

fait avec la perpendiculaire NN', à la surface de séparation, un angle CBN' moindre que l'angle primitif
ABN. Une déviation analogue arriverait si le rayon
passait du vide dans l'air, de l'eau dans le verre, et, en

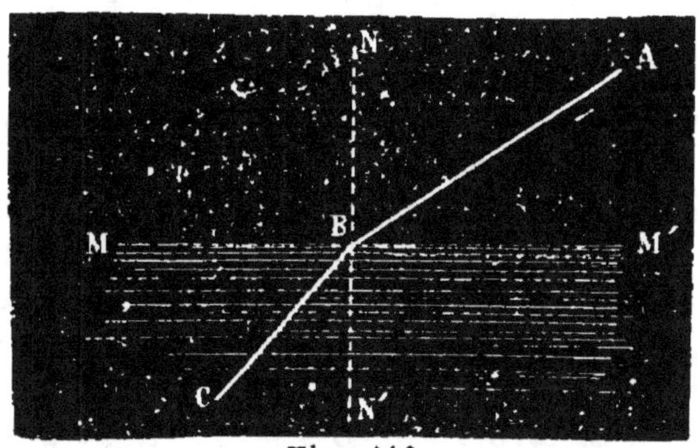

Fig. 116.

général d'un milieu moins dense dans un milieu plus
dense.; on verrait toujours ce rayon se dévier à son entrée dans le milieu plus dense et se rapprocher de la
perpendiculaire. D'où cette première loi: *Quand un
rayon lumineux passe d'un milieu moins dense dans un
milieu plus dense, il se dévie de sa première direction, en
se rapprochant de la perpendiculaire.*

Supposons maintenant que, dans la figure 116, le
rayon de lumière se propage de l'eau dans l'air. Dans
l'eau il suit la direction CB ; mais, en pénétrant dans
l'air, il se détourne brusquement, il s'écarte de la perpendiculaire et suit la direction BA. En passant du
verre dans l'eau, de l'air dans le vide, et, en général,
d'un milieu plus dense dans un milieu moins dense,
le rayon lumineux serait dévié d'une manière analogue; en pénétrant dans le milieu moins dense, il s'é-
loignerait de la perpendiculaire. Cela se résume dans
cette seconde loi: *Quand un rayon lumineux passe d'un
milieu plus dense dans un milieu moins dense, il se dé-*

vie de sa direction en s'éloignant de la perpendiculaire.

On donne le nom de *réfraction* de la lumière à ce changement de direction que les rayons lumineux éprouvent quand ils pénètrent obliquement d'un milieu dans un autre. Nous disons obliquement, car il n'y a pas de déviation lorsque le rayon se propage suivant la perpendiculaire à la surface séparant les deux milieux. Ainsi un filet de lumière qui pénétrerait de l'air dans l'eau suivant la ligne NB (fig. 116), poursuivrait sa marche suivant BN', sans modifier en rien sa direction première.

2. Déplacement des objets vus par réfraction. — On met à terre un vase à parois non-transparentes, une terrine, et, au fond du vase, une pièce de monnaie. On se place alors de manière que la ligne visuelle, rasant le bord de la terrine, arrive juste à la pièce de monnaie. A partir de cette position, si l'on recule encore, mais fort peu, la pièce cesse d'être visible : elle est masquée par la paroi du vase. Mais si, en ce moment, une autre personne remplit d'eau la terrine, la pièce devient aussitôt visible, bien qu'elle n'ait pas changé de place, bien qu'elle soit réellement masquée par la paroi du vase.

Traçons la droite AB qui, de la pièce, aboutit au bord du vase (fig. 117); nous aurons ainsi la direction du dernier filet de lumière qui, venu de la pièce, puisse sortir de la terrine avant l'introduction de l'eau, les autres rayons, au dessous de AB, étant arrêtés par la paroi opaque. Alors, pour l'œil placé en O, la pièce de monnaie est invisible. On met de l'eau dans le vase. Un filet de lumière, AC par exemple, qui, sans la présence du liquide, continuerait sa marche en ligne droite suivant CH et passerait au-dessus de l'observateur, est dévié de sa direction au sortir de l'eau et s'éloigne de la perpendiculaire, parce qu'il va d'un milieu plus dense, l'eau, dans un milieu moins dense,

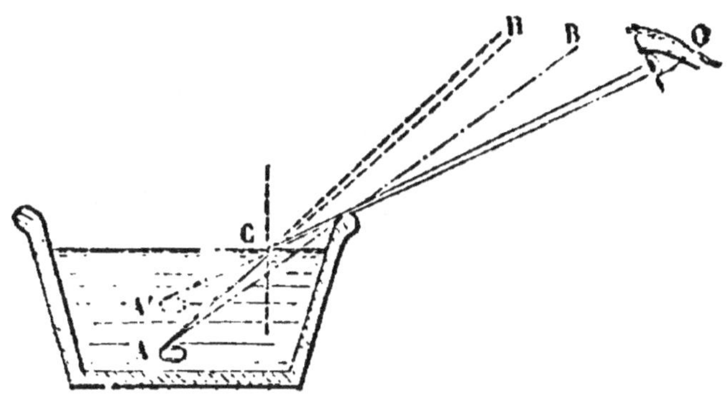

Fig. 117.

l'air; il suit la direction CO, et parvient à l'œil, pour lequel la pièce devient ainsi visible, non au point A où elle est réellement, mais à l'extrémité idéale du filet lumineux prolongé, au point illusoire A' d'où ce filet semble partir.

3. Le bâton qui paraît coudé dans l'eau. — Un bâton en partie plongé dans l'eau paraît coudé au point d'immersion et raccourci. Le filet lumineux AC (fig. 118) venant de l'extrémité du bâton, se réfracte au sortir de l'eau, s'écarte

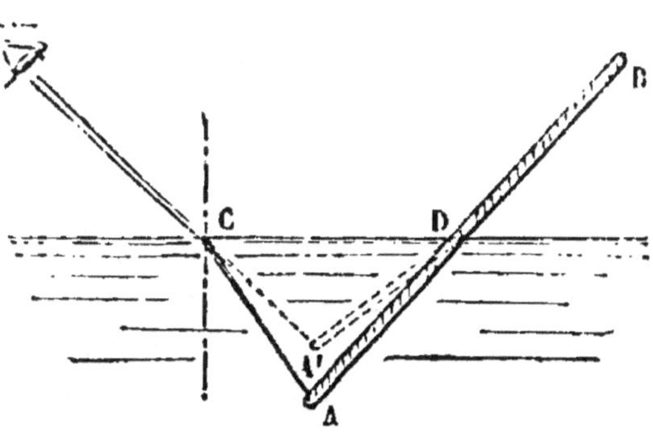

Fig. 118.

de la perpendiculaire et prend la direction CO. L'œil trompé par la réfraction, voit donc l'extrémité du bâton au sommet du filet de lumière idéalement prolongé, c'est-à-dire en A'. Les autres points de la partie AD éprouvent un déplacement illusoire pareil, et le bâton nous apparait de la sorte coudé en D et raccourci.

4. Lentilles. — Les lentilles sont l'application la plus importante de la réfraction de la lumière. On nomme ainsi des corps transparents terminés par deux surfaces sphériques, ou quelquefois par une surface sphérique et une surface plane. G énéralement, elles sont en verre. On les divise en *lentilles convergentes* et en *lentilles divergentes.* Les premières sont plus épaisses au milieu qu'au bord ; les secondes sont plus épaisses au bord qu'au milieu.

5. Effet des lentilles convergentes. — En traversant une lentille, un rayon lumineux se réfracte deux fois : à son entrée dans le verre et à sa sortie. Quand la lentille est plus épaisse au milieu qu'au bord, cette double déviation a pour effet de faire *converger*, c'est-à-dire de rassembler en un seul point les rayons émanés d'un point lumineux et reçus par la face opposée de la lentille. C'est de là que vient le nom de lentilles convergentes.

Présentons une lentille convergente aux rayons du soleil. Par la convergence des rayons, nous obtiendrons de l'autre côté un petit cercle lumineux très-vif et très-chaud en même temps, parce que la chaleur se réfracte comme le fait la lumière. Ce petit cercle lumineux est l'image du soleil donnée par la lentille. La distance à laquelle cette image se forme à partir de la lentille se nomme *distance focale principale.*

Plaçons une bougie allumée AB (fig. 119) devant une lentille convergente LL, à une distance plus grande que 2 fois la distance focale principale. Nous obtiendrons de l'autre côté, par la convergence des rayons, entre une fois et deux fois la distance focale principale, une image de la bougie, *ab*, plus petite

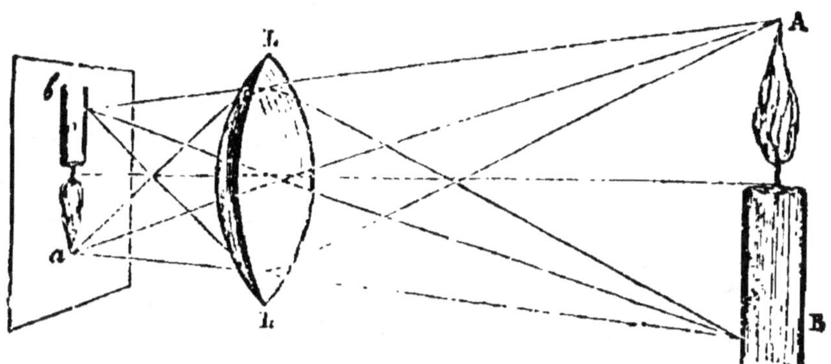

Fig. 119.

que l'objet et renversée, image réelle qui se peint sur une feuille de papier présentée comme écran.

Si la bougie est placée devant la lentille à une distance comprise entre une fois et deux fois la distance focale principale, son image se forme au-delà de deux fois cette distance. Elle est alors plus grande que l'objet, mais toujours renversée.

Enfin plaçons la bougie entre la lentille et une fois la distance focale principale, et regardons-la à travers la lentille en nous plaçant de l'autre côté. Nous la verrons plus grande que nature et dans une position droite.

6. **Effets des lentilles divergentes.** — Si la lentille est plus épaisse au bord qu'au milieu, les rayons qui la traversent, au lieu de se rassembler, *divergent* au contraire, c'est-à-dire s'écartent davantage entre eux. De là vient le nom de lentilles divergentes. Ces lentilles ne donnent jamais des images réelles, c'est-à-dire des images aptes à se peindre

18.

sur un écran. Quand on regarde un objet à travers leur épaisseur, cet objet paraît beaucoup plus rapproché qu'il ne l'est, mais plus petit que nature.

7. Loupe. — Quand elle est destinée à regarder des objets très-petits et à les faire paraître plus grands qu'ils ne le sont réellement, la lentille convergente porte le nom de *loupe*. L'objet à examiner doit être placé à une distance de la lentille un peu moindre que la distance focale principale. La lentille grossit d'autant plus qu'elle est plus petite, mais elle est alors d'un emploi pénible.

8. Microscope. — Le microscope ordinaire comprend au moins deux lentilles convergentes. L'une, nommée *objectif*, est tournée vers l'objet vivement éclairé soit par un petit miroir concave, soit par une lentille. L'autre est du côté de l'observateur et se nomme *oculaire*. L'objet, disposé sur une lame de verre appelée *porte-objet*, est placé un peu au delà de la distance focale principale. Il donne donc, par l'intermédiaire de la lentille objectif, une image réelle et amplifiée. L'oculaire, qui fait fonction de loupe, grossit cette image, de manière que le grossissement du microscope est égal au produit des grossissements respectifs des deux lentilles.

9. Lunette astronomique. — Une première lentille ou *objectif*, à grande surface pour recevoir beaucoup de lumière, est tournée vers le corps céleste que l'on observe. Il se forme de l'autre côté de la lentille une image de l'astre réelle et renversée. Un oculaire, ou seconde lentille faisant fonction de loupe, sert à observer et à grossir cette image.

10. Lunette terrestre. — La lunette astronomique montre les objets renversés, ce qui est sans inconvénient aucun; et d'ailleurs l'appareil gagne à être le plus simple possible, car on évite l'affaiblissement de la lumière à travers des lentilles multipliées. Mais les objets terrestres doivent se présenter à nous dans une position droite, sinon nos habitudes de vision seraient complétement troublées. On obtient le redressement de l'image en interposant deux lentilles convergentes entre l'objectif et l'oculaire de la lunette astronomique.

11. **Lunette de Galilée.** — Cette lunette comprend un objectif convergent et un oculaire divergent. Elle montre les objets dans une position droite et plus rapprochés qu'ils ne le sont en réalité. Le binocle ou lorgnette de spectacle est une lunette de Galilée. C'est un appareil optique très-commode à cause de sa faible longueur.

12. **Lanterne magique.** — Les pièces essentielles de cet appareil de physique amusante sont une lampe dont les rayons réfléchis par un miroir concave éclairent un dessin peint en couleurs translucides sur une lame le verre, et une lentille convergente donnant de ce dessin une image amplifiée que l'on reçoit sur un écran, un mur blanc par exemple. Cette image est toujours renversée par rapport à l'objet. Pour l'obtenir dans une position droite, il faut donc renverser le dessin.

13. **Microscope solaire.** Le principe du microscope solaire est le même que celui de la lanterne magique. Dans les deux cas, un objet vivement éclairé donne, par l'intermédiaire d'une lentille convergente, une image amplifiée qui se peint sur un écran. Dans le microscope solaire, l'éclairage est fourni par les rayons du soleil. A cet effet, l'appareil est fixé dans un large orifice des volets d'un appartement obscur. Un miroir plan, situé au dehors dans une inclinaison

convenable, reçoit les rayons solaires et les réfléchit sur une grande lentille qui les concentre en un point. En ce point, très-vivement éclairé, est placé l'objet entre deux minces lames de verre. En avant de l'objet, est une seconde lentille convergente de petite dimension. Elle donne de l'objet une image renversée et amplifiée que l'on reçoit sur un grand écran de papier. Le microscope solaire est un instrument précieux pour montrer à une nombreuse assemblée l'organisation des animaux très-petits, la structure des tissus des plantes, les globules du sang, etc.

14. **Chambre obscure.** — La chambre obscure des photographes est une boîte à parois opaques portant en avant un large tube où est enchâssée une lentille convergente. Cette lentille donne une image renversée et plus petite que nature des objets placés en face, image qui se forme sur un écran de papier convenablement préparé et laisse une empreinte teintée de noir par suite de la décomposition que la lumière fait éprouver au sel d'argent dont le papier est imprégné.

QUESTIONNAIRE.

1. Qu'est-ce que la réfraction de la lumière ? — Quelles sont les lois de la réfraction ? — Dans quel cas la lumière n'est-elle pas réfractée ? — 2. Expliquer le déplacement apparent des objets par la réfraction. — 3. Expliquer pourquoi un bâton, en partie plongé dans l'eau, paraît coudé. — 4. Qu'appelle-t-on lentilles ? — Comment distingue-t-on les lentilles convergentes et les lentilles divergentes ? — 5. Qu'appelle-t-on distance focale principale d'une lentille convergente ? — Pourquoi les lentilles plus épaisses au milieu qu'au bord sont-elles

qualifiées de convergentes ? — Dans quel cas une lentille convergente donne-t-elle une image réelle plus
grande que l'objet ? — Dans quel cas l'image est-elle
plus petite que l'objet ? — Dans quel cas une lentille
montre-t-elle plus grand que nature un objet vu à travers cette lentille ? — 6. Pourquoi les lentilles plus
épaisses au bord qu'au milieu sont-elles qualifiées de
divergentes ? — Comment les lentilles divergentes mon-
trent-elles les objets vus à travers leur épaisseur ? — 7.
Qu'est-ce qu'une loupe ? — Où doit être placé l'objet
examiné avec une loupe ? — Quelles sont les loupes qui
grossissent le plus ? — 8. Quelles sont les parties essentielles du microscope ? — Quelle est la valeur de son
grossissement ? — 9. De quoi se compose la lunette astronomique ? — 10. Quelle différence y a-t-il entre la
lunette terrestre et la lunette astronomique ? — 11.
Qu'est-ce que la lunette de Galilée ? — 12. Quelles sont
les parties essentielles de la lanterne magique ? — 13.
De quoi se compose le microscope solaire ? — 14. En quoi
consiste la chambre obscure des photographes ?

CHAPITRE III.

DÉCOMPOSITION DE LA LUMIÈRE.

1. Action d'un prisme sur la lumière. — Un
filet de lumière pénètre dans une chambre obscure
par une ouverture pratiquée dans le volet. Rien de
particulier ne se passe dans ces conditions. Le filet
lumineux figure un trait d'une rectitude parfaite, dans
lequel brillent les grains de poussière en suspension
dans l'air. Une lame de verre interposée sur son trajet ne lui fait rien éprouver de remarquable; le filet

de lumière franchit la lame transparente et poursuit par delà son chemin en ligne droite. Mais si le morceau de verre, au lieu d'être aplati en lame, est taillé en forme de coin, en *prisme*, le faisceau lumineux se coude, se dévie brusquement de sa direction en le traversant. La réfraction, amenée par deux fois à la suite d'un double changement de milieu, et l'inclinaison des faces du prisme, sont cause de cette déviation.

Soit, en effet, un prisme ABC (fig. 120). Un rayon

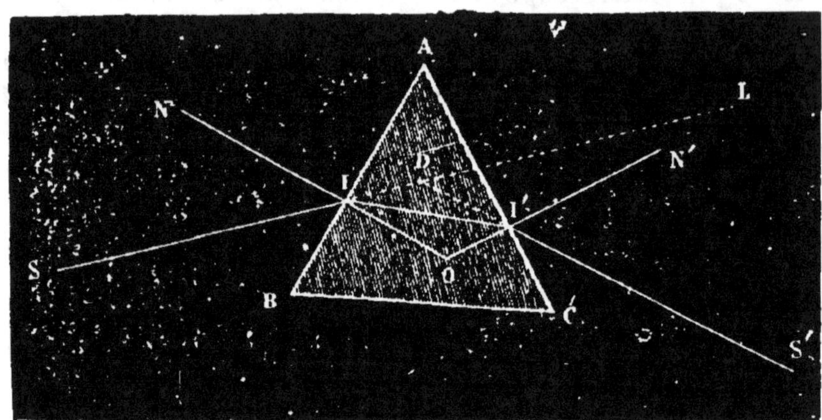

Fig. 120,

de lumière arrive suivant la droite SI. Comme il passe de l'air dans le verre, ou d'un milieu moins dense dans un autre plus dense, il se rapproche de la perpendiculaire NO en pénétrant dans le verre, et, au lieu de suivre sa direction initiale IL, il prend la direction II', plus voisine de la perpendiculaire. Parvenu en I', il passe du verre dans l'air, d'un milieu plus dense dans un milieu moins dense. Il s'éloigne donc de la perpendiculaire N'O et suit la direction I'S', qui fait avec cette perpendiculaire un angle N'I'' plus grand que l'angle précédent II'O. C'est ainsi que, en traversant le prisme de verre, un rayon de lumière se coude par deux fois et se rapproche de la base du prisme.

2. **Dispersion.** — Outre cette déviation, la lumière éprouve, par l'effet du prisme, une autre modification très-remarquable, appelée *dispersion*. Le filet lumineux, moulé sur l'orifice par où il pénètre dans la chambre obscure, conserve jusqu'à l'instrument sa forme et sa grosseur, mais, en pénétrant dans le coin de verre, il se disperse, il s'élargit. Il s'élargit encore davantage au sortir du prisme et s'épanouit en éventail (fig. 121). C'était un simple trait SD en entrant

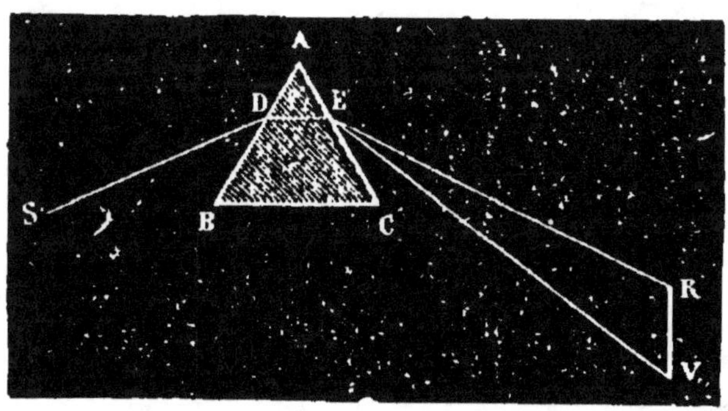

Fig. 121.

dans le prisme; c'est un faisceau angulaire REV quand il en sort. La déviation n'est donc pas la même pour tout le filet lumineux primitif, puisque celui-ci, après avoir traversé le prisme, s'étale en une nappe angulaire, dans laquelle une foule de directions différentes se trouvent comprises. En d'autres termes, la lumière du soleil n'est pas homogène, n'est pas la même dans toute l'étendue du faisceau. Si cette homogénéité avait lieu réellement, l'effet du prisme, quel qu'il soit, serait le même pour tout le faisceau : et alors celui-ci, tout en changeant de direction à l'issue du verre, conserverait sa forme primitive au lieu de s'étaler en éventail.

Spectre solaire. — Sur le trajet du faisceau lumineux étalé par le prisme, on interpose une feuille de papier blanc (fig. 122). Aussitôt se dessine sur l'é-

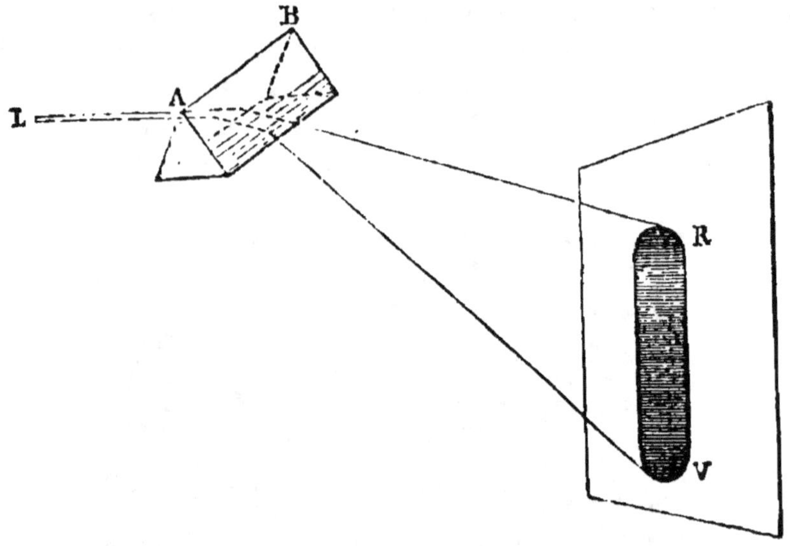

Fig. 122.

cran une figure oblongue, resplendissante des vives couleurs de l'arc-en-ciel, savoir, à partir de la base du prisme :

Violet, indigo, bleu, vert, jaune, orangé, rouge.

On donne le nom de *spectre solaire* à cette figure colorée. Le mot spectre signifie ici simplement image. L'explication du spectre solaire n'a rien de difficile. La lumière solaire n'est pas homogène. Ses différents éléments, ses différents rayons, éprouvent, en traversant le prisme, des déviations plus fortes pour les uns, plus faibles pour les autres ; ils se séparent, se dispersent, s'isolent et viennent chacun peindre de leur couleur propre divers points de l'écran. De là résulte la succession des teintes du spectre. Il y a donc dans la lumière ordinaire, dans la lumière blanche du soleil, des rayons différemment colorés ; il y en a de violets, de bleus, de verts, de jaunes, etc. Quand ces rayons élémentaires sont assemblés en un faisceau commun, ils constituent de la lumière blanche ; s'ils sont séparés l'un de l'autre par le prisme, chacun reprend la nuance qui lui est propre. Le spectre solaire ne renferme pas seulement les sept couleurs citées plus haut, il renferme aussi toutes les nuances intermédiaires, ménagées avec une graduation telle, qu'il est impossible de dire, par exemple, où le vert finit et le jaune commence ; de sorte que la lumière blanche comprend en réalité une foule de rayons différemment colorés et inégalement déviables par le prisme. Les rayons les plus déviables, les plus réfrangibles, sont les rayons violets, qui sont portés plus bas vers la base du prisme ; les rayons les moins réfrangibles sont les rayons rouges, moins écartés de la direction primitive. Le spectre solaire est donc une espèce de clavier des couleurs, qui renferme toutes les nuances, en commençant par le violet et finissant par le rouge ; de même que le clavier d'un instrument musical renferme toutes les notes depuis la plus grave jusqu'à la plus aiguë.

4. Recomposition de la lumière blanche. — La lumière blanche peut se décomposer en rayons différemment colorés ; réciproquement, ces rayons de teintes diverses peuvent, étant rassemblés, reconstituer de la lumière blanche. — Avec un prisme, on produit d'abord un spectre solaire. Ensuite avec un petit miroir, placé dans la région du rouge, ou réfléchit la lumière rouge sur une feuille de papier disposée en guise d'écran. Un second miroir, placé dans la région orangée, est convenablement incliné de manière à transporter par réflexion la lumière orangée exactement à la même place que la lumière rouge occupe déjà sur le papier. En se superposant, ces deux lumières ne donnent ensemble ni du rouge, ni de l'orangé, mais une teinte intermédiaire. Un troisième miroir réfléchit le jaune à son tour et le superpose aux deux lumières précédentes; un quatrième en fait autant pour le vert; et ainsi de suite, jusqu'à ce que les sept rayons du spectre réfléchis par sept miroirs différents, se superposent au même endroit de l'écran. Quand cette superposition est obtenue, on a de la lumière blanche, de la lumière ordinaire, comme celle qui nous arrive du soleil. Le spectre, en mélangeant tous ses rayons, a perdu toutes ses couleurs. La lumière blanche résulte donc du mélange de tous les rayons lumineux différemment colorés. Si un seul de ces rayons manque, à plus forte raison s'il en manque plusieurs, la lumière n'est plus blanche et présente une teinte intermédiaire entre toutes celles des rayons qui entrent dans sa composition.

5. **Disque de Newton.** — La recomposition de la lumière blanche peut être aisément constatée avec le disque de Newton. C'est un disque de carton divisé en secteurs inégaux proportionnels à l'étendue des sept régions du spectre (fig. 123). L'un est colorié en violet, le suivant en indigo, le troisième en bleu, et ainsi de suite, de manière que les sept teintes du spectre soient reproduites dans leur ordre naturel. Quand on fait rapidement tourner autour d'un axe

le cercle de carton ainsi préparé, on le voit blanc dans toute son étendue. Toutes ses nuances se fondent, pour ainsi dire, en une seule et donnent la sensation du blanc.

Les choses se passent comme si l'on voyait en même temps et au même endroit un cercle rouge, un cercle orangé, un cercle jaune, etc. Un charbon allumé qu'on agite rapidement parait former un ruban de feu continu, parce que l'impression qu'il

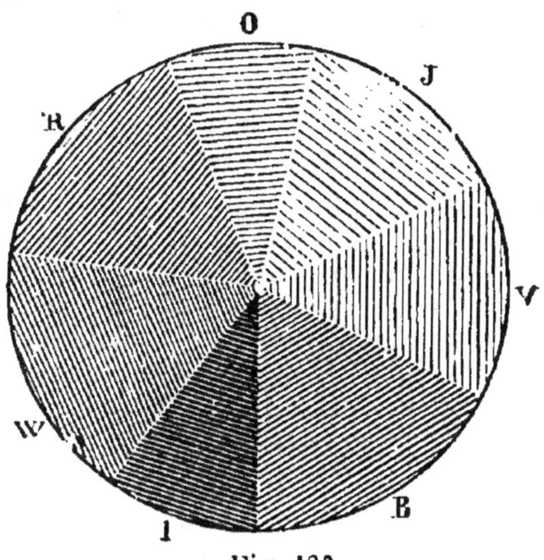

Fig. 123.

produit sur nous dans l'une de ses positions persiste encore quand se produisent les impressions correspondant aux positions suivantes. Nous sommes donc impressionnés comme si le charbon occupait à la fois toute l'étendue de sa course; de là résulte l'apparence d'un ruban de feu. De même, quand le cercle colorié tourne rapidement, la persistance des sensations produites par chaque secteur pendant un temps au moins égal à celui d'une rotation complète, fait que nous voyons à la fois un cercle entier violet, un autre indigo, un autre bleu, etc., chacun de ces cercles étant produit par le mouvement rapide du secteur de même teinte, comme le ruban de feu est produit par le déplacement du charbon allumé. De la superposition de ces impressions résulte la sensation de la lumière blanche

6. **Arc-en-ciel.** — L'arc-en-ciel nous présente, de temps à autre, le beau spectacle des sept couleurs de la lumière, disposées en forme d'arche de pont immense, dont les pieds touchent à terre et dont la voûte monte dans les hauteurs du ciel. Cette arche merveilleuse est un jeu de lumière : elle est formée par les rayons du soleil qui se décomposent dans les gouttes de pluie, comme ils se décomposent en traversant un prisme. Il se montre à la fin d'un orage quand le soleil reparait. Pour le voir, il faut se trouver entre le soleil qui brille et un nuage se résolvant en pluie. Alors, les rayons solaires se rendent aux gouttes de pluie tombant à une certaine distance en face de l'observateur, se décomposent en leurs éléments colorés, s'y réfléchissent et reviennent à l'observateur, revêtus de splendeurs nouvelles par cette décomposition. L'arc-en-ciel ne peut être vu de toutes les positions indifféremment. Si l'on se transportait sur les lieux où il parait reposer à terre, l'arc-en-ciel n'y serait plus, il se serait évanoui; ou plutôt il y aurait encore tout ce qu'il faut pour le former, rayons de soleil et chute de gouttes de pluie, mais on ne pourrait plus le voir parce qu'on ne serait pas à la place voulue. Pour le voir, il faut de toute nécessité se trouver entre le soleil et le nuage pluvieux. L'arc-en-ciel apparait alors de telle sorte que le soleil, la tête de l'observateur et le centre du cercle dont cet arc fait partie, se trouvent rigoureusement sur une même ligne droite. C'est dire que, divers observateurs étant éloignés l'un de l'autre et placés dans des conditions favorables, chacun d'eux voit un arc-en-ciel différent pour les uns, invisible pour les autres. L'arc-en-ciel présente les mêmes nuances que le spectre solaire et dans le même ordre, puisqu'il est produit par la même

cause, savoir : la décomposition de la lumière. Le rouge se montre à l'extérieur de l'arc; le violet, à l'intérieur. Quelquefois l'arc-en-ciel est double. Alors, dans l'arc supplémentaire, placé en déhors du premier, les couleurs sont disposées dans un ordre inverse de l'ordre précédent : le rouge est à l'intérieur et le violet à l'extérieur.

On peut aisément vérifier par l'expérience que l'arc-en-ciel est produit, en effet, par les gouttes de pluie, qui réfléchissent la lumière solaire vers l'observateur après l'avoir décomposée. Il suffit de tourner le dos au soleil et de se mettre en face d'un jet d'eau ou d'une cascade retombant en pluie fine. Immédiatement, un arc coloré des teintes du spectre solaire apparaît plus ou moins complet.

7. Coloration des corps. — Par eux-mêmes, les corps n'ont pas de couleur; ils la doivent à la lumière qui les éclaire. C'est elle qui les colore de rouge, de vert, de bleu, etc., suivant la manière dont elle est réfléchie à leur surface. La couleur est si peu dépendante de la nature matéreille d'un corps, qu'elle change sans qu'il y ait aucun changement dans le corps lui-même. Observées au soleil, la nacre d'une coquille et la gorge d'un pigeon montrent dans un sens des reflets d'un vert doré, des teintes de feu ; dans un autre, des miroitements pourpres, des lueurs azurées, des éclairs pareils à ceux de l'acier poli ; dans un troisième, du brun, du noir même. Toutes ces apparitions ne sont qu'un effet de la lumière. La nacre de la coquille et la gorge du pigeon ne sont ni pourpres, ni azurées, ni couleur de feu; mais, en réfléchissant la lumière de telle façon ou de telle autre, elles prennent tour à tour ces différentes teintes suivant la position de l'observateur. Les couleurs de toute chose sont déposées par un seul pinceau : la lumière, qui renferme à la fois l'ensemble des teintes possibles. L'arrangement matériel de la surface des corps détermine la teinte que chacun d'eux prend dans cet ensemble. Si cet arrangement change, la couleur du corps change aussi. Une fleur de coquelicot passe du rouge éclatant au vineux sale, quand on l'écrase entre les doigts. L'arrangement primitif de la matière de la fleur est détruit, et la coloration change à l'instant, parce que la lumière n'est pas réfléchie de la même manière. Pour les mêmes motifs, la résine, d'abord d'un jaune de miel, devient blanche comme de la farine quand on la réduit en poudre fine; le sulfate de cuivre, d'un beau bleu, devient blanc aussi s'il est réduit en poussière.

Les corps ne deviennent visibles et colorés qu'en réfléchissant telle ou telle autre nature de lumière. Si le soleil n'envoyait à la terre que de la lumière rouge, les objets terrestres seraient rouges, sans aucune trace d'une autre teinte. Le ciel, la mer, le sol, le gazon, le feuillage des arbres, les animaux, tout serait rouge. S'il n'envoyait que de la lumière verte, tout serait vert sans exception. Et en effet, si, dans une des bandes colorées du spectre solaire, on expose un objet d'une couleur quelconque, cet objet perd immédiatement sa coloration primitive pour prendre la teinte de la lumière qui l'éclaire. Un pétale de coquelicot, d'un rouge intense, ne paraît pas rouge dans la lumière verte du spectre; il paraît vert. Il ne paraît pas rouge non plus dans la lumière bleue, dans la lumière jaune; il paraît bleu ou jaune. Il ne reprend sa couleur rouge que lorsqu'il est exposé à la lumière blanche. Donc, un corps n'a d'autre couleur que celle de la lumière qui réfléchit; et si la lumière du soleil était simple au lieu d'être composée, tout, absolument tout, se montrerait à nos regards avec la teinte uniforme de cette lumière simple.

Les divers rayons élémentaires de la lumière blanche, en arrivant à la surface des corps, éprouvent, suivant la nature de ces corps, des modifications fort différentes. Les uns sont réfléchis sans altération, les autres sont étouffés, éteints, et n'ont plus désormais de rôle à remplir comme lumière. Les rayons réfléchis contribuent seuls à la visibilité et à la coloration des corps. Supposons un objet éclairé par la lumière solaire. Si cet objet réfléchit les rayons rouges seulement et éteint tous les autres, il paraît lui-même rouge ; s'il réfléchit les rayons bleus à l'exclusion des autres, il paraît bleu ; s'il réfléchit à la fois des rayons rouges et des rayons bleus en éteignant les autres, il ne paraît ni rouge, ni bleu, mais coloré d'une teinte intermédiaire, dont la nuance dépend de la proportion relative des rayons rouges et des rayons bleus réfléchis. Enfin, si cet objet réfléchit tous les rayons élémentaires de la lumière blanche sans en éteindre aucun, il apparaît blanc ; s'il n'en réfléchit aucun, s'il les éteint tous, il n'a plus de couleur, il est noir. Le noir est l'absence de toute coloration, le blanc est la réunion de toutes les couleurs du spectre.

QUESTIONNAIRE.

1. Qu'est-ce qu'un prisme ? — Quelle est la marche d'un rayon de lumière traversant un prisme ? — 2. Qu'appelle-t-on dispersion de la lumière par le prisme ? — 3. Qu'est-ce que le spectre solaire ? — Que veut dire

le mot spectre ? — Dire les sept couleurs du spectre. — De quoi se compose la lumière blanche ? — 4. Comment recompose-t-on de la lumière blanche en superposant les sept couleurs du spectre ? — 5. Pourquoi un charbon que l'on fait tourner rapidement produit-il l'effet d'un ruban de feu ? — En quoi consiste le disque de Newton ? — Pourquoi paraît-il blanc quand il tourne ? — 6. Quelle est la cause de l'arc-en-ciel ? — Dire les couleurs de l'arc-en-ciel. — Quelle est la position de l'arc-en-ciel par rapport à l'observateur ? — Où est le rouge de l'arc ? — Où est le violet ? — Quelle est la disposition des couleurs dans l'arc supplémentaire quand il se montre ? — Par quelle expérience peut-on prouver que l'arc-en-ciel résulte de la lumière décomposée par les gouttes de pluie ? — 7. D'où provient la coloration des corps ? — Quand est-ce qu'un objet est rouge ? — Blanc ? — Noir ?

FIN

TABLE

Pages.

Avertissement...

GÉNÉRALITÉS.

Définitions. — Divers états de la matière. — Propriétés générales. Étendue. Impénétrabilité. — Divisibilité. Feuilles d'or
et fils métalliques. — Fils des araignées. — Globules du sang.
— Animalcules microscopiques. — Atomes et molécules. —
Compressibilité. — Élasticité. — Porosité. — Porosité organique. — Mobilité. Inertie. — Effets de l'inertie............   1

PREMIÈRE PARTIE.

PESANTEUR.

—

CHAPITRE PREMIER.

CHUTE DES CORPS. — PENDULE. — POIDS.

Tous les corps sont pesants. — Cause de la chute des corps. —
Direction que suivent les corps en tombant. — Les corps en
tombant se dirigent vers le centre de la Terre. — Cause de la
direction de la chute vers le centre de la Terre. — Tous les
corps tombent avec la même vitesse. — Influence de la résistance de l'air sur la chute. — Chute des corps dans le vide. —
Espace parcouru. — Oscillations pendulaires. — La durée
d'une oscillation est indépendante de la nature du pendule. —
Le pendule le plus long oscille le plus lentement. — Isochronisme des petites oscillations. — Aplatissement polaire et renflement équatorial du globe terrestre. — Résultats fournis par
les instruments d'horlogerie. — Balancier des horloges. —
Poids. Gramme. — Balance. — Méthodes des doubles
pesées..   11

TABLE.

CHAPITRE II.

PRESSE HYDRAULIQUE. — VASES COMMUNIQUANTS.

Transmission des pressions par les liquides. — La pression transmise est proportionnelle à la surface — Presse hydraulique. — Vases communiquants. — Fontaines. — Jets d'eau. — Origine des cours d'eau. — Eaux souterraines. — Puits ordinaires et puits artésiens. — Ecluses des canaux de navigation. 36

CHAPITRE III.

PRESSION EXERCÉE PAR LES LIQUIDES.

Appareil de Haldat. — Valeur de la pression exercée sur le fond des vases. — Pressions latérales. — Pressions de bas en haut. — Effets de la pression de l'eau sur les corps profondément plongés. — Comment les poissons résistent à la pression de l'eau. — Vases à réaction. — Tourniquet hydraulique. — Rupture d'un tonneau sous l'action d'un simple filet d'eau. . . 48

CHAPITRE IV.

POUSSÉE DES LIQUIDES. — CORPS FLOTTANTS.

Poussée des liquides sur les corps immergés. — Démonstration expérimentale du principe d'Archimède. — Facilité avec laquelle on soulève de lourds fardeaux dans l'eau. — Vessie natatoire des poissons. — Corps flottants. — Le poids total d'un corps flottant est égal au poids du liquide déplacé. — Influence du liquide sur lequel flotte le corps. — Natation. — Lest 59

CHAPITRE V.

POIDS SPÉCIFIQUE.

Sous le même volume, les corps ont des poids différents. — Densité. Poids spécifique. — Application du principe d'Archimède à la recherche du poids spécifique des corps. — Aréomètre de Nicholson. — Recherche de la densité des corps liquides. — Connaissant le volume et la densité d'un corps, trouver son poids. — Connaissant le poids et la densité d'un corps, trouver son volume. — Connaissant le poids et le volume d'un corps, trouver sa densité. — Alcoomètre centésimal de Gay-Lussac 68

Pages.

CHAPITRE VI.

PRESSION DE L'ATMOSPHÈRE.

L'atmosphère. — L'air est pesant. — Pression exercée par l'air. — Force élastique de l'air. — La vessie ridée qui se gonfle dans le vide. — Jet d'eau dans le vide. — Preuves expérimentales de la pression de l'air. Hémisphères de Magdebourg. — Crève-vessie. — Ascension des liquides dans les tubes dont l'air est aspiré. — Ascension des liquides de densité différente. — Limite de l'ascension des liquides aspirés. — Suspension des liquides dans les vases immergés par l'orifice. — Suspension de l'eau dans les vases dont l'orifice n'est pas immergé........ 78

CHAPITRE VII.

BAROMÈTRE.

Expérience de Torricelli. — Pression atmosphérique sur un centimètre carré. — Poids total de l'atmosphère. — Pression de l'atmosphère sur le corps de l'homme. — Baromètre. — Baromètre à cuvette. — Baromètre à siphon. — Usage du baromètre pour la mesure des hauteurs. — Usage du baromètre pour la prévision du temps. — Baromètre à cadran.......... 91

CHAPITRE VIII.

LOI DE MARIOTTE. — MANOMÈTRE. — MACHINE PNEUMATIQUE.

Expérience de Mariotte. — Loi de Mariotte. — Liquéfaction des gaz par la pression. — Pressions estimées en atmosphères. — Manomètres. — Machine pneumatique. — Clef. Eprouvette.... 101

CHAPITRE IX.

POMPES. — SIPHON.

Pompe aspirante. — Pompe foulante. — Pompe à incendie. — Pompe aspirante et foulante. — Pipette et tâte-vin. — Siphon. — Fontaines intermittentes naturelles. — Explication des fontaines intermittentes.. 111

CHAPITRE X.

SOUFFLETS ET MACHINES SOUFFLANTES. — AÉROSTATS.

Soufflet ordinaire. — Soufflet de forge. — Machines soufflantes. — Principe d'Archimède appliqué aux gaz. — Baroscope. —

Pages.

Montgolfières. — Aérostats. — Usage du lest. — Résultat des ascensions aérostatiques................................... 122

DEUXIÈME PARTIE

CHALEUR.

—

CHAPITRE PREMIER.

DILATATION DES CORPS PAR LA CHALEUR. — THERMOMÈTRE.

Chaleur et froid. — Dilatation et contraction. — Pyromètre à cadran. — Anneau de S'Gravesande. — Dilatation et contraction des liquides. — Dilatation et contraction des gaz. — Applications. Cerclage des roues de voiture. — Clous à river. — Rails. Grilles. — Toitures en zinc. — Tuyaux de conduite. — Flacons à l'émeri. — Redressement de murs par la contraction du fer. — Pendule compensateur. — Thermomètre à mercure. — Thermomètre à alcool.. 133

CHAPITRE II.

CONDUCTIBILITÉ.

Bons conducteurs et mauvais conducteurs. — Appareil d'Ingenhouz. — Mauvaise conductibilité des liquides. — Comment les liquides s'échauffent. — Mauvaise conductibilité des gaz. — Expérience de Rumford. — Faible conductibilité des matières filamenteuses et des matières pulvérulentes. — Conservation du feu sous les cendres. — Habitations des climats arctiques. — Conservation de la glace. — Glacières. — Doubles fenêtres. — Vêtements. — Couvertures. — Duvet des oiseaux aquatiques. — Nids des oiseaux.. 146

CHAPITRE III.

CHALEUR RAYONNANTE.

Rayonnement de la chaleur. — La chaleur se propage dans le vide. — Chaleur lumineuse et chaleur obscure. — Corps athermanes et corps diathermanes. — Chambre de Saussure. — Cloches des jardiniers. — Serres. — L'air, diathermane pour la chaleur lumineuse. — L'air, athermane pour la chaleur obscure. — Pouvoir émissif. — Pouvoir absorbant. — Pouvoir réflecteur.. 155

CHAPITRE IV.

FUSION. — SOLIDIFICATION.

Fusion des corps. — La température reste invariable pendant
toute la durée de la fusion. — Chaleur latente et chaleur sensible. — Chaleur de fusion de la glace. — Effet produit sur le
fer par cette quantité de chaleur. — Lenteur de fusion de la
neige. — Mélanges réfrigérants. — Solidification. — La température reste la même pendant toute la durée de la solidification.
— Retour de la chaleur latente à l'état de chaleur sensible. —
Chaleur dégagée par une brusque solidification. — Accroissement de volume éprouvé par certains corps en se solidifiant. —
Effets de la force expansive de la glace. — Maximum de densité de l'eau.. 167

CHAPITRE V.

FORMATION DES VAPEURS. — LIQUÉFACTION.

Évaporation et vaporisation. — Froid produit par l'évaporation.
— Exemples. — Congélation de l'eau dans le vide. — Expériences diverses. — Ebullition. — Influence de la pression sur le
point d'ébullition. — Ebullition de l'eau par le refroidissement
de la vapeur qui la surmonte. — Marmite de Papin. — Chauffage à la vapeur. — Distillation............................... 180

CHAPITRE VI.

FORCE ÉLASTIQUE DES VAPEURS.

Force élastique à la température de l'ébullition. — Force élastique à des températures supérieures à celle de l'ébullition. —
Mode d'emploi de la vapeur comme puissance motrice. — Pression exercée sur le piston. — Locomotive. — Bateaux à aubes.
— Bateaux à hélice.. 193

CHAPITRE VII.

MÉTÉOROLOGIE.

Cause du vent. — Expérience de Franklin. — Brises de terre et
de mer. — Alizés. — Vapeur atmosphérique. — Moyens de
constater l'humidité atmosphérique. — Hygromètre de Saussure. — Brouillard. — Nuages. — Pluie. Serein. — Neige. —
Verglas. — Grêle. — Rosée. — Gelée blanche................. 204

Pages.

TROISIÈME PARTIE.

ÉLECTRICITÉ.

—

CHAPITRE PREMIER.

ÉLECTRICITÉ DÉVELOPPÉE PAR LE FROTTEMENT.

Corps aptes à s'électriser directement. — Corps bons conducteurs et corps mauvais conducteurs. — Corps isolants. Electrisation d'un corps bon conducteur. — Deux espèces d'électricité. — Développement simultané des deux électricités. — Electricité neutre. — L'électricité se porte à la surface des corps bons conducteurs. — Distribution de l'électricité à la surface des corps. — Pouvoir des pointes............................... 213

CHAPITRE II.

ÉLECTRICITÉ DÉVELOPPÉE PAR INFLUENCE.

Expérience sur l'électrisation par influence. — Retour à l'état neutre. — Électrisation permanente du corps influencé. — Explication de l'étincelle électrique. — Electrophore. — Machine électrique. — Electricité condensée. Bouteille de Leyde. — Décharges de la bouteille de Leyde. — Décharges successives. — Batterie électrique.............................. 210

CHAPITRE III.

EFFETS DE L'ÉLECTRICITÉ.

Effets physiologiques. — Effets calorifiques. — Effets lumineux. Forme de l'étincelle. — Lumière électrique dans le vide. — Tubes et carreaux étincelants. — Effets mécaniques. — Effets chimiques.................................. 240

CHAPITRE IV.

ÉLECTRICITÉ ATMOSPHÉRIQUE.

Franklin et de Romas. — Eclair. Foudre. Tonnerre. — Longueur de la foudre. — Bruit du tonnerre. — Effets de la foudre. — Choc en retour. — Danger de se réfugier sous les arbres pendant un orage. — Paratonnerre. — Décharge de la machine électrique en présence d'une pointe.................. 247

Pages.

CHAPITRE V.

ÉLECTRICITÉ DÉVELOPPÉE PAR LES ACTIONS CHIMIQUES.

Élément voltaïque, Pile. — Pile de Volta. — Pile de Bunsen. — — Lumière électrique. — Fusion des corps avec la pile. — Effets physiologiques. — Effets chimiques. — Galvanoplastie. — Dorure et argenture. — Electro-aimant. — Télégraphie électrique. — Fils conducteurs et poteaux. — Télégraphe de Morse. Manipulateur. — Télégraphe de Morse. Récepteur. — Signes télégraphiques de l'appareil Morse. — Câbles sous-marins.   255

CHAPITRE VI.

MAGNÉTISME.

Aimant naturel. — Aimant artificiel. — Pôles d'un aimant. — Direction d'un aimant librement suspendu. — Attractions et répulsions magnétiques. — La Terre agit comme un aimant. — Aiguille de déclinaison. — Boussole. — Aimantation par les aimants...   274

QUATRIÈME PARTIE

LE SON.

—

CHAPITRE PREMIER.

Les ronds sur l'eau. — Le son. Ondes sonores. — Le son ne se propage pas dans le vide. — Mouvement vibratoire des corps sonores. — Vitesse du son dans l'air. — Propagation et vitesse du son dans les corps autres que l'air. — Cornets et tubes acoustiques. Porte-voix. — Réflexion du son. Echo. Résonnance. — Vibrations. — Méthode graphique pour évaluer le nombre de vibrations. — Nom des notes de la gamme. Gui d'Arezzo. — Nombre de vibrations des notes de la gamme. — Intervalles musicaux. Tons et demi-tons. — Instruments de musique...   282

Pages

CINQUIÈME PARTIE.
LUMIÈRE.

CHAPITRE PREMIER.
PROPAGATION DE LA LUMIÈRE. — RÉFLEXION.

Lumière et obscurité. — Sources lumineuses. — Propagation rectiligne de la lumière. Ombre. — Pénombre. — Vitesse de la lumière. — Réflexion de la lumière. — Miroirs plans. — Ré-
réflexion diffuse. — Miroirs concaves. — Télescopes à réflexion.
— Miroirs convexes 300

CHAPITRE II.
RÉFRACTION. — LENTILLES.

Réfraction de la lumière. — Déplacement des objets vus par ré-
fraction. — Le bâton qui paraît coudé dans l'eau. — Lentilles.
— Effet des lentilles convergentes. — Effet des lentilles diver-
gentes. — Loupe. — Microscope. — Lunette astronomique.
Lunette terrestre. — Lunette de Galilée. — Lanterne magique.
— Microscope solaire. — Chambre obscure 312

CHAPITRE III.
DÉCOMPOSITION DE LA LUMIÈRE.

Action d'un prisme sur la lumière. — Dispersion. — Spectre solaire. — Recomposition de la lumière blanche. — Disque de
Newton. — Arc-en-ciel. —Coloration des corps 321

FIN DE LA TABLE.

Corbeil. — Typ. et stér. de CRÉTÉ fils.